# 南方鲜食玉米
## 绿色高效栽培技术

王桂跃　赵福成　著

U0348285

中国农业科学技术出版社

**图书在版编目（CIP）数据**

南方鲜食玉米绿色高效栽培技术 / 王桂跃，赵福成著 . -- 北京：
中国农业科学技术出版社，2021.9

ISBN 978-7-5116-5467-0

I.①南… II.①王… ②赵… III.①玉米 - 栽培技
术 IV.① S513

中国版本图书馆 CIP 数据核字（2021）第 170577 号

| | |
|---|---|
| 责任编辑 | 穆玉红　李美琪 |
| 责任校对 | 李向荣 |
| 责任印制 | 姜义伟　王思文 |

| | |
|---|---|
| 出 版 者 | 中国农业科学技术出版社 |
| | 北京市中关村南大街 12 号　　邮编：100081 |
| 电　　话 | （010）82109707（编辑室）　　（010）82109702（发行部） |
| | （010）82109709（读者服务部） |
| 传　　真 | （010）82106626 |
| 网　　址 | http://www.castp.cn |
| 经 销 者 | 各地新华书店 |
| 印 刷 者 | 北京建宏印刷有限公司 |
| 开　　本 | 170 mm×240 mm　1/16 |
| 印　　张 | 17.75 |
| 字　　数 | 400 千字 |
| 版　　次 | 2021 年 9 月第 1 版　　2021 年 9 月第 1 次印刷 |
| 定　　价 | 40.00 元 |

# 《南方鲜食玉米绿色高效栽培技术》

# 著者名单

主　著　王桂跃　赵福成

参　著（以姓氏笔画为序）

　　　　包　斐　陈　斌　侯俊峰

　　　　韩海亮　楼肖成　谭禾平

# 前　言

　　玉米是世界上分布最广泛的作物之一，也是我国播种面积最大、总产量最高的粮食作物，同时又是重要的饲料作物和能源作物，在我国农业生产和国民经济发展中占有越来越重要的地位。

　　鲜食玉米是指在玉米的乳熟期就采收，食用其幼嫩鲜果穗或鲜籽粒的特用类型玉米，兼具粮、果、蔬类食物的优良特性。与普通玉米相比，鲜食玉米风味佳，适口性好，营养丰富，除含碳水化合物、人体所需的多种氨基酸、蛋白质等营养物质外，还含有维生素 E、维生素 C、叶酸、铁、锌等营养微量及元素，是一种理想的营养平衡食品。长期以来，因地域、口味、气候等条件的影响，我国鲜食玉米的消费习惯基本上形成了"南甜北糯"的格局，2021 年全国鲜食玉米种植面积预计超过 2 200 万亩（1 亩 ≈ 667m²，1 公顷 =15 亩，全书同），其中甜玉米约 600 万亩、糯玉米约 1 200 万亩、甜加糯玉米约 400 万亩，已成为全球最大的鲜食玉米生产国和消费国。长三角、珠三角等南方地区人口稠密、经济发达，是我国鲜食玉米主要种植区，也是全国最大的鲜食玉米终端消费市场。鲜食玉米具有生产周期短、种植经济效益高等特点，深受种植户欢迎，已成为农业转型升级、科技扶贫和乡村振兴的优势作物之一。

　　目前我国鲜食玉米种质资源匮乏，遗传基础狭窄，血缘不清，品种创新性不够，自主品牌意识不强，推广的品种存在多、乱、杂以及品质、产量、抗性不能很好协调统一等问题；缺少强力主推品种，不能满足种植者或消费者的需求。与普通玉米生产相比，农机农艺融合性差，机械化程度低，种植成本偏高。化肥施用集中且用量大、利用率低，易造成环境污染。同时病虫草害也是南方鲜食玉米产业发展的重要制约因素之一，虫害主要以亚洲玉米螟和草地贪夜蛾为主，小地老虎、桃蛀螟、蚜虫、斜纹夜蛾等偶然较重发生，不仅造成减产，而且对品质造成影响，极大地降低了鲜食玉米的商品价值；病害主要为纹枯病、南方锈病和小斑病，茎腐病、瘤黑粉病也时有发生，生产上对病害防治的意愿较低，仅在严重发生时才进行防治，造成防效较差；草害对鲜食玉米为害同样较重，南方气候温暖湿润，田间杂草种类多，尤其是牛筋草、喜旱莲子草等恶性杂草分布较广，防除难度大，给生产带来了较大的影响。

　　本团队从 2007 年开始，在"国家玉米产业体系东阳综合试验站"项目，国家重点研发课题"浙江鲜食玉米化肥农药减施增效技术集成研究与示范",浙江省重大农业专项"粮食(玉米)新品种选育",浙江省农业科学院科技创新能力提升工程项目"鲜食玉米种质创新与高效栽培技术集成示范",科研类专项"特用玉米种质资源收集、评价及其保存",浙江省三农六方科技协作计划项目"优质水果甜玉米高效栽培关键技术研究与示范推广"等国家、省、厅(院)多个项目的资金资助下,开展了鲜食玉米种质创新,新品种选育,高产高效轻简栽培技术和病虫害绿色防控等试验研究与推广工作,取得了一些重要进展和结果,积累了大量翔实的第一手资料,从而为本书的撰写打下了坚实的基础。本书是在总结鲜食玉米各类项目的研究进展,团队已发表的论文、新技术、新成果以及参阅国内相关研究的基础上撰写而成的。全书共分为七章,第一章玉米种质创新与品种选育;第二章土壤肥料与高效栽培;第三章植物保护与绿色防控;第四章产业现状与发展趋势;第五章品种特征特性及配套栽培技术;第六章浙江省玉米主推技术;第七章玉米新品种简介。

由于作者水平有限、时间匆促,书中不妥之处,还望同行专家和读者批评指正。

著 者

2020 年 12 月

# 目　录

# 第一章　玉米种质创新与品种选育

## 第一节　鲜食玉米类型

鲜食玉米是乳熟期采收，可以像水果、蔬菜一样食用其幼嫩鲜果穗或籽粒的特用类型玉米，兼具粮、果、蔬、饲四位一体特性。鲜食玉米风味佳，适口性好，营养丰富；与普通玉米相比，鲜食玉米除含有碳水化合物、人体所需的多种氨基酸、蛋白质等营养物质外，还含有维生素 E、维生素 C、叶酸、铁、锌等营养微量及元素，是一种理想的营养平衡食品。2016 年农业农村部出台了《全国种植业结构调整规划（2016—2020 年）》指出，缩减普通玉米的种植面积，扩大鲜食玉米种植，为居民提供营养健康的膳食纤维和果蔬。我国人民在鲜食玉米的消费习惯上形成了"南甜北糯"的格局，2021 年全国种植鲜食玉米面积超过 2 200 万亩，其中甜玉米 600 万亩，糯玉米 1 200 万亩，甜加糯玉米 400 万亩，成为全球第一大鲜食玉米生产国和消费国。长三角地区经济发达，是我国鲜食玉米主要种植区之一，具有全国最大的鲜食玉米消费市场。鲜食玉米在浙江省旱粮生产中占有重要地位，2008 年全省鲜食玉米种植面积仅 40 万～ 50 万亩，占当年玉米播种面积的不足 1/3；2019 年扩大到 75 万亩，占全年玉米播种面积的 2/3 以上。由于鲜食玉米具有生产周期短、种植经济效益高等特点，深受种植户欢迎，已成为科技扶贫、乡村振兴和农业转型升级的优势作物之一。

在我国推广的鲜食玉米主要包括甜玉米、糯玉米和甜加糯玉米等。甜玉米是由于玉米籽粒在淀粉合成代谢途径中一个或几个基因发生突变，造成淀粉合成受阻，糖类物质积累而形成的。甜玉米起源于美洲大陆，在世界上广泛栽培仅有 100 多年的历史，1836 年育成第一个甜玉米品种"达林早熟（Darlings Early）"，1927 年伯比（Burpee）公司选育的"高登彭顿（Golden Bantam）"是优质和广适性的黄色甜玉米，至 2000 年左右仍旧是肯德基专用品种之一，人们以"高登彭顿"为材料选育出一大批自交系和杂交种。1968 年国内首次培育出甜玉米品种"北京白砂糖"，20 世纪 80 年代开始零星种植甜玉米，2000 年前后甜玉米的生产和消费进入了加速发展阶段。甜玉米主要种植国家为美国、中国、加拿大、欧洲国家、泰国、日本等，美国是生产和消费甜玉米最多的国家，甜玉米总产值排在在售蔬菜产品的第四位，加工产品的第二位，年人均消费 10kg 以上。糯玉米由于基因中第 9 染色体上的 $Wx$ 基因突变成了 $wx$，尿苷二磷酸葡萄糖（UDPG）转移酶活性极度降低，导致玉米籽粒胚乳中直链淀粉含量降低，支链淀粉含量达到 95% ～ 100%。糯玉米起源于我国西南云贵高原的亚热带地区，其籽粒不透明，种皮无光泽，外观蜡质状，鲜食时软糯香甜，适口性好；主要种植国家为中国、美国、欧洲国家等，中国主要是食用，美国和欧洲国家主要用来加工淀粉。甜加糯玉米一个果穗上既有甜籽粒又有糯籽粒，兼顾了甜玉米和糯玉米的优势，是我国首创的利用异隐纯合体杂交技术育成的鲜食玉米类型。

# 第二节　品质创新

为了使甜、糯玉米获得更优异的性状，国内外甜、糯玉米的种质创新持续进行。甜、糯玉米的食味品质（含糖量、果皮厚度等）和营养品质（维生素、矿质元素、花青素、蛋白含量等）是种质创新的主要目标。

## 一、含糖量

含糖量是甜、糯玉米，尤其是甜玉米种质创新中的重要目标。在甜玉米中，$sh2$、$su1$、$bt1$、$bt2$、$du1$、$se1$、$ae1$ 等基因都与胚乳中糖分累积相关，这些基因都有多种基因型，由此产生不同的表型，多个隐性基因组合在种质创新过程中也得到不断尝试和应用。如 $su1$ 和 $se1$ 的组合籽粒含糖量接近 $sh2$ 型，同时可溶性多糖的含量又和 $su1$ 型相似，产生了一种高品质，有奶油状胚乳的甜玉米。在普甜玉米中，由于 $su1$ 纯合导致淀粉合成受阻，使胚乳含糖量增加并积累了大量的水溶性多糖，玉米籽粒具有黏性；双隐性 $sh2$ 控制的胚乳类型，淀粉含量低，含糖量可达 20% ～ 25%，但水溶性多糖较少，质地脆甜，缺少普通甜玉米粘糯的特点；$su1$ 和 $se1$ 基因组合形成的加强甜玉米类型，同时具备普甜和超甜玉米的优点：含糖量高且有奶油状特性。在糯玉米中，由于 $wx$ 基因的作用，使籽粒中支链淀粉含量较高，可溶性糖含量较少。然而，随着种质资源的不断创新，一些甜糯玉米品种被推上市场，并得到了市场的认可。目前国内育成的甜糯玉米品种基本上属于甜糯自交系和糯玉米自交系杂交后育成的类型，其 $F_2$ 代甜糯分离比为糯∶甜 = 3∶1，在一个穗上有 1/4 的籽粒是甜粒，3/4 的籽粒是糯粒，又甜又糯，口感较好。海南绿川种苗有限公司先后发现了爽甜糯玉米和糖糯玉米。爽甜糯玉米由爽甜基因 $st$ 和糯基因 $wx$ 共同控制，这类玉米口感脆爽无皮渣，嫩食偏甜，稍老食甜糯一体。糖糯玉米则是由糖糯基因 $tn$ 和糯基因 $wx$ 共同控制，这类玉米籽粒含糖量接近超甜玉米，又具有较好的糯性。

## 二、果皮厚度

果皮厚度是衡量鲜食玉米品质的重要指标。多项研究表明，果皮厚度与采摘时间、环境等外在因素相关，但在同等条件下，果皮厚度与遗传背景也高度相关，且该性状的遗传力也较高。果皮厚度是一个受多基因控制的复杂性状，研究人员定位了多个与玉米果皮厚度相关的 QTL，然而迄今为止还没有定位到果皮厚度相关的主效基因。从结构上看，玉米果皮由纤维素、多糖等组成，而果皮细胞层数是决定玉米果皮厚度的重要影响因子。

## 三、维生素

维生素 A 和维生素 E 是人类必需的微量营养物质，与人类多种重大疾病的发生有关，如夜盲症、癌症、心血管疾病、糖尿病等。

玉米黄质及其异构体叶黄素均属于类胡萝卜素，而类胡萝卜素是体内维生素 A 的主要来源。O′Hare 等通过杂交富集玉米黄质合成相关等位基因，使玉米黄质含量提高了近 10 倍，达到食用约 100g 鲜甜玉米就可满足人体对玉米黄质摄入量的需求。进一步研究发现玉米黄质的含量和 β-紫罗酮含量有正相关关系，而 β-紫罗酮作为玉米中一种易挥发的风味物质，可以影响甜玉米的风味。*PSY*、*LCYE* 和 *HYD* 是玉米黄质和叶黄素合成代谢途中关键基因，冯发强等利用这 3 个基因开发了用于鉴定基因型的 PCR 分子标记，用于富含玉米黄质和黄质素玉米的分子育种。

维生素 E 主要包含生育酚（tocopherol）和生育三烯酚（tocotrienol）两大类，根据芳香环甲基数目和位置的不同，每类均可分为 α、β、γ 和 δ 4 种类型。将普通玉米在 *ZmVTE4* 基因上的优良等位基因导入到优良甜玉米自交系中，可以提高籽粒 γ 生育酚和总生育酚含量。通过构建甜玉米关联群体，也检测到 *ZmVTE4* 基因与维生素 E 含量关联。广东省农业科学院根据上述的研究基础，成功培育了两个高维生素 E 甜玉米品种。

## 四、矿质元素

矿质元素（微量元素）是植物生长发育过程中必不可少的营养，同时部分有益矿质元素也是人类所必需的。目前全球超过一半的人口患有微量元素缺乏症，而微量元素的缺乏则会导致各种疾病。育成富含有益矿质元素同时有害矿质元素含量较低的玉米品种是育种的重要目标，然而当前该领域暂未取得较大的研究进展。该领域研究进展缓慢的原因主要有：①不同环境下玉米籽粒微量元素含量变化较大，极易受到环境的影响，但不同遗传背景对微量元素的积累差异也较大；②基于不同种质的微量元素含量遗传力估算结果可能存在较大差异，Niji 等对 63 份甜玉米材料的锌含量进行测定，并估测了锌含量的遗传力，发现锌含量遗传力在 0.9 以上，而郝小琴等对甜、糯玉米中矿物质元素含量测定结果表明，各种矿物营养元素的广义遗传力较低。由于该两项研究均以杂交种为研究对象，加上环境和研究材料背景差异等因素，并不能很好地对锌含量遗传力进行准确评估；③微量元素往往容易与玉米植株内的植酸反应形成沉淀，不能被人体吸收。

### 五、花青素

由于花青素具有抗氧化、缓解焦虑、抑制肥胖、调节肠道微生物、抗癌等医疗保健效果，近年来富含花青素的紫（黑）糯／花糯玉米在市场上非常受欢迎。紫玉米也叫黑玉米，是玉米栽培种的一个变种，在拉丁美洲的秘鲁、玻利维亚等地区已有上千年的栽培历史。尽管栽培历史悠久，但是紫玉米种质资源十分缺乏，种质基础特别狭窄。近年来通过杂交育种，培育了一些富含花青素的玉米品种，如"紫玉 194"等。2018 年，中国农业科学院生物技术研究所研究人员将玉米胚乳特异性顺式作用元件融合到玉米胚中特异表达的双向启动子 PZmBD1 中，得到种子特异表达的双向启动子 P2R5SGPA。以该启动子驱动花青素合成的调控基因 *ZmC1* 和 *ZmR2* 以及结构基因 *ZmBZ1* 和 *ZmBZ2*，创制了高花青素紫玉米种质。

### 六、蛋白质含量

蛋白质是玉米籽粒的重要组分之一，蛋白质含量在不同遗传背景下差异较大。蛋白质含量和淀粉含量直接影响甜玉米食味品质，蛋白质含量作为复杂的数量性状受多基因调控。王长进等利用 GWAS 数据与甜玉米籽粒中蛋白质含量进行关联分析，在全基因组范围内共鉴定到 15 个 SNP 和蛋白质含量相关，这些位点的获得为甜玉米蛋白质含量分子标记辅助选择和品质育种提供了理论基础。

## 第三节 育种方法

随着生物技术的不断发展，越来越多的新育种技术手段运用于甜糯玉米的种质创新中，如分子标记辅助育种、单倍体育种、分子设计育种、转基因和基因编辑等。新育种技术的运用可以大大缩短玉米的育种周期。

### 一、分子标记辅助育种

随着现代生物技术的发展，RAPD、AFLP、SSR、SNP、QTL 等分子标记方法在玉米育种中得到普遍的应用。分子标记技术可将玉米自交系和群体杂交优势群的有效划分,揭示杂种优势的遗传基础,提高选配交母本的效率。利用分子标记的手段,近年来鉴定了许多玉米重要性状的主效基因,包括株高、穗位高、抗旱性、纹枯病抗性等。利用发现的主效基因,可以进行转基因、分子标记鉴定等方法辅助育种。

## 二、单倍体育种

单倍体育种利用自然或人工诱导方法,利用孤雌生殖、雌核发育、雄核发育和等方法获得单倍体生物以及用单倍体生物来培育后代的育种方法。Yu 等开发了一个 RWS-GFP 单倍体诱导系,使单倍体在萌发初期阶段可以被肉眼识别,使育种周期缩短了 75% ~ 80%。中国农业大学陈绍江等选育出可作为研究单倍体诱导机理的重要材料 $CAU^B$ 和 $CAU^{YEP}$,诱导率为 8%。广西农业科学院选育出了适应亚热带环境的诱导系 Y8,该诱导系花粉量大,花期长,雄穗发达,诱导率为 5% ~ 6%。

## 三、分子设计育种

分子设计育种建立在多重复分子标记和全基因级测序的基础上,提前设计最佳的符合育种者育种目标的基因型,实现目的基因型的亲本选配和后代选择策略的方法。万建民等利用作物分子设计育种将在多层次水平上研究植物体所有成分的网络互作行为和在生长发育过程中对环境反应的动力学行为,继而使用各种"组学"数据,在计算机平台上对植物体的生长、发育和对外界反应行为进行预测,然后根据具体育种目标,构建品种设计的蓝图,最终结合育种实践培育出符合设计要求的农作物新品种。

## 四、转基因育种

转基因育种即利用基因工程手段将目的基因片段导入生物活细胞 DNA 中,培养获得新种质技术。我国在 1999 年首次利用农杆菌完成转基因玉米杂交品种。玉米转基因育种取得了较多技术成果并得到应用,获得一些试验性品种。2019 年 12 月 30 日,农业农村部拟批准向 2 个转基因玉米品种颁发国产转基因生物安全证书,这是我国 10 年来首次在主粮领域发放国产转基因生物安全证书。何康来等将转 $Bt$ 基因转入玉米,使玉米全株表达 Cry1Ab 蛋白,从而获得对亚洲玉米螟很高的抗虫性,能够保护玉米全生育期免受玉米螟的为害。Habben 利用转基因和基因沉默的手段调节乙烯生物合成水平,研究表明,与非转基因对照相比较,转基因显著增加籽粒产量,在花期干旱胁迫后转基因玉米增产 $580kg/hm^2$。

### 五、基因编辑育种

基因编辑技术是对基因组进行定向编辑的一项新技术。其原理是通过序列特异性核酸酶对目标 DNA 片段进行剪切，在修复过程中使靶位点发生插入、缺失和替换等突变，人工使基因组发生定点改变而获得预期目标性状。当前较为常用的基因编辑系统是 CRISPER/Cas9，该系统组成比较简单，包括加工成熟的 crRNA（CRISPR-derived RNA）、反式激活 RNA tracrRNA 与 Cas9 蛋白。2014 年，Liang 等首次利用 CRISPR/Cas9 基因编辑系统对玉米进行了基因编辑，编辑对象是玉米原生质体中的玉米磷酸激酶 ZmIPK（inositol phosphate kinases）。而后，随着 CRISPR/Cas9 基因编辑系统的不断优化，利用该系统完成了许多玉米基因编辑工作，如乙酰乳酸合成酶 2 基因（ALS2）的定点替换、八氢番茄红素合成酶基因（PSY1）的稳定敲除、无叶舌基因（LG1）的基因编辑等，极大地缩短了玉米的育种周期。

## 第四节　美国种质的引进与鉴定

玉米种质资源是育种必不可少的物质基础，掌握资源的多少和研究利用程度左右着育种效率，搜集种质资源，拓宽种质基础，开展种质鉴定、评价和利用，在玉米品种改良中始终占有重要地位。我国不是甜玉米的起源地，甜玉米种质资源主要来自美国、日本、泰国和中国台湾。目前国内特用玉米特别是甜玉米的种质资源少，基因匮乏，所育成的品种遗传基础狭窄。通过二环系、回交转育、轮回选择和混合选择等方法，进行甜玉米自交系的研究利用，由于遗传基础狭窄，生态类型较为单一。浙江省虽自选了一些优良的甜、糯玉米新品种与组合，但在品质方面不如国外品种，甜玉米皮太厚，渣皮太多，脆性不足，口感差，要解决品质问题只能加强从国外引进种质资源，并进行农艺性状、抗性和适应性鉴定，最终加以利用。

2008 年中国农业科学院从美国引进了鲜食玉米群体和自交系，调查了每个自交系和群体雄穗散粉至雌穗吐丝的间隔天数（ASI）、全生育期即从种子出苗到完全成熟的天数。大、小斑病，锈病的抗病性，收获后进行室内考种，记载穗部特征，品质测定采用在乳熟期收获的套袋果穗煮熟后品尝，性状记载见表 1-1。

表 1-1　特用玉米群体和自交系来源及类型

| 编号 | 名称 | 地理来源 | 类型 | 编号 | 名称 | 地理来源 | 类型 |
|---|---|---|---|---|---|---|---|
| AMP01 | 11×13W×TD-3 | 威斯康星州 | 白糯 | AMS123 | Il779a | 伊利诺斯州 | 普甜 |
| AMP02 | Luther Hill | 威斯康辛州 | 普甜 | AMS124 | IIIIOIQ | 伊利诺斯州 | 普甜 |
| AMP03 | Hayes White | 威斯康辛州 | 普甜 | AMS125 | R389 | 伊利诺斯州 | 普甜 |
| AMP04 | Aunt Marry's | 密苏里州 | 普甜 | AMS126 | R853 | 伊利诺斯州 | 普甜 |
| AMP05 | Golden Bantam(WI) | 密苏里州 | 普甜 | AMS127 | 245 | 印第安纳州 | 普甜 |
| AMP06 | BahvOrEhard | 北达科他州 | 普甜 | AMS128 | Jan-81 | 印第安纳州 | 普甜 |
| AMP07 | Golden Gem | 北达科他州 | 普甜 | AMS129 | P51 | 印第安纳州 | 普甜 |
| AMP08 | Early Ever green | 爱荷华州 | 普甜 | AMS130 | 5261 | 爱荷华州 | 普甜 |
| AMP09 | Rhode Island Sweet | 罗德岛州 | 普甜 | AMS131 | Ia2003 | 爱荷华州 | 普甜 |
| AMP10 | Pease Crosby Sweet | 缅因州 | 普甜 | AMS132 | Ia5 145 | 爱荷华州 | 普甜 |
| AMP11 | Banting | 安大略 | 普甜 | AMS133 | IaEv3004 | 爱荷华州 | 普甜 |
| AMP12 | AS12 | 明尼苏达州 | 普甜 | AMS134 | Me 1 | 缅因州 | 普甜 |
| AMP13 | CRC61 | 科罗拉多州 | 普甜 | AMS135 | MASS 32 | 马萨诸塞州 | 普甜 |
| AMP14 | Ne-edr Sh12 | 俄罗里达州 | 超甜 | AMS136 | A684su | 明尼苏达州 | 普甜 |
| AMS101 | Pop-N-EAT | 伊利诺斯州 | 爆裂 | AMS137 | A685 su | 明尼苏达州 | 普甜 |
| AMS102 | Black Jewell 85 | 伊利诺斯州 | 爆裂 | AMS138 | A686 su | 明尼苏达州 | 普甜 |
| AMS103 | HP72-11 | 印第安纳州 | 爆裂 | AMS139 | S43 | 明尼苏达州 | 普甜 |
| AMS104 | 4722 | 印第安纳州 | 爆裂 | AMS140 | NJll6Wb | 新泽西 | 普甜 |
| AMS105 | HP301 | 印第安纳州 | 爆裂 | AMS141 | nioi | 北达科他州 | 普甜 |
| AMS106 | Sg1533 | 印第安纳州 | 爆裂 | AMS142 | 11677a | 北达科他州 | 普甜 |
| AMS109 | WXWF9 | 爱荷华州 | 白糯 | AMS143 | T62S | 田纳西州 | 普甜 |
| AMS110 | Florida 32 | 俄罗里达州 | 超甜 | AMS144 | 0h43 sh2 | 威斯康星州 | 普甜 |
| AMS111 | P737M20 | 密歇根 | 普甜 | AMS145 | W 1736 | 威斯康星州 | 普甜 |
| AMS112 | P39 | 印第安纳州 | 普甜 | AMS146 | W 3607 | 威斯康星州 | 普甜 |
| AMS113 | IA2132 | 爱荷华州 | 普甜 | AMS147 | W 3647 | 威斯康星州 | 普甜 |
| AMS114 | IA5125 | 爱荷华州 | 普甜 | AMS148 | W 5543 | 威斯康星州 | 普甜 |
| AMS116 | G40 | 康涅狄格州 | 普甜 | AMS149 | W 5552 | 威斯康星州 | 普甜 |
| AMS118 | 442A-431-68（D） | 伊利诺斯州 | 普甜 | AMS150 | W 6462 | 威斯康星州 | 普甜 |
| AMS119 | 1Il4H | 伊利诺斯州 | 普甜 | AMS151 | W 6714 | 威斯康星州 | 普甜 |
| AMS120 | Il73la | 伊利诺斯州 | 普甜 | AMS152 | W6720-l | 威斯康星州 | 普甜 |
| AMS121 | Il767b | 伊利诺斯州 | 普甜 | AMS153 | W6720-2 | 威斯康星州 | 普甜 |
| AMS122 | Il778d | 伊利诺斯州 | 普甜 | AMS155 | M 45 | — | 普甜 |

## 一、生育期

因环境不适应会导致果穗生长减缓，雄穗与雌穗的开花间隔加大，间隔太大会导致雌雄花期不遇，无法结实（表1-2）。材料中ASI大于10d的有AMS122、AMS123、AMS127、AMS146、AMS150 5份，无法结实；病虫害严重，枯死的有AMS132、AMS140、AMS142 3份，这些材料就不做性状调查。剩余的52份材料中，ASI在2～6d；全生育期在77～102d，最短的是AMS139仅77d，其次是AMP03、AMP04、AMP06为79d，最长的是AMS136为103d，100d或以上的还有AMS141、AMS144、AMS151 3份。

## 二、抗性和品质

供试材料普遍不抗大、小斑病，年份不同锈病发生轻重不一。抗病性较好的材料是AMP01、AMP07、AMS124、AMS125、AMS126、AMS133、AMS141、AMS143等。品质分为3个级别，A为好，B为中等，C为差。品质较好的有22个，品质中等的有22个，品质较差的有8个（表1-2）。

表1-2 玉米种质 AMP01 等材料的性状特征

| 玉米材料 | ASI/d | 全生育期/d | 株高/cm | 穗位高/cm | 穗形 | 粒色 | 穗长/cm | 穗粗/cm | 单穗重/g | 品质 |
|---|---|---|---|---|---|---|---|---|---|---|
| AMP01 | 2 | 89 | 196.0 | 67.2 | 筒 | 白 | 12.5 | 5.5 | 104.5 | B |
| AMP02 | 3 | 88 | 138.2 | 28.5 | 锥 | 白 | 11.0 | 3.0 | 29.5 | B |
| AMP03 | 2 | 79 | 99.2 | 17.9 | 锥 | 白 | 8.0 | 2.4 | 20.5 | B |
| AMP04 | -2 | 79 | 168.9 | 31.9 | 筒 | 白 | 10.2 | 3.3 | 39.5 | B |
| AMP05 | 0 | 89 | 177.5 | 49.5 | 筒 | 黄 | 10.8 | 3.1 | 29.4 | C |
| AMP06 | 4 | 79 | 102.0 | 16.6 | 锥 | 黄 | 11.0 | 2.7 | 21.2 | A |
| AMP07 | 5 | 80 | 87.0 | 11.2 | 锥 | 黄 | 9.8 | 2.6 | 26.8 | B |
| AMP08 | 2 | 88 | 169.1 | 51.6 | 筒 | 黄 | 13.0 | 4.2 | 48.2 | A |
| AMP09 | 1 | 80 | 167.8 | 45.0 | 筒 | 黄 | 12.5 | 3.3 | 51.8 | A |
| AMP10 | 5 | 80 | 163.2 | 20.8 | 锥 | 白 | 12.0 | 2.4 | 52.8 | A |
| AMP11 | 4 | 80 | 120.5 | 15.7 | 锥 | 黄 | 13.0 | 2.4 | 34.2 | B |
| AMP12 | 5 | 88 | 150.0 | 43.4 | 锥 | 黄 | 10.5 | 3.3 | 3.4 | A |
| AMP13 | 3 | 89 | 142.5 | 26.4 | 锥 | 黄 | 10.5 | 2.8 | 24.4 | B |
| AMP14 | 2 | 88 | 186.8 | 73.6 | 锥 | 黄 | 12.0 | 4.4 | 46.4 | A |
| AMS101 | 1 | 80 | 144.3 | 63.9 | 筒 | 白 | 10.0 | 3.0 | 46.5 | A |
| AMS102 | 1 | 87 | 192.5 | 101.3 | 锥 | 黑 | 9.8 | 3.1 | 44.9 | B |
| AMS103 | 3 | 87 | 176.3 | 71.5 | 筒 | 黄 | 12.6 | 3.3 | 58.0 | B |
| AMS104 | -1 | 88 | 194.5 | 86.2 | 筒 | 黄 | 13.0 | 2.9 | 49.5 | A |
| AMS105 | 1 | 88 | 170.2 | 71.8 | 锥 | 黄 | 9.0 | 2.5 | 19.7 | C |
| AMS106 | 2 | 89 | 172.0 | 80.8 | 锥 | 黄 | 7.0 | 3.1 | 24.6 | C |
| AMS109 | 2 | 89 | 146.0 | 51.5 | 锥 | 黄 | 10.5 | 2.6 | 40.9 | B |
| AMS112 | 2 | 88 | 151.5 | 37.8 | 锥 | 黄 | 12.8 | 3.2 | 53.5 | A |
| AMS113 | 5 | 87 | 110.7 | 22.9 | 锥 | 黄 | 11.0 | 3.1 | 23.4 | B |
| AMS114 | 3 | 89 | 141.0 | 35.7 | 锥 | 黄 | 7.0 | 4.0 | 24.5 | A |
| AMS116 | 2 | 87 | 126.0 | 66.1 | 锥 | 黄 | 12.0 | 2.9 | 22.3 | B |
| AMS119 | 1 | 88 | 113.8 | 28.4 | 锥 | 黄 | 5.0 | 2.4 | 20.4 | B |
| AMS121 | 4 | 87 | 125.2 | 22.5 | 锥 | 黄 | 8.0 | 3.3 | 27.6 | B |
| AMS124 | 2 | 88 | 146.0 | 20.3 | 锥 | 黄 | 6.0 | 3.4 | 22.4 | C |
| AMS125 | 2 | 88 | 103.5 | 29.5 | 锥 | 黄 | 8.0 | 3.0 | 25.2 | C |

| 玉米材料 | ASI/d | 全生育期 /d | 株高 /cm | 穗位高 /cm | 穗形 | 粒色 | 穗长 /cm | 穗粗 /cm | 单穗重 /g | 品质 |
|---|---|---|---|---|---|---|---|---|---|---|
| AMS126 | 1 | 88 | 111.7 | 21.3 | 锥 | 黄 | 12.0 | 3.3 | 21.4 | C |
| AMS128 | 3 | 99 | 114.2 | 39.0 | 锥 | 白 | 8.0 | 3.2 | 24.6 | C |
| AMS129 | 2 | 89 | 124.2 | 37.3 | 锥 | 黄 | 9.2 | 3.5 | 31.4 | B |
| AMS130 | 1 | 80 | 152.3 | 45.4 | 筒 | 黄 | 12.0 | 3.5 | 39.3 | B |
| AMS131 | −1 | 80 | 147.9 | 45.3 | 筒 | 黄 | 9.0 | 4.4 | 45.5 | A |
| AMS133 | 2 | 88 | 94.1 | 26.1 | 锥 | 白 | 9.0 | 3.5 | 24.5 | B |
| AMS134 | 4 | 89 | 104.3 | 11.9 | 锥 | 黄 | 8.0 | 3.0 | 20.2 | C |
| AMS135 | 3 | 89 | 110.3 | 17.8 | 锥 | 黄 | 11.0 | 3.8 | 35.0 | A |
| AMS136 | 6 | 102 | 86.8 | 13.2 | 锥 | 黄 | 9.2 | 3.2 | 20.3 | A |
| AMS137 | 2 | 89 | 120.5 | 27.6 | 锥 | 黄 | 10.0 | 3.3 | 22.4 | A |
| AMS138 | 4 | 87 | 78.4 | 13.6 | 筒 | 黄 | 6.0 | 2.4 | 22.3 | A |
| AMS139 | 1 | 77 | 107.7 | 13.2 | 锥 | 黄 | 10.5 | 3.8 | 27.4 | A |
| AMS141 | 2 | 100 | 125.8 | 20.5 | 锥 | 黄 | 9.0 | 3.3 | 22.5 | B |
| AMS143 | 4 | 88 | 165.8 | 41.9 | 锥 | 黄 | 12.0 | 4.2 | 54.5 | A |
| AMS144 | 2 | 100 | 97.0 | 29.9 | 锥 | 黄 | 12.0 | 3.5 | 34.5 | A |
| AMS145 | 1 | 88 | 122.0 | 37.5 | 锥 | 黄 | 12.0 | 3.6 | 35.0 | A |
| AMS147 | −1 | 89 | 98.5 | 24.1 | 锥 | 黄 | 8.0 | 2.9 | 22.0 | B |
| AMS148 | −2 | 88 | 122.6 | 15.4 | 锥 | 黄 | 11.5 | 3.2 | 45.3 | A |
| AMS149 | −2 | 88 | 78.2 | 21.2 | 锥 | 黄 | 9.0 | 2.8 | 27.0 | B |
| AMS151 | 3 | 100 | 182.8 | 57.2 | 筒 | 黄 | 11.0 | 3.5 | 55.6 | A |
| AMS152 | 1 | 87 | 150.1 | 41.5 | 锥 | 黄 | 12.0 | 3.3 | 38.4 | B |
| AMS153 | 1 | 88 | 138.9 | 46.5 | 锥 | 黄 | 8.5 | 3.1 | 33.0 | A |
| AMS154 | −1 | 80 | 129.3 | 29.9 | 锥 | 黄 | 12.5 | 3.0 | 27.4 | B |

## 三、适应性

根据品质、抗性、生育期等性状认为下列 16 份材料比较适合浙江省气候环境：AMP01、AMP07、AMP12、AMP14、AMS109、AMS112、AMS114、AMS124、AMS125、AMS126、AMS129、AMS133、AMS137、AMS138、AMS143、AMS144，这些材料植株整齐、叶色浓绿，株叶型合理，植株健壮，单株产量较高，籽粒性状较好，品质佳，特别是皮较薄。

从美国引进的材料中糯玉米群体 1 份，产量较高，但品质中等，需改良品质后利用。甜玉米中大部分为普甜玉米，超甜玉米较少，部分普甜品质不错，但很难直接利用，需要和超甜玉米杂交转育后再选育超甜玉米自交系。普甜的种质资源和糯玉米材料杂交创制甜糯双隐性或三隐性种质材料。目前，糯玉米群体 AMP01 已经和品质较好的糯玉米杂交后创制新群体，普甜玉米和超甜玉米群体分别创制出含有超甜基因的甜玉米群体进行选系。

# 第五节　甜玉米种子活力研究

甜玉米是一种新兴食品，具有甜、香、脆、嫩的特点，有"水果玉米""蔬菜玉米"之称。甜玉米营养丰富，在美国、日本、泰国及中国台湾有较大的种植面积。甜玉米有普甜、加强甜、超甜之分。普甜玉米是由 *su* 乳突变基因控制，加强甜是 *suse* 双隐性胚乳突变基因控制，超甜玉米主要由 *sh2* 胚乳突变基因控制；超甜玉米主要特点是籽粒中蔗糖含量极高，是普甜玉米的 2 倍，适宜采收期延长 5 ~ 10d，但种子活力差，田间出苗率一般仅达到 50% 左右，幼苗活力差，这成为限制甜玉米发展的主要障碍之一。国内外围绕如何改善甜玉米的种子活力，提高田间出苗率，尤其在不利条件下（如低温、多雨等）的出苗率进行了大量研究，相关研究表明种子活力水平的高低主要是由遗传因素和外界环境因素两方面决定。

## 一、影响种子活力的因素

### 1. 遗传因素

种子活力的高低主要取决于遗传物质。一般认为，甜玉米种子活力较低的主要原因在于胚乳突变基因抑制了籽粒中淀粉的合成，使胚乳变小皱缩，粒重减轻。由于基因突变型的胚乳贮藏物质积累不充足，在籽粒萌发初期即大量消耗，导致种子活力降低。甜玉米种子发芽率与种子重量、大小呈极显著正相关。樊龙江、颜启传等研究表明，超甜玉米（sh2 型）的胚乳与胚干重之比为 36∶1，而普通玉米为 58∶1，超甜玉米的平均百粒重仅相当于普通玉米的 50% 左右。相对普通玉米种子，甜玉米种子皱缩、粒重轻、胚乳积累淀粉不足而糖分含量高，不仅直接致使种子出苗所需能量来源受到限制，又间接地引起种子一系列生理性状改变，包括种子吸胀速度快、呼吸强、种子膜修复能力下降、种子渗漏严重等。这些性状的改变是导致甜玉米种子活力低的主要诱因。Styer 研究认为甜玉米种子不仅胚乳小，胚也较小，并且与碳水化合物代谢相关的盾片功能紊乱。Wilson 研究与 SU 甜玉米相比，sh2 甜玉米种子更小，种皮更薄，种子由于电解质和碳水化合物渗漏的增加更易受损伤。He 等研究两种甜玉米种子（sh2 和 SU）发芽过程中的呼吸作用和碳水化合物的代谢，发现 sh2 甜玉米种子发芽过程中的胚呼吸强，胚乳储藏物质不足以持续供给胚的生长。Douglass 通过对胚乳突变基因 *SU*、*sh2*、*se* 3 种甜玉米种子的碳水化合物构成和出苗研究认为种子淀粉含量与种子出苗呈正相关，而糖分含量与之呈负相关，也表明甜玉米种子淀粉的不足对种子活力有负向影响。

2. 环境因素

种子活力不仅受内部多因子的综合作用，同时也受外界环境因子的影响。种子发育成熟期间的各种环境对甜玉米种子活力也有一定影响。一般种子活力经历先上升，后下降，再上升（经种子处理后）的变化趋势。伴随着种子发育，种子活力逐渐提高，在生理成熟期达到最大活力。

（1）收获期种子收获过早，胚还没有完全成熟，籽粒干物质含量低，种子发芽率低；收获过晚，一方面种子发芽率下降；另一方面，此时正值高温、多雨，植株易倒，种子易发霉或在田间提前发芽，大大降低种子的质量和发芽率，也会影响下一季的播种。因此，在最适收获期间收获，种子发芽率高，出全苗，出壮苗。沈雪芳、王义发指出，种子生产时未能在籽粒蜡熟期及时收获，而是拖延至全田果穗完全黄熟时才收获，若遇雨天或气温高，空气湿度转大时，甜玉米种子易在穗上产生霉变，进一步损坏种子活力。以上大量研究表明，种子成熟度与种子活力相关，一般种子活力水平随着种子的发育而上升，至生理成熟达最高峰。因此过早采收种子活力降低，但如果种子成熟后，未及时采收，暴露于田间条件下时间过长，往往会造成植株种子自然老化而降低活力。

（2）病原菌微生物侵染甜玉米种子可以携带多种病原真菌、细菌和病毒。甜玉米种子含糖量的提高会增加种子受病原微生物侵染的概率，籽粒中高含量的糖分为微生物提供了生长基质并延缓了种子田间干燥时间，因此甜玉米比普通玉米更易受到病原微生物侵染。

（3）栽培措施和播种栽培措施（主要包括肥料、水分、种植密度等）和播种时的环境因素都会影响种子活力的形成。比如，在土壤贫瘠及种植密度过大的情况下，由于养分缺乏，会影响种子饱满度和产量，氮肥可以提高粉质种子蛋白质含量，磷肥、钾肥对油质种子油分形成有良好作用。播种时的环境因素对种子活力也有影响，甜玉米在早春（低温、多雨）的条件下播种，种子出苗率更低，樊龙江等人的研究表明，甜玉米在早春低温多雨条件下的出苗率约为温度适宜条件下的一半。种子成熟后，还要经历采收、脱粒、运输、贮藏等环节，在此过程种子易发生劣变，最终影响种子活力。

## 二、提高种子活力的方法

甜玉米种子活力低下一直是限制甜玉米发展的主要问题，因此，如何有效地增加甜玉米种子活力，提高田间出苗率，已经成为甜玉米大面积推广的研究焦点。针对以上问题，主要可以从育种、栽培及种子预处理等方面考虑。

### 1. 重视育种的基础材料，加强育种工作

甜玉米种质资源少，应尽快将国内外甜玉米新品种、新材料大量引进，丰富种质资源。杂种 $F_1$ 的活力较其双亲高，在基础材料的低代选择中，注意种子的苗势，选择苗期壮的自交系。遗传因子在很大程度上决定了种子活力，不同类型的甜玉米种子发芽特性受其基因控制，因此在选育含糖量较高的甜玉米的同时，应注意选择一些高活力的品种，由于种子在生理成熟时活力最高，但含水量也很高，若在生理成熟与收获成熟之间选择透水性较差的品种，则种子受损伤程度会有所减少，从而适当提高种子活力。我国甜玉米的育种方法主要有回交转育法、轮回选择法和混合选法等。甜玉米育种的重要内容之一是通过育种手段协调高糖、高 WSP 含量、果皮嫩度、最佳品质保持时间和采收期之间的矛盾，同时产量和抗性也应得到足够的重视。将常规育种和分子标记辅助选择相结合，是提高甜玉米育种效率的一项可行的方法。甜玉米育种过程中，以甜玉米基因内或旁侧的 SSR 标记为目标性状的选择标记，通过选择 DNA 标记性状来选择基因，对分离群体（回交后代，$F_2$ 等）目标基因的选择十分便利，可以连续回交，以加速育种进程。植物种子，特别是胚部，为新遗传物质（ONA）导入的较佳对象，如果能将一个高活力基因成功导入胚的分生组织区，这个基因就能从母体细胞进入所有其他细胞，从而引起种子细胞的分裂，提高种子活力，增强其抗逆性，因此，分子技术与常规方法相结合的育种方法是提高甜玉米种子活力的一项根本育种措施。

### 2. 加强栽培措施，适时收获

凡是影响母株生长的外界条件对种子活力及后代均有深远的影响，因此为了生产优质的种子，必须选择环境适宜的地区建立专门的种子生产基地。其次，在种子生长期间要注意中耕，田间除草等，同时注意适时收获。王振华、刘丽以 3 个早熟 su 型甜玉米自交系为材料，分析了乳熟后甜玉米种子百粒重、发芽率和活力的变化。结果表明，从抽丝后后 30d 起发芽率已较高，百粒重和活力指数随成熟度增加逐渐增大，50d 百粒重最大，达到种子形态成熟；45d 活力指数最大，达到种子生理成熟，最佳采种期应以抽丝后 50d 为宜。

### 3. 种子预处理

种子预处理是提高种子活力和田间出苗率的简便有效的方法，包括种子引发和包衣技术等，对提高甜玉米早春条件下的田间出苗率有重要作用，它已成为甜玉米生产中的重要措施。其中，种子引发是提高甜玉米种子活力的有效途径之一，种子引发也称为渗透调节，是指控制种子缓慢吸水使其停留在吸胀的第二阶段，让种子

进行预发芽的生理生化代谢和修复作用。种子引发还能促进细胞膜、细胞壁、DNA的修复和酶的活化，此阶段处于准备发芽的代谢状态，但要防止胚根的伸出。通过种子引发，可以提高种子的田间出苗率，提高成苗速率和整齐度，促进幼苗生长，增强抗逆性。种子包衣是指在作物种子上包裹上一层能迅速固化的膜，在膜内可加入农药、微肥、有益微生物或植物生长调节剂；该膜与其中含有的其他成分叫种衣剂，种衣剂是针对作物、土壤以及农业生产中的问题（如作物病虫草害、土传病菌和害虫等）制备的，可以有效降低苗期发病率和死苗率，提高防病保苗效果。

### 三、展望

随着城乡人民生活、消费水平的提高以及种植业结构的调整，近几年我国甜玉米的种植面积大幅上升，然而由于甜玉米种子活力低下，在一定程度上限制了其发展。甜玉米种子活力低下，主要是由于某些胚乳突变基因抑制了籽粒淀粉的合成，增加了糖分含量，使胚乳变小皱缩、粒重减轻，以及一些环境因素的影响，使其种子活力低下。种子预处理是提高种子活力和田间出苗率的简便有效的方法，它已成为甜玉米生产中的一项重要措施。然而，这一方法所起的作用有限，不能从根本上解决甜玉米种子活力低下和田间出苗率低的问题，利用现代作物遗传育种技术，培育具有高活力种子的甜玉米新品种是解决这一问题的根本方法。

# 第六节　杂优模式

在近年来的特用玉米育种工作中，自交系选育主要以国内外二环系为主，很多材料与主要杂种优势群的关系尚缺乏系统的研究，利用价值受到一定限制，特别是在组合配制中存在很大的盲目性和重复性，增加了工作强度和难度，降低了选育强优势组合的机会。本研究以"Reid"种质的"掖478"和"四平头"种质的"黄早四"2个普通玉米自交系为标准测验种，通过 NC Ⅱ 设计对 6 个糯玉米自交系组合后代果穗性状进行配合力分析，以了解这 6 个糯玉米自交系的应用价值及种质类型，为特用糯玉米的自交系选育、种群划分和强优势组合的配制提供参考依据。

6 个糯玉米自交系为"WB311""WB312""WB313""WB314""WB315""WB316"。2 个标准测验种为普通玉米自交系"掖478"和"黄早四"。按 NC Ⅱ 设计以 6 个糯玉米自交系为母本，以 2 个测验种为父本配制杂交组合 12 份。果穗收获后，等量混合同一组合的种子于 2007 年秋季种植于浙江省东阳玉米研究所李宅试验基地，试验采用随机区组设计，3 次重复，2 行区，行长 5.4m，行距 0.65m，株距 0.25m，每小区随机抽取 10 株果穗测量果穗性状。根据产量特殊配合力划分杂种优势群。使用 DPS 数据处理系统对数据进行分析。

由表 1-3 可知，区组间的全部性状的差异都不显著，而组合间的方差均达显著或极显著水平，说明区组间差异不显著而不同组合间性状差异显著或极显著。对组合间的遗传差异进一步分解可知，测验种的穗长、行粒数和单穗鲜重一般配合力方差均达极显著水平，被测系穗长、秃尖长和行粒数一般配合力方差均达到显著或极显著水平。

一般配合力（GCA）主要取决于基因的加性效应，是可以遗传的部分，其值的大小和正负表示各性状加性基因遗传作用的大小和方向，同时也表现了数量性状呈多基因方式传递给 F1 代的能力。由表 1-4 可知，被测系中穗长 GCA 值较高的有"WB311""WB313"和"WB316"，穗粗 GCA 值较高的有"WB314"和"WB312"，秃尖 GCA 值较低的有"WB313""W311""WB316"和"WB312"，行数 GCA 值较高的有"WB315"和"WB312"，行粒数 GCA 值较高的有"WB311""WB313"和"WB316"，单穗鲜重 GCA 效应值最高的为"WB311"，其次是"WB316"和"WB312"。

表 1-3　测试玉米组合产量及果穗性状的方差分析

| 变异来源 | 自由度 | 穗长 | 穗粗 | 秃尖长 | 行数 | 行粒数 | 单穗鲜重 |
|---|---|---|---|---|---|---|---|
| 区组 | 2 | 2.278 | 1.403 | 0.190 | 1.838 | 3.434 | 2.919 |
| 组合 | 11 | 65.77** | 5.799** | 3.348** | 2.604* | 12.410** | 34.834* |
| 测验种 | 1 | 74.356** | 4.959 | 2.430 | 0.179 | 87.665** | 66.003** |
| 被测系 | 5 | 8.839* | 3.320 | 7.146* | 2.160 | 12.577** | 2.122 |
| 测验种 × | — | 5.856** | 2.402 | 0.853 | 1.793 | 0.878 | 4.695** |
| 被测系误差 | 22 | 26.785 | 1.129 | 30.861 | 54.240 | 4.134 | 134.735 |

注：*，** 分别表示在 0.05 和 0.01 概率水平上差异显著。

表 1-4　测试玉米组合产量及果穗性状的 GCA 效应

| 品种（系） | GCA 效应值 | | | | | |
|---|---|---|---|---|---|---|
| | 穗长 | 穗粗 | 秃尖 | 行数 | 行粒数 | 单穗鲜重 |
| "WB311" | 7.540 | -0.685 | -20.755 | -2.031 | 9.810 | 9.642 |
| "WB312" | -3.492 | 2.397 | -7.170 | 1.873 | -3.050 | 2.273 |
| "WB313" | 6.891 | -3.082 | -50.189 | 0.809 | 5.853 | -3.306 |
| "WB314" | -13.968 | 3.425 | 50.566 | -1.085 | -12.943 | -7.025 |
| "WB315" | -3.028 | 0 | 39.245 | 6.488 | -3.545 | -4.752 |
| "WB316" | 6.057 | -2.055 | -11.698 | -6.054 | 3.875 | 3.168 |
| "掖 478" | 10.012 | 1.256 | -9.057 | -0.493 | 8.821 | 14.073 |
| "黄早四" | -10.012 | -1.256 | 9.057 | 0.493 | -8.821 | -14.073 |

特殊配合力（SCA）主要取决于基因的非加性效应，受外界环境条件影响

较大，其值的大小和正负表示着杂交组合非加性基因遗传作用的大小和方向。从表 1-5 可以看出，测试玉米组合 6 个性状的 SCA 效应值存在不同程度的差异。其中穗长 SCA 相对效应值为 -23.424 ～ 21.261；穗粗 SCA 相对效应值为 -5.480 ～ 4.795；秃尖长 SCA 相对效应值为 -68.302 ～ 69.811；行数 SCA 相对效应值为 -9.604 ～ 6.961；行粒数 SCA 相对效应值为 -23.825 ～ 18.714；单穗鲜重 SCA 相对效应值为 -22.727 ～ 26.172。

表 1-5　测试玉米组合产量及果穗性状的 SCA 效应

| 组合 | SCA 效应值 | | | | | |
| --- | --- | --- | --- | --- | --- | --- |
| | 穗长 | 穗粗 | 秃尖长 | 行数 | 行粒数 | 单穗鲜重 |
| "WB311" × "掖478" | 21.261 | 1.370 | -9.434 | 0.335 | 18.714 | 26.171 |
| "WB312" × "掖478" | 2.534 | 3.425 | -32.076 | 1.518 | 7.832 | 15.014 |
| "WB313" × "掖478" | 19.778 | -0.685 | -68.302 | -3.450 | 15.746 | 13.774 |
| "WB314" × "掖478" | -4.512 | 4.795 | 31.321 | 1.282 | -2.061 | 6.612 |
| "WB315" × "掖478" | 5.686 | 2.055 | 42.642 | 6.961 | 3.875 | 13.223 |
| "WB316" × "掖478" | 15.328 | -3.425 | -18.491 | -9.604 | 8.821 | 9.642 |
| "WB311" × "黄早四" | -6.181 | -2.740 | -32.076 | -4.398 | 0.907 | -6.887 |
| "WB312" × "黄早四" | -9.518 | 1.370 | 17.736 | 2.228 | -13.932 | -10.468 |
| "WB313" × "黄早四" | -5.995 | -5.480 | -32.076 | 5.068 | -4.040 | -20.386 |
| "WB314" × "黄早四" | -23.420 | 2.055 | 69.811 | -3.451 | -23.825 | -20.661 |
| "WB315" × "黄早四" | -11.743 | -2.055 | 35.849 | 6.015 | -10.965 | -22.727 |
| "WB316" × "黄早四" | -3.214 | -0.685 | -4.906 | -2.504 | -1.072 | -3.306 |

SCA 可以指导杂种优势的利用和杂交种的选育。SCA>0 且数值较大，说明组合中的 2 个亲本亲缘关系较远，有较强的杂种优势；反之则说明组合中的 2 个亲本亲缘关系较近，没有杂种优势。根据单穗鲜重 SCA 对供试材料进行杂种优势群分析表明，6 个糯玉米自交系材料与"掖478"的 SCA 效应值为正值，与"黄早四"的 SCA 效应值为负值，说明这 6 个被测系均与"掖478"亲缘关系较远，而与"黄早四"的亲缘关系较近，即被测系均偏向"四平头"种质类群，而远离"掖478"对应的"Reid"种质。

作为鲜食用的糯玉米，果穗的外观性状和单穗鲜重十分重要，选择产量高、秃尖小的玉米品种无疑能提高鲜食玉米的商品性。试验中，被测系"WB311"单穗鲜重的 GCA 效应值最高，秃尖的 GCA 效应也达到了理想的要求，另外还值得选择的 2 个亲本依次为"WB316""WB312"。育种上，也强调个别性状的选择，在自交系的改良过程中，将某些性状特别突出的自交系作为回交转育的中间材料或原始材料，有机会将几个优良性状综合在一个材料中。用穗长 GCA 值较高的"WBII""WB313"和"WB316"作杂交亲本更能提高其下一代的穗长。增加长穗材料的选择机会，用穗粗 GCA 值较高的"WB314"和"W312"作杂交亲本更能提高其下一代的穗粗，增加大穗材料的选择机会；用秃尖 GCA 值较低的"WB313""W311""WB316"和"WB312"作杂交亲本更能降低其下一代的秃尖长；此外在行数、行粒数等性状的选择中，均应选择其 GCA 较高的亲本。

通过对应"Reid"种质的"掖478"和对应"四平头"种质的"黄早四"为标准测验种对供试材料进行配合力分析，明确了供试的 6 个糯玉米自交系均偏向于"四平头"种质类型，因此在自交系的改良过程中，这 6 个糯玉米自交系均可结合各自性状的一般配合力大小与性状优良的"四平头"种质材料进行回交转育，通过群体内的轮回选择提高目标性状的一般配合力。此外，可以利用一些性状优良糯玉米材料在"Reid"种质或改良"Reid"群体中进行回交导入以拓宽糯玉米种质基础，为产生高特殊配合力的强优势组合创造更多的机会。

# 第七节　水果甜玉米育种方法

甜玉米属于玉米属中的一个亚种。在乳熟期，甜玉米籽粒中的葡萄糖、蔗糖、果糖等糖分含量是普通玉米的 2 ～ 8 倍，蛋白质含量在 13% 以上，其中以水溶性蛋白为主；粗脂肪含量达 9.9%，比普通玉米高出 1 倍左右；此外甜玉米籽粒中还富含多种营养元素。口感清甜爽脆，皮薄无渣，可以生吃的一类玉米被称为水果甜玉米，该类型甜玉米的推广，使得玉米市场价值有了一个质的提升，长三角地区一些适合促早栽培的优质甜玉米亩效益可达万元以上。无论是从营养价值还是食用口感，甜玉米受到越来越多消费者的青睐。然而我国目前市场上主推的甜玉米品种大部分株型高大，生育期普遍过长，不太适宜促早栽植，且抗倒伏能力较差，部分从国外引进的温带型甜玉米品种虽然品质较好，生育期早，但适应性差，主要体现在耐热性，抗病性较差，这严重影响了甜玉米的进一步推广和农民的生产积极性。本文重点就选育综合性状优良符合生产需求的水果甜玉米新品种选育方法提出探讨。

## 一、确定品种选育目标

### 1. 品质优良

甜度达到 16°以上，适口性好，风味纯正，皮薄渣少，生食蒸煮两宜。

### 2. 果穗商品性好

籽粒排列整齐，籽粒深度适宜，色泽光亮一致，秃尖少，穗形美观，苞叶完整无露尖。

### 3. 生育期早

浙中地区早春种植，比对照品种"超甜4号"早7d以上。

### 4. 抗倒性好

植株高度在150～200cm，茎秆粗壮，次生支持根系发达，抗倒性好。

### 5. 较好的适应性

具有较好抗病性，抗病性主要是纹枯病、叶斑病能达到中抗以上。具有一定的耐热性，长三角地区3月底至4月下旬均能种植，后期受高温影响较小，并适合秋季种植。

### 6. 产量适宜

带苞单穗重能达到300g以上，去苞叶能达到220g以上，平均带苞亩产能达到800kg以上。

## 二、基础材料选择

### 1. 温带血缘材料选择

具有温带血缘的早熟优质矮秆型水果玉米品种资源，如"雪甜7401""金银208""晶煌17"和"双莘2750"等育成品种或其后代选系。这类材料的共有特性是生育早、品质优、株型较矮。这些品种资源基本具备选育目标中的多项要求，更容易选择符合育种目标的后代选系，但是抗逆性不理想。

### 2. 亚热带材料选择

适应性较好的亚热种质材料，如"华珍"系列、"浙甜"系列、"粤甜"系列等亚热带品种及后代选系。

### 3. 热带材料选择

产量高耐热的热带材料，如"先甜5号""泰王""广良甜27""太阳花"等泰系品种及其后代选系。

### 三、选育方法

#### 1. 二环系选系

以优良品种为基础种质材料直接进行二环选系，$F_1$代大量自交，扩大选系规模，$F_2$代加大穗行选择规模，田间记录生育期，花期协调性、抗倒及抗病虫性等性状，每穗行选优良植株套袋自交，根据自交日期推测果穗成熟期，并记录套袋果穗编号，籽粒灌浆乳熟期（果穗鲜食最佳采收期）小心将上半部果穗苞叶掀开，将上半部分小心折断摘出进行品尝鉴定，可直接小口生吃品尝，记录该果穗品质指标，果穗剩下部分用作留种。这种半穗品尝半穗留种法有助于很有针对性、很准确地选择品质优良的后代选系。后期数据整理汇总，结合穗行选择株型综合性状优良的穗行，行内单株选择商品性状及品质性状最好的留种果穗，在籽粒充分成熟老化后种成下个穗行。继续进行下代的自交选择，直至稳定纯合。二环系选择的优势是选择速度快、操作简单易行，这种选育方法也有助于选择性状较好的自交系，如"雪甜7401"后代选系"BS74-58""晶煌17"后代选系"HS17-2""先甜5号"后代选系"HT5-3"均通过这种方法选育而成，但是选育的自交系遗传基础偏窄，难以组配出具有突破性的新品种。

#### 2. 群体轮回选系

建议创建温×温（以温带材料为种质基础材料创建的群体）、温×亚热（以温带材料和亚热带材料为混合种质基础材料创建的群体）、温×热（以温带材料和热带材料为混合种质基础材料创建的群体）3种类型群体，将基础材料种子按等量比例混合隔离种植成$F_1$代群体，让其自由散粉，籽粒老熟后收取果穗混合脱粒，随机装取部分种子于下代再种植$F_2$代群体，以此方法再接着种下一代$F_3$代群体，使品种间基因型充分混匀，打破基因连锁，形成一个多基因混合群体。将$F_3$代群体老熟后收取果穗混合脱粒，装取部分种子于下代再种植$F_4$代群体。$F_4$代群体可进一步逐代进行群体轮回选择改良，淘汰不良株系，形成综合性状优良的多基因混合体Fn。Fn代选择符合选育目标要求的植株套袋自交，采用半穗品尝半穗留种法进行品质筛选，当选果穗继续进行下代穗行选择和单株选择自交，直至稳定纯合。群体轮回改良的目的是聚合更多的有利基因，从而在群体选系中更容易获得综合性状优良的自交系。如通过以温×温群体选育的"C1BS-28"自交系，具有矮秆优质极早熟甜度高的特点；通过温×亚热群体选育的自交系"C2HS-359"具有优质早熟抗纹枯病等特点；通过温×热群体选育的自交系"C3HTS-57"具有优质抗病耐热等特点。群体轮回选系相对二环系选择花费时间更长，需要长期的育种规划。

### 3. 回交转育法

可以考虑将亚热带和热带材料对温带材料进行回交，有可效提升温带材料的基础抗性，但优良品质指标容易发生改变。如以"雪甜7401"后代二环选系"BS74-58"为非轮回亲本，以"华珍"后代选系"华4"为轮回亲本作回交转育而成的自交系"BS58-华4"，明显提高了小斑病抗性，但是也提高了籽粒果皮的厚度。

### 4. 单倍体选系

近些年来流行的一种选育自交系新技术是通过选择合适的诱导系进行杂交诱导产生单倍体籽粒，再通过化学加倍或自然加倍产生100%纯合自交系的选育方法。这种选系方法可直接从任意类型表现出色的优良株系进行单倍体选系，可直接对现有优良品种或优良群体进行单倍体选系，选系方法快速高效，选育的自交系高度纯合一致，如李高科等利用"粤甜13"为母本、诱导系"MT-2"为父本，通过单倍体加倍成功繁殖79份"DH"系。这种选系方法需要选择诱导率高的诱导系和相适宜的诱导方法，此外单倍体的挑选效率、准确性以及自然加倍效率低还是技术应用的主要限制环节。

## 四、培育条件选择

### 1. 本地繁殖材料的栽培要求

由于优质甜玉米皮薄、渣少，内含物少，特别是自交代数越高的材料相对出苗更困难，苗势更弱。优质温带种质材料喜温不喜热，玉米后期温度过高容易感纹枯病、大小斑病及锈病等，引发植株发育不正常，甚至还可能导致花粉败育。不恰当的种植管理可能导致这类材料的流失，对后代选择增加困难和不确定性。所以这类温带型优质育种材料应该给它创造较适宜的土壤温湿度条件。建议早代选择可在室外大田进行，提高选择压力，选择适应性好、抗病性强的早代株系；后期多代自交系选择建议改为促早育苗移栽，大棚种植，为其创造较适宜的土壤温湿度条件和气候条件。

### 2. 南繁

可选择海南冬季进行加代和扩繁，充分利用冬季海南光热资源优势，使玉米的繁殖代数每年由浙江2代通过南繁加1代扩大为3代，极大地提高了玉米自交系纯合的速度，从而缩短了玉米品种的育成时间。海南优越适宜的气候及土壤条件使得玉米出苗率高，苗势强，植株长势好，花粉充足，田间授粉时间更长，自交和组合组配效率更高，籽粒灌浆更为饱满，千粒重和种子质量大为提高。海南冬季气候条件对于多种类型的种质材料生长均较适宜，但是也容易使得病虫害高发，早代材料可提高材料抗病虫的选择压力，高代材料需加强相应病虫害的防治和肥水管理。

### 五、组配模式选择

#### 1. 亲本来源不同的组配模式

温带×温带模式，这种模式选育出的品种品质优良，能很好地继承双亲优良的籽粒品质性状，具有温带玉米特有早熟矮秆等特点，但也有拥有温带血缘共有的抗性差的缺点，如"BS74-58"×"C1BS-28"组配的新组合"白甜225"在温州示范种植，表现矮秆，极早熟，单穗带苞重在350g左右，籽粒色泽光亮，果皮极薄，甜度高，适口性好等温带品种特点，但该组合耐热性不理想，对于大棚早春栽培品种选育可采用这种模式；温带×亚热带模式，这种模式可提高选育品种的抗逆性，如"BS74-58"×"SD205"组配的新组合"脆甜258"，浙江省区域试验表现品种适应性相对温带品种"雪甜7401"明显增强，在浙中地区春秋季均可种植，但籽粒甜度下降，生育期推迟，浙江地区露地栽培品种可采用这种组配模式；温带×热带模式，这种模式进行双亲组配，使得亲缘关系进一步拉开，容易选育出高产大穗的玉米品种，这种模式组配的品种耐热性较好，但生育期可能偏晚，植株高大对设施促早栽培和抗倒性均不利，如温带×热带杂交组合"C1BS-28"×"HT5-3"表现单果穗重量达到500g以上，但生育期受亲本"HT5-3"晚熟的影响，品种生育期明显推迟，且植株抗倒性较差。

#### 2. 双杂优群模式

根据SCA划分种质群的组配模式，可将种质材料依据SCA划分成两个杂种优势群（A×B模式）。以Reid种质的"掖478"和"四平头"种质的"黄早四"代表两种不同种质材料的普通玉米自交系为标准测验种，采用NC Ⅱ设计对数个骨干甜玉米自交系组合后代产量进行配合力分析，通过SCA将种质材料进行种群划分为A群和B群。在两大种群中分别选取有代表性的SCA正效应值较大的两个骨干甜玉米自交系作为甜玉米标准测验种，再对其他甜玉米材料进行种群划分，如通过这种方式找到的代表A群的"BS74-58"和代表B群的"兰158"两个甜玉米自交系测验种。A×B模式对不同血缘的材料或来源不清的亲本材料进行杂优群归类，这为后代组配高产品种指明了方向，提高了组配效率。群体内材料之间可通过创建轮回群体进行改良，提升群体的GCA，从而提升群体选系材料的GCA。通过这种模式可将在分属两种不同类群的综合性状优良的自交系进行组配，创造优质抗逆高产新组合。

## 第八节　鲜食玉米标准测验种

杂种优势利用是玉米育种研究的重要内容，其理论基础是杂种优势群和杂种优势模式。合理准确地划分玉米杂种优势群，建立相应的杂种优势模式，才能有的放矢地改良自交系和选配杂交组合。自 20 世纪 80 年代以来，育种家通过估算不同时期杂交种中主要亲本所占比例，对我国玉米种质基础进行了初探；通过种质系谱或地理来源分析，初步将生产上利用的自交系进行了类群划分。目前，用于划分普通玉米杂种优势群和建立杂种优势模式的方法主要有系谱分析法、数量遗传学分析法、同工酶标记法和分子标记法。

我国不是甜玉米的起源地，由于遗传基础狭窄，生态类型较为单一，甜玉米种质资源稀缺。由于种质基础狭窄，所以要利用普通玉米扩增甜玉米的种质基础，但会引起严重的品质障碍。国内虽自选了一些优良的甜玉米新品种与组合，但品质方面我们的品种不如国外品种。目前还是先从国外引进资源为好，有了好的种质，还必须有正确、高效率的育种方法。我们通常见到的是从国内外商业甜玉米杂交种分离二环系，育成的却是高风险型的杂交种。自交系的血缘关系来源不清，近亲配种的现象十分严重，因此，我们要尽快研究甜玉米的杂种优势模式，以普通玉米的标准测验种为模板，建立衡量 SCA 的尺度体系，划分出杂种优势群，然后再抛开普通玉米测验种，建立甜玉米的标准测验种。

以普通玉米自交系"掖 478""黄早四"为测验种，代表了目前普通玉米的 Reid 种质（PA 群）和 No-Reid 种质（PB 群），被测系为甜玉米骨干杂交组合的亲本或有应用潜力的新自交系 15 份（表 1-6）。根据 NCII 设计，以测验种为父本，被测系为母本，组配 30 个杂交组合。试验采用完全区组设计，3 次重复，4 行区，行距 0.65m，株距 0.293m，折合 52 500 株 /hm²。试验取中间两行测产，以单株穗重计算产量，并调查产量相关性状。针对产量和产量构成因子进行分析。

表 1-6　17 份玉米自交系的系谱或来源

| 序号 | 自交系 | 来源 | 序号 | 自交系 | 来源 |
|---|---|---|---|---|---|
| 1 | "114S" | "超甜 204" 变异株 | 5 | "208-4" | "金晖 1 号" 二环系 |
| 2 | "217S" | 日本甜玉米 "SKT" 二环系 | 6 | "503S" | "超甜 3 号" 变异株 |
| 3 | "130S" | 台湾 "农友华珍" 二环系 | 7 | "DX" | 甜玉米 "SKT" 与糯玉米自交系 "W4" 杂交 |
| 4 | "150S" | 普通玉米自交系 "150" 和 "甜玉 2 号" 回交转育 | 8 | "158-6" | 台湾甜玉米杂交种 |

| 序号 | 自交系 | 来源 | 序号 | 自交系 | 来源 |
|------|--------|------|------|--------|------|
| 9 | "05cWS01" | 中国农业科学院作物科学研究所 | 14 | "HL62bsw" | 华南农业大学 |
| 10 | "SW03-2" | "甜糯3号"-4-1-2-1-1 | 15 | "05cPE100" | 中国农业科学院作物科学研究所 |
| 11 | "中农甜1" | "中农1号"糯玉米选杂株 | 16 | "黄早四" | "四平头" |
| 12 | "凤2-2" | "浙凤甜2号"二环系 | 17 | "掖478" | 8112（沈5003） |
| 13 | "海S-1" | 海南甜玉米杂株 | — | — | — |

采用郭平仲的方法，以小区性状均值为单位，根据 NCII 资料计算 GCA 效应和 SCA 效应。

$$GCA_f = T_f/mr - T_c/mfr$$

$$GCA_m = T_m/fr - T_m/fr$$

$$SCA_{ij} = T_{ij}/r - T_f/mr - T_m/fr + T_m/fr$$

（$f$ = 母本数，$m$ = 父本数，r = 重复数）

根据产量特殊配合力划分杂种优势群。在测验种固定的情况下，SCA 较低的划入同一杂种优势群，SCA 效应较高的属于不同的杂种优势群。

根据划分后的杂种优势群，结合标准测验种的选择标准筛选出甜玉米的标准测验种。

田间试验方差分析见表 1-7，校正模型中单株产量、穗长、穗粗、穗行数、行粒数都有显著或极显著差异表明所用模型有统计学意义。测验种、被测系方差均达极显著差异，表明测验种、被测系间的一般配合力有极显著差异。测验种与被测系互作方差达极显著，表明组合间的特殊配合力差异极显著。

表 1-7　5 个性状的方差分析

| 变异来源 | 自由度 | 单株产量 | 穗长 | 穗粗 | 穗行数 | 行粒数 |
|----------|--------|----------|------|------|--------|--------|
| 校正模型 | 29 | 2 305.37** | 152.08* | 0.30** | 3.80** | 37.22** |
| 截距 | 1 | 531 517.63** | 33 977.24* | 1 982.46** | 18 861.65* | 10 520.24* |
| 测验种 | 1 | 200.70** | 10.89* | 2.70** | 25.49** | 327.18** |
| 被测系 | 14 | 1 729.09** | 149.52** | 0.22** | 3.58** | 26.22** |
| 测验种被测系 | 14 | 3 031.99** | 164.73*| 0.22** | 2.47** | 27.50** |
| 误差 | 60 | 385.56 | 159.52 | 0.09 | 1.12 | 8.81 |

注：*，** 分别表示在 0.05 和 0.01 概率水平上差异显著。

根据试验结果进行一般配合力效应分析，结果见表 1-8。在测验种中"黄早四"的产量 GCA 较高，为 2.493 g，在被测系中"05cWS01""中农甜 1""05cPE100""217S""DX"的产量 GCA 较高，分别为 26.149g、21.149g、14.149g、12.816g 和 11.649g。在 17 个自交系中穗长的 GCA 效应较高的为"海 S-1""05cWS01""DX""掖 478"分别为 2.153cm、1.737cm、0.587cm 和 0.348cm，穗粗的 GCA 效应较高的为"中农甜 1""503S""黄早四""130S"，分别为 0.373cm、0.357cm、0.173cm 和 0.107cm，穗行数的 GCA 效应较高的为"114S""158-6""中农甜 1""HL62bsw""黄早四"分别为 1.623 行、1.19 行、0.857 行、0.69 行和 0.532 行。行粒数的 GCA 效应较高的为"05cPE100""05cWS01""SW03-2"分别为 2.471 粒、2.304 粒和 2.304 粒。

表 1-8　17 个玉米自交系的产量和产量构成因子的一般配合力效应分析

| 自交系 | 单株产量 | 穗长 | 穗粗 | 穗行数 | 行粒数 |
|---|---|---|---|---|---|
| "114S" | -6.584 | -1.663 | -0.143 | 1.623 | 1.238 |
| "217S" | 12.816 | -1.880 | 0.007 | 0.240 | -0.196 |
| "130S" | 0.649 | -1.597 | 0.107 | -0.743 | 0.304 |
| "150S" | -6.018 | -0.180 | 0.007 | -0.077 | -0.029 |
| "208-4" | -38.518 | -3.380 | -0.427 | -0.610 | -4.362 |
| "503S" | -0.351 | -2.913 | 0.357 | -0.377 | 0.304 |
| "D 优" | 11.649 | 0.587 | -0.010 | 0.073 | 1.971 |
| "158-6" | -13.018 | -2.847 | 0.057 | 1.190 | 0.471 |
| "05cWS01" | 26.149 | 1.737 | 0.007 | -0.143 | 2.304 |
| "SW03-2" | 4.482 | -0.013 | -0.077 | -0.810 | 2.304 |
| "中农甜 1" | 21.149 | -1.013 | 0.373 | 0.857 | 0.638 |
| "凤 2-2" | -5.351 | -3.630 | -0.043 | -0.627 | -2.196 |
| "海 S-1" | -24.684 | 2.153 | -0.060 | -0.810 | -2.029 |
| "HL62bsw" | 3.482 | -0.430 | -0.043 | 0.690 | -3.196 |
| "05cPE100" | 14.149 | 0.070 | -0.110 | -0.477 | 2.471 |
| "黄早四" | 2.493 | -0.348 | 0.173 | 0.532 | -1.907 |
| "掖 478" | -2.493 | 0.348 | -0.173 | -0.532 | 1.907 |

产量 SCA 分析表明（表 1-9），在 30 个组合中，与"黄早四"组配的产量 SCA 正值较高的为"503S""HL62bsw""217S""DX""凤 2-2"分别为 34.173g、31.673g、27.673g、14.84g、12.507g；与"掖 478"组配的产量 SCA 正值较高的为"114S""130S""158-6""05cPE100""05cWS01"分别为 48.26g、21.827g、18.16g、15.993g 和 11.327g。

表 1-9　30 个杂交组合的产量 SCA 效应

| 自交系 | "黄早四" | "掖 478" |
|---|---|---|
| "114S" | −48.260 | 48.260 |
| "217S" | 27.673 | −27.673 |
| "130S" | −21.827 | 21.827 |
| "150S" | 8.173 | −8.173 |
| "208-4" | −8.993 | 8.993 |
| "503S" | 34.173 | −34.173 |
| "DX" | 14.840 | −14.840 |
| "158-6" | −18.160 | 18.160 |
| "05cWS01" | −11.327 | 11.327 |
| "SW03-2" | 1.007 | −1.007 |
| "中农甜 1" | −8.993 | 8.993 |
| "凤 2-2" | 12.507 | −12.507 |
| "海 S-1" | 3.507 | −3.507 |
| "HL62bsw" | 31.673 | −31.673 |
| "05cPE100" | −15.993 | 15.993 |

　　根据产量 SCA（表 1-9）和系谱或来源对被测系进行杂种优势群分析，结果见表 1-10。第一群为 PA 种质，包括"掖 478""503S""HL62bsw""217S""DX""凤 2-2""150S"第二群为 PB 种质，包括"黄早四""114S""130S""158-6""05cPE100""05cWS01""208-4""中农甜 1"。测验种"掖 478"和"黄早四"与被测系"SW03-2""海 S-1"的 SCA 的绝对值都较小，划分为中间类群，这可能是由于从商业杂交种选育出的二环系，没有向 PA 群或 PB 群方向推，一直处于中间状态，与 PA、PB 群都有一定的亲缘关系，最终要采用循环育种策略，把这样的自交系逐渐向 PA 和 PB 两边推开，三群变为两群，杂种优势群为 PA、PB，杂种优势模式为 PA、PB。

表 1-10　17 个玉米自交系的杂种优势群

| 类群名称 | 测验种 | 被测系 |
|---|---|---|
| PA（Reid） | "掖 478" | "503S""HL62bsw""217S""DX""凤 2-2""150S" |
| PB（No-Reid） | "黄早四" | "114S""130S""春兰 18-6""05cPE100""05cWS01""208-4""中农甜 1" |
| 中间群 | — | "SW03-2""海 S-1" |

测验种要能代表其所在杂种优势群的杂种优势模式，具有较好的抗逆性，适应性广。根据杂种优势群，结合植株性状、抗逆性，特别是品质性状，选择"HL62bsw""130S"两个自交系作为超甜玉米的标准测验种。

合理划分杂种优势类群是构建杂种优势模式、提高种质改良和育种效率的前提。从数量遗传学角度看，配合力总效应可以作为评价组合杂种优势水平高低的指标，因此在利用产量特殊配合力效应划分类群的基础上结合一般配合力确定杂种优势群，应是较为合理的划群方法。

划分杂种优势群是为了提高育种效率，而过多的杂种优势群非但不能提高育种效率，反而增加了选育强优势组合的难度和工作量，同时给种质扩增和群体改良带来困难。本试验没有考虑环境的影响，最好采用多年多点试验，减少地点和年份造成的误差。本文以普通玉米的标准测验种为模板，进行 NCII 设计和数量遗传学分析，建立衡量 SCA 的尺度体系，然后再抛开普通玉米测验种，建立超甜玉米的标准测验种。根据对标准测验种的 SCA 分析而把许多个群归纳为 3 个杂种优势群。对应于掖 478 的，称作母本群，与美国的 Reid 在一个方向，又可以称作 PA 群；对应于黄早四的称作父本群，与非 Reid 在同一个方向，又可以称作 PB 群，中间类群仅仅是个过渡群，要向两边推，改良成 PA 群或 PB 群。三群最终变成两群，杂种优势模式就是 PAPB。本试验划分出来的杂种优势群与我们在育种实践中组配组合的结果基本一致。

有了超甜玉米的标准测验种，对于引进外来甜玉米材料直接和标准测验种测配，根据配合力的高低划分到不同的群内，群内杂交进行改良自交系，提高一般配合力，不同群间的自交系组配，由于遗传距离较远，特殊配合力较高。根据杂种优势群和杂种优势模式还可以合成群体，这样的群体从一开始就有清晰的种质来源或遗传差异，再经过轮回选择改良后，能够选育出符合杂种优势模式的高配合力自交系，进而较容易组配出强优势组合。

## 第九节　育种目标建议

鲜食玉米在浙江省鲜食旱粮生产中具有重要地位，2008 年全省鲜食玉米种植面积 3.65 万 hm²，2013 年扩大到 4.8 万 hm²，2016 年达到 5.97 万 hm²，占当年玉米播种面积的 85.94%。国家及各省开展的玉米新品种区域试验是通过多年多点的试验鉴定参试品种的丰产性、稳定性和适应性，以确定参试品种的推广应用价值和适宜种植区域，对加快良种推广、提高玉米种植效益具有重要作用。

玉米病虫害是影响鲜食玉米产量和品质的重要因素，区域试验抗病虫鉴定是评价品种抗性的重要方式。前人利用主效可加互作可乘模型、DTOPSIS 法、模糊综合评价方法（FCE）等对区域试验试点和参试品种的稳定性、适应性、丰产性及产量和农艺性状的相关性进行了大量研究，但对鲜食玉米区域试验参试品种的产量、品质和抗病虫性尚无系统研究。因此，本文通过对 2010—2016 年浙江省鲜食玉米区域试验品种的产量、品质和抗病虫性进行整理和分析，以期揭示浙江省鲜食玉米品种选育方向和发展趋势，为新品种选育提供科学依据。

以 2010—2016 年浙江省鲜食玉米区域试验汇总报告（浙江种子总站提供）。参试品种 165 个，其中甜玉米 76 个，糯玉米 89 个。根据浙江省玉米品种试验实施方案，鲜食玉米区域试验分布在杭州、淳安、嵊州、东阳、仙居、宁海、江山、温州 8 个不同地点，采用随机区组设计，重复 3 次，小区面积 20m²。试验田要求土地平整，排灌方便，肥力中等以上，四周设保护行，播种、移栽等栽培管理按当地习惯进行。测定项目主要包括鲜食玉米产量和品质性状，其中：产量性状包括鲜果穗产量（小区鲜果穗产量折算）、生育期、株高、穗位高、穗长、穗粗、穗行数、行粒数、鲜千粒质量；品质性状包括感官品质、气味、色泽、风味、甜度（糯性）、柔嫩性、皮厚薄。

抗病性鉴定在浙江省东阳玉米研究所城东试验基地进行。2010—2015 年鉴定对象包括玉米螟、大斑病、小斑病、茎腐病；2015 年起增加纹枯病，2016 年起取消玉米螟。具体供试菌株和鉴定方法如下：供试玉米螟（*Pyrausta nubilalis*）卵块由中国农业科学院植物保护研究所提供，供试真菌包括玉蜀黍平脐蠕孢（*Cochiobolus*）、大斑凸脐蠕孢（*Exserohilum*）、腐霉菌（*Pythium debar yanum*）和立枯丝核菌（*Rhizoctonia solani kühn*）AG1-IA 融合群，菌株部分由当地采集分离鉴定，部分由中国农业科学院作物科学研究所及河北省农林科学院植物保护研究所提供，接种时均采用不同来源菌株分别扩繁后混合接种。按照玉米抗病虫性鉴定技术规范（NY/T 1248—2006，2006；NY/T 1248—2017）进行鉴定。其中玉米螟（*Pyrausta nubilalis*）采用喇叭口期人工接种 2 块玉米螟黑头卵块，心叶末期调查食叶级别，通过食叶级别确定抗性水平；玉米大斑病原为大班病凸脐蠕孢（*Exserohilum turcicum Leonayet suggs*）、小斑病（Cornsouthorn leaf blight）采用病原菌孢子液喷雾法在大喇叭口期接种，在乳熟末期逐株调查病级，通过计算病情指数确定抗性水平；茎腐病（corn stalk rot）用玉米籽粒培养腐霉菌根部接菌方式进行，在散粉期接种，蜡熟期调查病株率，通过病株率高低确定抗性水平；纹枯病（*Rhizoctonia solani*）以高粱粒培养物接种玉米基部叶鞘法接种，乳熟末期调查病级，计算病情指数确定抗性水平。病虫害病级均按照国家玉米区域试验品种抗病虫鉴定和田间调查标准调查。

## 一、鲜食玉米品种产量性状变异

对 2010—2016 年度鲜食玉米区域试验 165 个（次）品种的鲜果穗产量、生育期、株高、穗位高、穗长、穗粗、穗行数、行粒数、千粒质量性状进行汇总，如表 1-11 所示。从中可以看出，产量、株高、穗位高、千粒质量在不同品种间具有显著或极显著差异，各项指标中以穗位高、产量、株高的变异系数较大（11.1%～17.8%）。甜玉米产量相关性状的变异系数为 3.7%（生育期）～17.8%（穗位高），糯玉米产量相关性状的变异系数为 2.2%（生育期）～11.5%（千粒质量）。表 1-12 为不同年份间产量相关性状的变异，其中，以产量、千粒质量、穗位高变异系数较大（5.0%～8.6%）。甜玉米的变异系数为 2.0%（行粒数）～8.6%（产量），糯玉米的变异系数为 1.4%（穗粗）～6.6%（千粒质量）。甜、糯玉米的鲜穗产量从 2010—2012 年逐渐提高，2013 年产量显著下降后缓慢提高。生育期为 78.9～92.6d，大多数集中在 85d 左右。

## 二、鲜食玉米品种品质性状变异

鲜食玉米的品质评价采用专家打分的方法，分别对感官品质（21～30 分）、气味（4～7 分）、色泽（4～7 分）、风味（7～10 分）、甜度或糯性（10～18 分）、柔嫩性（7～10 分）、皮厚薄（10～18 分）进行打分，汇总后得到总评分（63～100 分）。对 2010—2016 年度鲜食玉米区域试验 165 个（次）品种的品质性状进行汇总。从表 1-13 可以看出，甜玉米品质性状的变异系数为 2.6%（总评分）～6.4%（风味），糯玉米的变异系数为 1.9%（气味）～8.4%（风味）。供试品种品质性状变异较小的原因主要是鲜食玉米品质评价（NY/T 523—2002 甜玉米、NY/T 524—2002 糯玉米）采用标准评分（对照为 85 分），从客观上缩小了品种间的品质差异。

## 三、鲜食玉米品种产量性状和品质性状的相关性分析

从表 1-14、表 1-15、表 1-16 可以看出，鲜食甜、糯玉米的产量性状和品质性状间有显著相关性。鲜果穗产量与生育期、株高、穗位高、穗长、穗粗呈显著或极显著正相关，表明生育期越长、株高和穗位较高、果穗大的品种往往产量较高。但在实际生产中，生育期较短的品种，其早春种植上市时间早、价格高，更受市场欢迎。品质总评分与感官品质、气味、色泽、风味、糯性、柔嫩性、皮厚薄呈极显著正相关，与生育期呈显著负相关，表明生育期越长的品种，往往品质较差。

南方鲜食玉米绿色高效栽培技术

表1-11　鲜食玉米品种产量性状

| 指标 | 甜玉米 产量/(kg/hm²) | 生育期/d | 株高/cm | 穗位高/cm | 穗长/cm | 穗粗/cm | 穗行数 | 行粒数 | 千粒质量/g | 糯玉米 产量/(kg/hm²) | 生育期/d | 株高/cm | 穗位高/cm | 穗长/cm | 穗粗/cm | 穗行数 | 行粒数 | 千粒质量/g |
|---|---|---|---|---|---|---|---|---|---|---|---|---|---|---|---|---|---|---|
| 最小值 | 9 024.0 | 78.9 | 151.5 | 25.2 | 15.5 | 4.4 | 12.0 | 29.1 | 258.4 | 9 427.5 | 79.3 | 166.9 | 56.3 | 15.0 | 4.3 | 12.0 | 26.6 | 226.2 |
| 最大值 | 16 806.0 | 92.6 | 263.9 | 111.0 | 21.4 | 5.5 | 17.4 | 41.9 | 409.1 | 15 492.0 | 89.5 | 257.2 | 123.6 | 22.1 | 5.4 | 17.7 | 42.6 | 424.5 |
| 平均值 | 12 660.3* | 85.8 | 211.8** | 76.6** | 19.3 | 4.8 | 14.6 | 36.6 | 327.4* | 12 238.8** | 84.9 | 210.3* | 84.8** | 19.1 | 4.8 | 14.3 | 35.4 | 310.3* |
| 标准差SD | 1 606.7 | 3.2 | 19.9 | 13.7 | 1.1 | 0.2 | 1.4 | 2.3 | 32.2 | 1 165.8 | 2.2 | 17.3 | 11.0 | 1.4 | 0.2 | 1.4 | 3.1 | 38.4 |
| 变异系数CV/% | 12.7 | 3.7 | 9.4 | 17.8 | 5.8 | 4.7 | 9.9 | 6.2 | 9.8 | 8.5 | 2.2 | 8.3 | 11.1 | 7.2 | 3.2 | 9.4 | 9.3 | 11.5 |

注：*，**分别表示在0.05和0.01概率水平上差异显著。

表1-12 鲜食玉米品种产量性状在不同年份间的变异

| 年份 | 甜玉米 | | | | | | | | | 糯玉米 | | | | | | | | |
|---|---|---|---|---|---|---|---|---|---|---|---|---|---|---|---|---|---|---|
| | 产量/(kg/hm²) | 生育期/d | 株高/cm | 穗位高/cm | 穗长/cm | 穗粗/cm | 穗行数 | 行粒数 | 千粒质量/g | 产量/(kg/hm²) | 生育期/d | 株高/cm | 穗位高/cm | 穗长/cm | 穗粗/cm | 穗行数 | 行粒数 | 千粒质量/g |
| 2010 | 12 450.7 | 87.8 | 207.5 | 77.1 | 19.8 | 4.7 | 15.1 | 36.2 | 318.6 | 12 398.5 | 83.4 | 207.8 | 83.1 | 18.4 | 4.8 | 14.2 | 34 | 313.4 |
| 2011 | 12 904.1 | 89.8 | 194.0 | 76.3 | 19.1 | 4.7 | 14.0 | 36.7 | 305.0 | 12 444.7 | 84.7 | 194.6 | 82.4 | 18 | 4.8 | 14.0 | 33.7 | 303 |
| 2012 | 13 870.4 | 83.8 | 211.1 | 73.4 | 18.3 | 4.8 | 14.1 | 35.4 | 323.2 | 12 643.4 | 83.8 | 215.5 | 88.3 | 18.6 | 4.8 | 14.0 | 34.7 | 295 |
| 2013 | 10 747.9 | 84.4 | 216.0 | 81.3 | 19.4 | 4.8 | 14.3 | 37.8 | 323.2 | 11 078.0 | 86.5 | 209.6 | 87.0 | 19.5 | 4.8 | 14.5 | 35.8 | 278.7 |
| 2014 | 11 783.5 | 85.7 | 222.9 | 78.8 | 19.8 | 4.9 | 15.0 | 36.9 | 340.4 | 11 482.0 | 86.2 | 214.6 | 84.9 | 19.9 | 4.8 | 14.1 | 37 | 331.3 |
| 2015 | 13 057.1 | 86.6 | 220.3 | 79.6 | 19.0 | 4.9 | 14.5 | 37.0 | 344.5 | 12 389.4 | 87.7 | 210.4 | 81.7 | 19.6 | 5 | 14.8 | 35.6 | 334.8 |
| 2016 | 13 639.0 | 83.2 | 210.8 | 70.2 | 19.5 | 5.0 | 15.3 | 36.4 | 336.7 | 13 466 | 82.6 | 220.6 | 85.4 | 19.7 | 4.9 | 14.4 | 37.1 | 325.2 |
| 变异系数CV/% | 8.6 | 2.7 | 4.5 | 5.0 | 2.8 | 2.3 | 3.5 | 2.0 | 4.3 | 6.4 | 2.2 | 3.9 | 2.8 | 4.0 | 1.4 | 2.1 | 3.8 | 6.6 |

表1-13 鲜食玉米品种品质性状

| 指标 | 甜玉米 | | | | | | | | 糯玉米 | | | | | | | |
|---|---|---|---|---|---|---|---|---|---|---|---|---|---|---|---|---|
| | 感官品质 | 气味 | 色泽 | 风味 | 甜度 | 柔嫩性 | 皮厚薄 | 总评分 | 感官品质 | 气味 | 色泽 | 风味 | 糯性 | 柔嫩性 | 皮厚薄 | 总评分 |
| 最小值 | 23.2 | 5.3 | 5.5 | 7.3 | 13.9 | 7.2 | 13.2 | 76.6 | 23.7 | 5.6 | 5.6 | 7.3 | 13.4 | 7.1 | 14.4 | 78.6 |
| 最大值 | 27.3 | 6.3 | 6.8 | 10.4 | 16.6 | 8.9 | 16.6 | 89.1 | 27.2 | 6.1 | 6.5 | 9.9 | 16.6 | 8.8 | 16.6 | 89.4 |
| 平均值 | 25.5 | 5.9 | 6.0 | 8.3 | 15.3 | 8.2 | 15.3 | 84.5 | 25.5 | 5.9 | 6.1 | 8.3* | 15.4 | 8.2 | 15.6 | 84.9 |
| 标准差SD | 0.9 | 0.2 | 0.2 | 0.5 | 0.6 | 0.3 | 0.7 | 2.2 | 0.8 | 0.1 | 0.2 | 0.6 | 0.5 | 0.3 | 0.5 | 1.7 |
| 变异系数CV/% | 3.6 | 3.8 | 4.1 | 6.4 | 3.9 | 4.1 | 4.4 | 2.6 | 3.3 | 1.9 | 3.1 | 8.4 | 4.0 | 4.2 | 2.9 | 2.4 |

表 1-14　鲜食玉米品种品质性状在不同年份间的变异

| 年份 | 甜玉米 | | | | | | | | 糯玉米 | | | | | | | |
|---|---|---|---|---|---|---|---|---|---|---|---|---|---|---|---|---|
| | 感官品质 | 气味 | 色泽 | 风味 | 柔嫩性 | 甜度 | 皮厚薄 | 总评分 | 感官品质 | 气味 | 色泽 | 风味 | 糯性 | 柔嫩性 | 皮厚薄 | 总评分 |
| 2010 | 25.2 | 6.0 | 6.4 | 9.4 | 8.1 | 15.4 | 15.1 | 85.7 | 25.8 | 6.0 | 6.1 | 9.4 | 15.6 | 7.9 | 15.8 | 86.6 |
| 2011 | 25.2 | 5.5 | 5.9 | 7.9 | 7.9 | 14.6 | 14.7 | 81.6 | 25.3 | 6.0 | 6.2 | 7.9 | 15.0 | 8.0 | 15.3 | 83.7 |
| 2012 | 25.1 | 6.0 | 6.1 | 8.2 | 8.2 | 15.9 | 15.7 | 85.2 | 25.0 | 5.8 | 6.0 | 7.9 | 15.8 | 8.1 | 15.9 | 84.5 |
| 2013 | 25.4 | 5.7 | 5.9 | 8.0 | 8.1 | 15.4 | 15.2 | 83.6 | 25.1 | 5.9 | 6.1 | 8.0 | 15.6 | 8.0 | 15.8 | 84.4 |
| 2014 | 25.5 | 6.0 | 6.1 | 8.4 | 8.4 | 15.1 | 15.0 | 84.5 | 25.5 | 5.9 | 6.0 | 8.4 | 15.2 | 8.4 | 15.0 | 84.5 |
| 2015 | 25.9 | 6.0 | 6.1 | 8.0 | 8.3 | 15.0 | 16.0 | 85.3 | 25.9 | 6.0 | 6.1 | 8.1 | 15.5 | 8.2 | 16.0 | 85.8 |
| 2016 | 26.5 | 6.0 | 6.0 | 8.4 | 8.5 | 15.3 | 15.3 | 85.9 | 25.8 | 6.0 | 6.1 | 8.5 | 15.5 | 8.5 | 15.2 | 85.5 |
| 变异系数 CV/% | 1.9 | 3.4 | 3.2 | 6.3 | 2.4 | 2.7 | 2.9 | 1.8 | 1.5 | 1.1 | 0.8 | 6.5 | 1.9 | 2.7 | 2.4 | 1.2 |

表 1-15　鲜食甜玉米品种产量和品质指标相关性分析

| 相关系数 | 产量 | 生育期 | 株高 | 穗位高 | 穗长 | 穗粗 | 穗行数 | 行粒数 | 千粒质量 | 感官品质 | 气味 | 色泽 | 风味 | 甜度 | 柔嫩性 | 皮厚薄 |
|---|---|---|---|---|---|---|---|---|---|---|---|---|---|---|---|---|
| 生育期 | 0.23* | 1 | | | | | | | | | | | | | | |
| 株高 | 0.32** | 0.23* | 1 | | | | | | | | | | | | | |
| 穗位高 | 0.26* | 0.61** | 0.77** | 1 | | | | | | | | | | | | |
| 穗长 | 0.29** | 0.29** | 0.39** | 0.34** | 1 | | | | | | | | | | | |
| 穗粗 | 0.36** | -0.17 | 0.40** | 0.08 | 0.26* | 1 | | | | | | | | | | |
| 穗行数 | -0.02 | -0.17 | 0.01 | -0.24* | 0.14 | 0.46** | 1 | | | | | | | | | |
| 行粒数 | 0.17 | 0.41** | 0.41** | 0.62** | 0.45** | 0.02 | -0.12 | 1 | | | | | | | | |
| 千粒质量 | 0.21 | -0.19 | 0.26* | 0.04 | 0.24* | 0.36** | -0.35** | -0.1 | 1 | | | | | | | |
| 感官品质 | 0.02 | -0.17 | -0.02 | -0.04 | -0.01 | 0.05 | -0.08 | 0.14 | 0.25* | 1 | | | | | | |
| 气味 | 0.18 | -0.32** | 0.18 | -0.13 | -0.07 | 0.2 | 0.11 | -0.12 | 0.21 | 0.21 | 1 | | | | | |
| 色泽 | 0 | 0.06 | 0.05 | -0.02 | 0.03 | -0.03 | 0.02 | -0.18 | 0.04 | -0.01 | 0.51** | 1 | | | | |
| 风味 | -0.05 | 0 | -0.08 | -0.13 | 0.2 | -0.15 | 0.12 | -0.13 | 0.01 | 0.09 | 0.44** | 0.70** | 1 | | | |
| 甜度 | -0.1 | -0.37** | -0.05 | -0.17 | -0.22 | -0.02 | -0.02 | -0.16 | -0.02 | 0.11 | 0.45** | 0.41** | 0.33** | 1 | | |
| 柔嫩性 | 0.06 | -0.22* | 0.16 | -0.11 | 0.06 | 0.17 | 0.12 | 0.02 | 0.2 | 0.38** | 0.44** | 0.17 | 0.15 | 0.40** | 1 | |
| 皮厚薄 | 0.09 | -0.28* | 0.02 | -0.14 | -0.18 | 0.05 | 0.06 | -0.08 | 0.04 | 0.18 | 0.44** | 0.1 | -0.03 | 0.45** | 0.49** | 1 |
| 总评分 | 0.03 | -0.33** | 0.01 | -0.17 | -0.06 | 0.04 | 0.04 | -0.07 | 0.17 | 0.61** | 0.68** | 0.50** | 0.51** | 0.70** | 0.68** | 0.64** |

注：*、** 分别表示在 0.05 和 0.01 概率水平上相关性显著差异

表1-16 鲜食糯玉米品种产量和品质指标相关性分析

| 相关系数 | 产量 | 生育期 | 株高 | 穗位高 | 穗长 | 穗粗 | 穗行数 | 行粒数 | 千粒质量 | 感官品质 | 气味 | 色泽 | 风味 | 糯性 | 柔嫩性 | 皮厚薄 |
|---|---|---|---|---|---|---|---|---|---|---|---|---|---|---|---|---|
| 生育期 | 0.25* | 1 | | | | | | | | | | | | | | |
| 株高 | 0.24* | 0.21* | 1 | | | | | | | | | | | | | |
| 穗位高 | 0.18* | 0.38** | 0.32** | 1 | | | | | | | | | | | | |
| 穗长 | 0.31** | 0.18* | 0.24* | -0.05 | 1 | | | | | | | | | | | |
| 穗粗 | 0.50** | 0.1 | 0.08 | 0.03 | -0.02 | 1 | | | | | | | | | | |
| 穗行数 | -0.03 | -0.02 | 0.11 | 0.06 | 0.05 | 0.18 | 1 | | | | | | | | | |
| 行粒数 | 0.26* | 0.36** | 0.27* | 0.40** | 0.61** | -0.01 | -0.24* | 1 | | | | | | | | |
| 千粒质量 | 0.37** | -0.01 | -0.12 | -0.26* | 0.18 | 0.35** | -0.54** | 0.09 | 1 | | | | | | | |
| 感官品质 | 0.18 | -0.03 | -0.09 | 0.05 | -0.02 | 0.15 | 0.01 | 0.23* | 0.12 | 1 | | | | | | |
| 气味 | 0.12 | 0.03 | -0.09 | 0.07 | -0.05 | 0.13 | 0.02 | 0.11 | 0.12 | 0.48** | 1 | | | | | |
| 色泽 | 0.06 | 0.01 | -0.02 | 0.08 | 0.02 | 0.05 | 0.06 | 0.01 | -0.06 | 0.2 | 0.22* | 1 | | | | |
| 风味 | 0.12 | 0.02 | 0.02 | -0.05 | 0 | 0.06 | -0.03 | 0.02 | 0.16 | 0.29** | 0.41** | 0.08 | 1 | | | |
| 糯性 | 0.08 | -0.04 | 0.24* | 0.07 | 0.02 | 0.07 | 0.01 | -0.02 | 0 | -0.04 | 0.03 | 0.14 | 0.32** | 1 | | |
| 柔嫩性 | 0.17 | 0.09 | 0.14 | 0.02 | 0.35** | 0.05 | -0.02 | 0.23* | 0.31** | 0.13 | 0.25* | 0.1 | 0.22* | 0.46** | 1 | |
| 皮厚薄 | -0.02 | 0.19 | 0.08 | 0.04 | 0.05 | -0.12 | 0.09 | -0.08 | -0.18 | -0.1 | 0.02 | 0.24* | 0.18 | 0.66** | 0.19 | 1 |
| 总评分 | 0.19 | -0.23* | 0.08 | 0.05 | 0.08 | 0.1 | 0.03 | 0.12 | 0.12 | 0.58** | 0.49** | 0.35** | 0.67** | 0.67** | 0.54** | 0.56** |

注：*，** 分别表示在 0.05 和 0.01 概率水平上相关性显著。

### 四、鲜食玉米品种的抗病虫性

#### 1. 玉米螟抗性

玉米螟是鲜食玉米生产主要虫害，可钻蛀秆和果穗，降低产量和品质。从表1-17可以看出，浙江省鲜食玉米新品种对玉米螟整体抗性较差，6年间无高抗品种。甜、糯玉米感和高感比例均超过60%，甜玉米中抗以上品种的平均比例有逐年升高趋势，甜玉米组总体抗玉米螟水平比糯玉米组较高。目前玉米品种对玉米螟的抗性水平普遍较低，缺乏高抗品种，因此玉米螟抗性鉴定需要接种玉米螟卵块，但由于接种单位试验开展困难，品种审定主管部门决定自2016年起取消玉米螟抗性鉴定，在生产中以化学防治为主、生物防治为辅，也取得了较好的防效。

表1-17　2010—2015年浙江省鲜食玉米品种对玉米螟不同抗性水平比例

| 年份 | 甜玉米抗性水平百分率 /% | | | | | 糯玉米抗性水平百分率 /% | | | | |
|------|------|------|------|------|------|------|------|------|------|------|
| | 高抗 HR | 抗 R | 中抗 MR | 感 S | 高感 HS | 高抗 HR | 抗 R | 中抗 MR | 感 S | 高感 HS |
| 2010 | 0 | 0 | 22.22 | 66.67 | 11.11 | 0 | 0 | 8.33 | 33.33 | 58.34 |
| 2011 | 0 | 0 | 30.77 | 61.54 | 7.69 | 0 | 0 | 11.11 | 16.67 | 72.22 |
| 2012 | 0 | 6.67 | 33.33 | 40.00 | 20.00 | 0 | 14.29 | 21.43 | 35.71 | 28.57 |
| 2013 | 0 | 0 | 15.38 | 30.77 | 53.85 | 0 | 5.26 | 10.53 | 15.79 | 68.42 |
| 2014 | 0 | 30.00 | 30.00 | 20.00 | 20.00 | 0 | 6.67 | 40.00 | 33.33 | 20.00 |
| 2015 | 0 | 38.46 | 30.77 | 23.08 | 7.69 | 0 | 0 | 28.57 | 28.57 | 42.86 |

#### 2. 小斑病抗性

小斑病在玉米生长中后期为害叶片，可造成鲜食玉米减产。从表1-18可以看出，7年间鉴定品种中，甜、糯玉米均有高抗品种，且中抗以上品种比例有上升趋势，感病和高感品种比例有下降趋势。糯玉米组抗小斑病水平总体高于甜玉米组。但小斑病年际间抗感比例变化较大，2012年和2015年高感比例显著高于其他年份。查询气象数据发现，2012年和2015年5月下旬到6月下旬降水量比其他年份偏多，可能是这些年份春季玉米小斑病严重发生的重要原因。

表1-18　2010—2016年浙江省鲜食玉米品种对小斑病不同抗性水平比例

| 年份 | 甜玉米抗性水平百分率 /% | | | | | 糯玉米抗性水平百分率 /% | | | | |
|------|------|------|------|------|------|------|------|------|------|------|
| | 高抗 HR | 抗 R | 中抗 MR | 感 S | 高感 HS | 高抗 HR | 抗 R | 中抗 MR | 感 S | 高感 HS |
| 2010 | 0 | 22.22 | 55.56 | 22.22 | 0 | 0 | 50.00 | 41.67 | 8.33 | 0 |
| 2011 | 0 | 15.39 | 30.77 | 46.15 | 7.69 | 0 | 5.56 | 22.22 | 33.33 | 38.89 |
| 2012 | 0 | 6.67 | 6.67 | 33.33 | 53.33 | 0 | 0 | 14.29 | 0 | 85.71 |

续表

| 年份 | 甜玉米抗性水平百分率 /% | | | | | 糯玉米抗性水平百分率 /% | | | | |
|---|---|---|---|---|---|---|---|---|---|---|
| | 高抗HR | 抗 R | 中抗MR | 感 S | 高感HS | 高抗HR | 抗 R | 中抗MR | 感 S | 高感HS |
| 2013 | 0 | 61.54 | 23.08 | 15.38 | 0 | 5.26 | 73.69 | 10.53 | 5.26 | 5.26 |
| 2014 | 10.00 | 20.00 | 30.00 | 20.00 | 20.00 | 20.00 | 40.00 | 13.33 | 0.20 | 6.67 |
| 2015 | 30.77 | 30.77 | 15.38 | 7.69 | 15.39 | 28.57 | 42.86 | 14.29 | 14.28 | 0 |
| 2016 | 0 | 27.27 | 36.36 | 9.09 | 27.27 | 16.67 | 33.33 | 25.00 | 25.00 | 0 |

### 3. 大斑病抗性

大斑病和小斑病混合发生，主要在后期通过为害叶片造成鲜食玉米减产。从表1-19可以看出，7年间鲜食玉米品种对大斑病抗性水平总体较好。甜玉米抗和高抗品种平均比例将近40%，糯玉米抗和高抗品种平均比例超过50%，而高感品种平均比例均为10%左右；年际间感病比例变化较大，2012年高感比例显著高于其他年份，可能也与当年5月下旬到6月下旬降水较多，气温较低，适宜大斑病发生有关。

表1-19 2010—2016年浙江省鲜食玉米品种对大斑病不同抗性水平比例

| 年份 | 甜玉米抗性水平百分率 /% | | | | | 糯玉米抗性水平百分率 /% | | | | |
|---|---|---|---|---|---|---|---|---|---|---|
| | 高抗HR | 抗 R | 中抗MR | 感 S | 高感HS | 高抗HR | 抗 R | 中抗MR | 感 S | 高感HS |
| 2010 | 0 | 22.22 | 33.34 | 44.44 | 0 | 16.67 | 16.67 | 58.33 | 8.33 | 0 |
| 2011 | 7.69 | 30.77 | 30.77 | 23.08 | 7.69 | 0 | 44.44 | 38.89 | 16.67 | 0 |
| 2012 | 0 | 20.00 | 20.00 | 20.00 | 40.00 | 0 | 0 | 14.29 | 7.14 | 78.57 |
| 2013 | 0 | 61.54 | 23.08 | 15.38 | 0 | 5.26 | 73.68 | 10.54 | 5.26 | 5.26 |
| 2014 | 10.00 | 40.00 | 20.00 | 10.00 | 20.00 | 20.00 | 33.33 | 33.33 | 13.34 | 0 |
| 2015 | 7.70 | 38.46 | 15.38 | 38.46 | 0 | 35.71 | 50.00 | 0 | 14.29 | 0 |
| 2016 | 0 | 36.36 | 63.64 | 0 | 0 | 0 | 66.67 | 33.33 | 0 | 0 |

### 4. 纹枯病抗性

纹枯病在玉米拔节期以后通过为害叶鞘，造成玉米减产，严重时可直接为害果穗。从表1-20可以看出，2015年和2016年鲜食玉米均无对纹枯病高抗品种，抗性水平集中在感病和中抗之间，抗性品种数量较少，两年间不同抗性水平比例基本一致。

表1-20 2015—2016年浙江省鲜食玉米品种对纹枯病不同抗性水平比例

| 年份 | 甜玉米抗性水平百分率 /% | | | | | 糯玉米抗性水平百分率 /% | | | | |
|---|---|---|---|---|---|---|---|---|---|---|
| | 高抗HR | 抗 R | 中抗MR | 感 S | 高感HS | 高抗HR | 抗 R | 中抗MR | 感 S | 高感HS |
| 2015 | 0 | 15.38 | 23.08 | 46.16 | 15.38 | 0 | 14.29 | 21.43 | 57.14 | 7.14 |
| 2016 | 0 | 0 | 36.36 | 54.55 | 9.09 | 0 | 0 | 25.00 | 50.00 | 25.00 |

### 5. 茎腐病抗性

在玉米生产上，引起茎腐病的原因很多，其中最重要的一类是真菌型茎腐病。真菌茎腐病是由多种病原菌单独或复合侵染造成根系和茎基腐烂的一类病害。从表1-21可以看出，7年间鲜食玉米品种对茎腐病抗性水平总体较好，茎腐病抗性品种比例有上升趋势，其中甜玉米组8年间表现抗性以上的品种比例超过70%，糯玉米组超过40%，多个年份未出现高感品种。

表1-21 2010—2016年浙江省鲜食玉米品种对茎腐病不同抗性水平比例

| 年份 | 甜玉米抗性水平百分率 /% | | | | | 糯玉米抗性水平百分率 /% | | | | |
|---|---|---|---|---|---|---|---|---|---|---|
| | 高抗 HR | 抗 R | 中抗 MR | 感 S | 高感 HS | 高抗 HR | 抗 R | 中抗 MR | 感 S | 高感 HS |
| 2010 | 55.56 | 44.44 | 0 | 0 | 0 | 0 | 0 | 50.00 | 25.00 | 25.00 |
| 2011 | 23.08 | 46.15 | 30.77 | 0 | 0 | 11.11 | 11.11 | 44.44 | 16.67 | 16.67 |
| 2012 | 66.67 | 13.33 | 13.33 | 6.67 | 0 | 21.43 | 14.29 | 42.86 | 0 | 21.42 |
| 2013 | 45.45 | 18.18 | 27.27 | 9.10 | 0 | 52.63 | 15.79 | 26.32 | 0 | 5.26 |
| 2014 | 30.00 | 20.00 | 30.00 | 0 | 20.00 | 20.00 | 20.00 | 33.33 | 6.67 | 20.00 |
| 2015 | 46.15 | 7.69 | 30.78 | 0 | 15.38 | 14.29 | 7.14 | 21.43 | 28.57 | 28.57 |
| 2016 | 63.63 | 9.10 | 27.27 | 0 | 0 | 63.64 | 36.36 | 0 | 0 | 0 |

### 6. 综合抗性品种

从7年鉴定品种中，以所鉴定病虫害抗性水平均为中抗以上为标准筛选出17个综合抗性较优品种（表1-22），占所有鉴定品种的11.04%，其中甜玉米品种11个，糯玉米品种6个，比例较低。

表1-22 综合抗性较好的品种

| 品种 | 小斑病 | 大斑病 | 茎腐病 | 玉米螟 | 纹枯病 |
|---|---|---|---|---|---|
| "正甜68" | MR | R | MR | MR | — |
| "浦甜1号" | MR | R | HR | MR | — |
| "杭玉甜1号" | R | R | HR | MR | — |
| "浙甜1301" | HR | R | R | R | — |
| "浙甜1303" | R | HR | MR | R | — |
| "金珍甜1号" | HR | HR | HR | R | R |
| "蜜脆68" | MR | R | HR | — | MR |
| "科甜15" | R | MR | HR | — | MR |
| "浙甜16" | R | R | HR | — | — |
| "美玉甜007" | MR | R | HR | — | R |
| "科甜3号" | MR | R | HR | — | — |
| "黑糯181" | R | R | HR | R | — |
| "新甜糯88" | R | HR | HR | R | — |
| "安农甜糯1号" | R | R | MR | MR | R |
| "浙糯玉16" | MR | R | HR | — | MR |
| "三北白糯4号" | R | R | MR | MR | — |
| "浙黑糯6631" | R | R | MR | MR | — |

注：抗性水平中 MR、R、HR 分别表示中抗、抗、高抗。

## 五、讨论

### 1. 鲜食玉米品种的产量、品质和抗性的关系

玉米品种区域试验是品种审定的重要依据，通过对鲜食玉米品种产量、品质和抗性进行综合评价，选择出优良品种在浙江省内推广。2010—2016 年浙江省区域试验参试品种共 165 个，通过审定的品种 38 个。对照品种的产量高低和品质的优劣决定了新品种选育方向，通过对浙江省鲜食玉米 7 年的区域试验资料分析表明，2010 年甜玉米对照品种"超甜 3 号"和糯玉米对照品种"苏玉糯 2 号"表现出品质差和产量低的特点，不能满足鲜食玉米生产和消费的需要，因此，省种子管理总站在 2011 年分别更换甜、糯玉米对照品种为"超甜 4 号""美玉 8 号"，引领了浙江省鲜食玉米育种向优质、高产方向转变。鲜食玉米品质性状的变异系数相对较小，主要由于专家品尝鉴定打分将对照品种的评分实行标准分 85 分，参试品种评分严格参照对照进行，分为优于对照、与对照相当和劣于对照，评分相对集中。浙江省鲜食玉米区域试验中品种产量比国内先进省份差别不大，大部分在 12 000kg/hm$^2$ 以上，但品质极优的品种（总评分 >88 分）较少，反映了当前优质育种水平还有待提高。

区域试验中的品种必须对在未来可能推广区域中的重要病虫害的抗性进行鉴定和评价，以期客观地掌握品种的抗病虫水平，避免生产中因感病、感虫品种的推广而致病虫害的突然爆发，造成巨大的生产损失。目前浙江省鲜食玉米生产中主要病虫害为小斑病、纹枯病和玉米螟，从 2010—2016 年区域试验品种对大斑病、小斑病、茎腐病、玉米螟和纹枯病的抗性鉴定结果来看，品种的抗性水平不高，尤其对小斑病和纹枯病的抗性较差，与 2002—2010 年相比其总体抗性水平差异较小，因此育种时应加强对抗性材料的选育和利用。

目前鲜食玉米的审定标准已经从以前的单一强调产量向轻产量重品质转变。甜玉米品质指标一般有水溶性总糖、果皮厚度、品尝品质等。研究表明，甜玉米皮厚薄、感官品质、气味风味和甜度的提高显著有利于品尝品质调优，糯玉米皮渣率、皮厚薄与品尝品质总分显著负相关，而果皮薄、甜度高，品尝分高的品种抗病虫水平会相对较低，尤其会加重玉米螟等虫害的发生。因此，鲜食玉米尤其是甜玉米优质和高抗病虫性这 2 种性状需要在育种中找到一个合理的平衡，对于一些品质极好但抗性较差品种，生产上应配合栽培和植保措施，合理防治病虫害。

### 2. 进一步完善抗性鉴定

随着生态条件和耕作方式的改变，生产中主要病虫害种类会发生改变，因此要

根据生产需要，及时调整抗病虫鉴定的内容。玉米螟是鲜食玉米生产的最重要虫害，鉴定结果也表明鲜食玉米对玉米螟抗性普遍较差，但目前采用高效药剂防治已经可以解决生产上玉米螟为害的问题，因此取消玉米螟抗性鉴定对生产的影响较小。玉米大斑病在浙江省部分较高海拔地区少量发生，接种鉴定时期气温显著高于大斑病发生所需温度，鉴定结果准确性较低。茎腐病多在玉米乳熟后期发生，是普通玉米的主要病害，而鲜食玉米在乳熟末期已采收，除极少数细菌性茎腐病对玉米生长中期造成为害外，腐霉菌和镰孢菌引起的茎腐病与鲜食玉米生产关系较小，因此可以考虑在适当的时候取消大斑病和腐霉茎腐病鉴定。

病害的发生除与品种本身抗性水平有关外，还与气候条件密切有关。人工接种鉴定可保证病原菌在适宜的生育期接种到植株上，也可通过灌水等措施使田间小气候向利于病害发生的方向发展。但田间鉴定对大环境的高温、干旱、多雨等气候无法干涉，因此年际间气候变化对接种鉴定影响较大，需要通过多年多点试验才能对品种抗性水平做出准确评价。南方锈病已经成为浙江省秋季鲜食玉米生产的主要病害，但由于南方锈病病原菌无法由实验室保存扩繁，因此无法开展人工接种鉴定。分子标记技术的快速发展使得利用新技术鉴定玉米中的抗性基因成为现实，因此，应逐渐构建一个抗性表现性和基因型的鉴定体系，使得2种鉴定体系实现优势互补，从而科学准确地鉴定品种的抗性。

### 3. 鲜食玉米育种目标选择

通过对2010—2016年浙江省鲜食玉米区域试验品种分析发现，多数品种产量较高（10 000kg/hm² 以上），品质为中等（总评分84～86分），处于中抗水平。品质与国内外先进地区相比明显不足，主要表现在皮厚渣多、甜度（糯性）低、口感差。应加强种质材料的引进、创制和利用，从根本上改变遗传基础狭窄和技术单一的局面，以优质为第一目标，兼顾产量和抗性，充分利用现代生物技术方法，从品质和抗性形成机制、分子辅助选择、外源基因筛选等多种技术进行综合运用，提高育种效率，选育出优质、高（稳）产、多抗、低风险的品种。浙江省鲜食玉米育种的目标建议：鲜穗产量12 000kg/hm² 以上，生育期82～85d，株高200～220cm，穗位高60～90cm，穗行数14～16行，出籽率68%～72%（粒深轴细），抗病性达到中抗，品质总评分86～88分。

# 第二章　土壤肥料与高效栽培

## 第一节　氮肥对产量品质的影响

　　氮素是影响产量和品质的重要元素，甜玉米对氮素营养非常敏感，大量的研究表明，适量氮肥能够提高甜玉米产量，但对品质方面研究结果不尽相同。甜玉米独特的风味主要取决于可溶性糖含量，可溶性糖包括蔗糖、果糖、葡萄糖等，其中以蔗糖含量最高。在甜玉米可溶性糖方面，有研究认为增施氮肥能显著降低籽粒中可溶性糖含量；王庆祥等认为随着施氮量的增加，可溶性糖含量先升高再降低，合理施氮能够提高可溶性糖和蔗糖含量；陈英取等研究表明可溶性糖含量与施氮量呈"V"形曲线，施氮量为某一数值时可溶性糖含量最低，施氮量低于这一数值，随着施氮量的增加可溶性糖含量降低，高于这一数值时可溶性糖含量随施氮量的增加而升高；Ducanes 和 Freymans 却认为在充足的灌溉条件下，甜玉米籽粒可溶性糖含量不受密度和氮肥的影响。但是，关于施氮对鲜食甜玉米籽粒品质形成规律及其蔗糖代谢特性的研究则鲜见报道。为此，赵福成等开展了施用氮肥对甜玉米产量、品质及蔗糖代谢相关酶活性影响的研究，以期为甜玉米品种选育和优质栽培提供理论依据。

　　试验于 2011 年在扬州大学农牧场进行，土质为砂壤土，地力中等。试验地 0～20cm 土层土壤养分含量：有机质 15.74g/kg、全氮 1.36g/kg、速效氮 110.6mg/kg、速效磷 7.08mg/kg、速效钾 89.55mg/kg。试验在磷、钾肥用量一致的条件下，设置 4 个施氮量（以纯氮计），分别为 $N_0$（不施氮肥）、$N_{75}$（75kg/$hm^2$）、$N_{225}$（225kg/$hm^2$）、$N_{375}$（375kg/$hm^2$），随机区组排列，3 次重复，小区面积 24$m^2$。供试品种为"扬甜 2 号"和"超甜 135"，7 月 1 日播种，7 月 7 日乳苗移栽，密度为 60 000 株 /$hm^2$，氮肥分两次施入，基肥为 75kg/$hm^2$，剩余的氮肥拔节期追施。$P_2O_5$ 和 $K_2O$ 均 75kg/$hm^2$ 作为基肥一次性施入，其他管理措施统一按常规要求实施。于吐丝前在各小区选择生育进程一致的果穗挂牌标记，雌穗套袋，在吐丝期进行人工授粉。各处理分别在吐丝后 10d、14d、18d、22d、26d、30d 于清晨露水未干时取 5 个挂牌果穗，用于各项测定和分析。2 个果穗蒸煮后进行物性测定；取 3 个果穗中部籽粒，一部分在 105℃烘箱内杀青 30min 后在 70℃恒温条件下烘干至恒重，同时测得含水量；另一部分置于 -80℃超低温冰箱内保存，用于酶活性测定。在乳熟期（吐丝后 22d）测定产量：每小区采收中间 2 行果穗进行测产。

物性测定：采用物性分析仪 TA. XT. Plus（英国 stable micro systems 公司）测定。取出苞叶甜玉米果穗放入电饭煲中蒸煮 20min 后，自然冷却到 60℃，选择每穗玉米中间部分，剥其中一竖行完整的籽粒，并选取一致的 8 个籽粒进行 TPA（Texture Profile Analysis，质地剖面分析）测定。测定条件为：籽粒远胚面朝上，用 P/36R 探头，测前速率 1mm/s；测试速率 5mm/s；测后速率为 5mm/s；压缩程度设为 90%；停留间隔 5s；触发值 5g。可溶性糖和淀粉含量测定用蒽酮比色法，蔗糖用间苯二酚法测定。酶液提取参照 Doehlert 等和 Ou-Lee 等的方法并略做改进。称取 1.00g 左右冰冻籽粒置入研钵中加入液氮研磨，成粉末后加入 10mL 预冷的 50mmol/L HEPES-NaOH 缓冲液（pH 值为 7.5），再于 10 000r/min 冰冻离心 10min，上清液即为酶提取液。蔗糖酶活性的测定参照 Wardlaw 的方法，略做改进。蔗糖磷酸合成酶（SPS）活性测定：50μL 酶提取液加 50μL HEPES-NaOH、20μL 50mmol/L $MgCl_2$、20μL 100mmol/L UDPG、20μL 6-磷酸果糖于 30℃水浴锅中反应 30min，迅速加入 200μL 2mol/L NaOH 摇匀，沸水浴 10min。再加入 2.0mL 30% 的盐酸于 80℃保温 10min，最后加入 1mL 1% 的间苯二酚，同样在 80℃保温 10min 后冷却至室温，加入 3.64mL 超纯水摇匀，用 722S 可见分光光度计于 480nm 波长下比色，用蔗糖生成量表示酶活性。蔗糖合成酶（SS）合成和分解方向的活性测定：50μL 酶提取液加 50μL HEPES-NaOH、20μL 50mmol/L $MgCl_2$（SS 合成）/$MgSO_4$（SS 分解）、20μL 100mmol/L UDPG、20μL 果糖于 30℃水浴锅中反应 30min，迅速加入 200μL 2mol/L NaOH 摇匀，并沸水浴 10min。再加入 2.0mL 30% 的盐酸于 80℃保温 10min，最后加入 1mL 1% 的间苯二酚，在 80℃保温 10min 后冷却至室温，加入 3.64mL 超纯水摇匀，用 722S 可见分光光度计于 480nm 波长下比色。数据采用 Excel2007、SPSS13.0 软件进行统计分析，用 SigmaPlot 10.0 作图。

## 一、施氮量对甜玉米鲜穗产量的影响

施用氮肥能显著增加甜玉米鲜穗产量。经方差分析表明鲜穗产量在两品种间（$F = 1.21$，$P > 0.05$）未达显著水平，氮肥处理间（$F = 48.31$，$P < 0.01$）达极显著水平。由图 2-1 可看出，"扬甜 2 号""超甜 135"鲜穗产量在处理间，均以 $N_0$ 最低，以 $N_{225}$ 最高；$N_{225}$ 处理的产量在两品种中比 $N_0$ 分别增产 65.15%、99.61%。当氮肥用量超过 225kg/$hm^2$ 后，产量又降低。

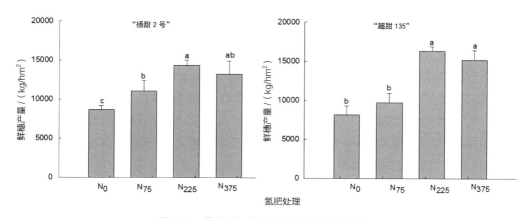

**图 2-1　施氮量对甜玉米鲜穗产量的影响**

注：柱上不同字母表示差异达 5% 显著。

## 二、施氮量对甜玉米品质的影响

### 1. 对甜玉米籽粒物性的影响

物性分析仪可将食品的感观品质以量化的形式表示。由表 2-1 可知，甜玉米在两品种间物性指标受施氮量影响较大。除"超甜 135"的黏着性和回复性在处理间差异未达显著水平，"扬甜 2 号"除黏着性受施氮量的影响较小外，其余物性指标在处理间达显著或极显著水平。其中，两个品种的硬度随施氮量的增加而变大，以 $N_{375}$ 处理最高，脆性和黏聚性随施氮量的增加而先上升后下降，不同处理间达显著水平。

**表 2-1　施氮量对鲜食甜玉米籽粒物性的影响**

| 品种 | 氮处理 | 硬度 /g | 脆性 /g | 黏着性 | 弹性 | 黏聚性 | 咀嚼性 | 回复性 |
|---|---|---|---|---|---|---|---|---|
| "超甜 135" | $N_0$ | 6 760.47 c | 2 291.14 c | -4.80 a | 0.29 b | 0.20 b | 436.11 b | 0.17 a |
| | $N_{75}$ | 8 408.16 b | 3 252.55 ab | -9.83 a | 0.31 b | 0.21 b | 542.83 b | 0.16 a |
| | $N_{225}$ | 9 309.64 ab | 3 771.06 a | -5.89 a | 0.41 a | 0.24 a | 933.18 a | 0.19 a |
| | $N_{375}$ | 9 608.99 a | 2 917.98 b | -6.17 a | 0.47 a | 0.21 b | 1 049.02 a | 0.19 a |
| "扬甜 2 号" | $N_0$ | 8 058.05 b | 2 667.20 b | -14.00 a | 0.31 b | 0.20 b | 505.00 b | 0.15 bc |
| | $N_{75}$ | 8 911.84 b | 2 949.84 b | -8.09 a | 0.50 a | 0.23 a | 1 116.11 a | 0.17 ab |
| | $N_{225}$ | 7 886.74 b | 3 478.23 a | -6.80 a | 0.29 b | 0.18 b | 426.40 b | 0.14 c |
| | $N_{375}$ | 12 882.76 a | 1 679.43 c | -10.35 a | 0.38 b | 0.16 b | 1 330.95 a | 0.19 a |
| *F* 值 | | | | | | | | |
| 品种 | | 7.30** | 6.22* | 1.66 | 0.035 | 0.10 | 1.49 | 3.16 |
| 氮 | | 22.91** | 22.07** | 0.868 | 6.69** | 5.17** | 12.58** | 3.58* |
| 品种 × 氮 | | 8.28** | 1.275** | 1.28 | 9.96** | 5.62** | 7.14** | 3.83* |

注：同一列中不同字母表示处理间差异达 5% 水平显著；* 和 ** 分别表示差异达显著（$P<0.05$）和极显著（$P<0.01$）水平。

2. 对水分、可溶性糖、蔗糖、淀粉的影响

不同氮肥用量下，两品种鲜食籽粒含水量随吐丝后时间变化呈明显下降趋势，吐丝授粉后 10 ～ 22d，降低较缓慢，22d 后降低较快，在采收期（吐丝后 22d），$N_0$ 和 $N_{75}$ 处理的含水量均低于 $N_{225}$ 和 $N_{375}$，22d 后 $N_0$ 处理的含水量下降迅速；可溶性糖和蔗糖的含量均随吐丝后时间变化先上升后降低，呈单峰曲线；随着粒重的增加表现明显的"稀释效应"，因此粒重增加导致可溶性糖和蔗糖的含量降低。"扬甜 2 号"各处理的可溶性糖峰值出现在吐丝后 22d，"超甜 135"籽粒 $N_0$ 处理可溶性糖含量峰值出现在吐丝后 22d，其他处理的峰值出现在吐丝后18d，两品种以 $N_{225}$ 处理可溶性糖含量最高，$N_0$ 含量最低。籽粒蔗糖含量变化趋势和可溶性糖基本一致，两品种各处理蔗糖的峰值均出现在 22d，施氮处理均高于不施氮处理。两品种籽粒淀粉含量呈上升趋势，在吐丝后 22d 前，淀粉积累速率较慢，吐丝后 22d 以后淀粉积累速率明显加快；以不施肥 $N_0$ 处理淀粉含量最低，以 $N_{375}$ 处理淀粉含量最高。

**三、施氮量对甜玉米蔗糖代谢酶的影响**

磷酸蔗糖合成酶（SPS）是以 UDPG 为供体，以 6- 磷酸果糖（F-6-P）为受体的糖转移酶，合成磷酸蔗糖，磷酸蔗糖在磷酸蔗糖酯酶的作用下脱磷酸形成蔗糖。因此，SPS 活性的高低反映了甜玉米光合产物转化为蔗糖的能力。相关研究结果表明，两品种的甜玉米籽粒 SPS 酶活性变化趋势与蔗糖含量的变化基本一致，在整个籽粒发育过程中均以 $N_{225}$ 处理 SPS 酶活性最高，都表现出不施氮处理低于施氮处理。"扬甜 2 号"在吐丝后 22d 达到峰值，此时的 SPS 活性 $N_{225}>N_{375}>N_{75}>N_0$。"超甜 135"吐丝后 18d 达到峰值，此时 SPS 活性 $N_{225}>N_{75}>N_{375}>N_0$；蔗糖合成酶（SS）存在于细胞质中，催化的反应是可逆的。当 SS 分解活性大于合成活性时，蔗糖被分解，生成 UDPG 和果糖；当 SS 合成活性大于分解活性时，则有利于蔗糖的形成。籽粒中 SS 合成活性变化亦为单峰曲线，施氮使 SS 合成活性变大。"扬甜 2 号"在吐丝后 22d 达到峰值，此时 SS 合成活性 $N_{225}>N_{75}>N_{375}>N_0$。"超甜 135"吐丝后18d 达到峰值，此时 SS 合成活性 $N_{225}>N_{375}>N_{75}>N_0$；甜玉米籽粒 SS 分解活性在吐丝后随着生育进程的推进而升高，呈"S"曲线，在吐丝后 18d 前 SS 酶分解活性增加缓慢，18～26d 增加迅速，26d 后又增速较缓。在两品种中均 SS 分解活性均表现出施氮处理大于不施氮处理。

氮肥水平是决定玉米产量的关键因素之一。受生态环境、栽培措施和品种特性等因素的影响，甜玉米氮肥施用量的适宜范围存在较大差异，但目前生产上，

为求高产而偏施重施氮肥的现象很普遍。研究结果表明，施氮能显著提高种甜玉米品种鲜穗产量，随着施氮量的增加产量先升高后降低，以施氮量为225kg/$hm^2$时产量最高，比不施氮分别增产65.15%（"扬甜2号"）、99.61%（"超甜135"）。合理施用氮肥可增加甜玉米可溶性糖和蔗糖含量，改善品质；氮肥过量时糖分下降，籽粒碳水化合物积累减少，影响了甜玉米品质，这和前人在普通玉米、小麦上的研究结果一致。"扬甜2号"可溶性糖和蔗糖含量最高值出现在吐丝后22d，"超甜135"基本出现在吐丝后18d，这可能由于品种间基因型差异造成的。

物性分析仪主要是通过模拟人口腔的咀嚼运动，对样品进行两次压缩，可分析物性特征参数如硬度、脆性、黏着性、内聚性、弹性、黏聚性、耐咀性、回复性。TPA测试以量化的形式客观全面地评价食品物性，避免了人为因素对品质评价结果的主观影响，在食品、蔬果上得到了广泛应用。本研究中除"超甜135"的黏着性、回复性和"扬甜2号"的黏着性受施氮量的影响较小外，其余物性指标受施氮量的影响较大。其中，两品种的硬度随施氮量的增加而变大，脆性和粘聚性随施氮量的增加而先升后降，处理间达显著水平。说明氮肥用量增大，两品种甜玉米籽粒的硬度增大；当施氮量小于225kg/$hm^2$时，脆性随施氮量增大而增大，高氮水平下脆性降低。甜玉米具有"鲜、甜、脆、嫩"特点，物性指标中硬度和脆性能够反映出甜玉米的口感。因此，施氮量影响甜玉米的品尝品质，氮肥过量时籽粒硬度变大、脆性变低、品质下降。

蔗糖是光合作用的产物，是碳水化合物在作物体内贮藏和积累的主要形式。甜玉米籽粒中碳水化合物的组成和含量是决定其品质的重要因素之一，这些碳水化合物包括可溶性糖、淀粉和蛋白质等，可溶性糖含量的高低直接决定甜玉米的食用品质，蔗糖是可溶性糖的主要组分，可以通过对蔗糖代谢过程进行调控达到提高甜玉米品质的目的，研究蔗糖代谢相关酶的活性，对于提高蔗糖含量进而提高甜玉米品质具有重要意义。

在玉米中参与蔗糖代谢的酶主要有SPS、SS，其中SS有蔗糖合成和降解两个作用方向。本研究结果表明，两品种甜玉米籽粒SPS、SS合成活性在籽粒灌浆过程中呈单峰曲线，变化趋势与蔗糖含量的变化基本一致，不施氮处理低于施氮处理，以$N_{225}$处理酶活性最高。Harbron、Thomas指出，SPS可能是蔗糖合成途径中的一个重要调控点，它的活性反映蔗糖合成能力的高低，在大豆、小麦上也证实了这一观点。Jorge和Doehlert研究认为，甜玉米积累较多蔗糖的原因可能是蔗糖合成量的增加以及降解量的减少，但刘鹏等认为甜玉米籽粒蔗糖积累较多的原因主要得益于蔗糖合成能力的增加，而非降解量的减少。本研究中，在甜玉米籽粒发育前期，以 SPS、SS 合成和 SS 分解活性均呈上升趋势，只是 SPS 和 SS 合成活性上升的较快，SS 分解活性上升缓慢，蔗糖合成速率大于分解速率，表现蔗糖的积累；而乳熟末期（吐丝后 22d）SS 分解活性迅速增大，而 SPS 和 SS 合成方向活性下降，蔗糖合成速率下降，部分蔗糖转化成淀粉，淀粉积累速率上升，表现为可溶性糖含量下降，淀粉含量上升，这与刘鹏的研究结果相一致。合理施氮可提高 SPS 和 SS 合成方向活性，有利于甜玉米提高糖分，改善品质。

## 第二节  钾肥对产量品质的影响

和饲料玉米相比，甜玉米生育期短，生长快，对养分需求多，合理施肥是达到甜玉米优质高产的前提。我国土壤中有效钾含量普遍较少，在生产中往往为追求高产，偏施重施氮肥而少施钾肥，制约甜玉米产业发展，但过量施用亦会造成产量下降，肥料利用率低，效益下降，为害人类的健康和生态环境安全等严重后果。大量研究表明，合理施用钾肥可增加甜玉米产量，提高品质；可明显增加甜玉米中可溶性糖、蔗糖、赖氨酸、蛋白质的含量，还可提高磷酸蔗糖合成酶（SPS）和蔗糖合成酶（SS）活性，有利于蔗糖的合成和积累，但钾肥对甜玉米淀粉的影响结果不尽相同。王庆祥等（2006）等研究认为随着施钾量的增加，甜玉米籽粒中淀粉含量和可溶性糖含量变化趋势一致，均为先升高后降低，而史振声和张喜华（1994）研究表明，随着施钾量的增加淀粉含量先下降后上升。关于钾肥对鲜食甜玉米籽粒物性和皮渣率的研究报道较少，为此，本文赵福成等研究了钾肥对甜玉米产量和品质的影响，以期为甜玉米高产栽培和品种选育提供理论依据。试验在扬州大学试验场进行，土为砂壤土，$0 \sim 20cm$ 土层养分含量为：有机质 16.58g/kg、速效钾 91.2mg/kg、速效磷 6.77mg/kg、全氮 1.15g/kg、速效氮 114.5mg/kg。试验在氮、磷肥用量一致的条件下，设置 5 个施钾（$K_2O$）量处理，分别为 $K_0$（不施钾肥）、$K_{75}$（75kg/hm²）、$K_{150}$（150kg/hm²）、$K_{225}$（225kg/hm²）、$K_{300}$（300kg/hm²）作为基肥一次性施入，小区面积 24m²，随机区组排列，3 次重复。供试品种为"超甜 135"和"扬甜 2 号"，3 月 18 日播种，3 月 28 日乳苗移栽，密度为 60 000 株 /hm²，其他基肥为纯 N 75kg/hm² 和 $P_2O_5$ 75kg/hm²，拔节期追施 N 150kg/hm²，其他栽培措施统一按常规要求实施。于吐丝前选择长势一致的植株挂牌标记，雌穗套袋。在盛花期进行人工授粉。授粉后 22d 每小区采收中间 2 行果穗，进行测产。同时取 5 个套袋授粉果穗，用于各项测定和分析。其中，选取 1 个果穗带苞叶蒸煮后测定无形。剩余 4 个果穗取中部籽粒，一部分置于 105℃ 烘箱内杀青 30min 然后在 70℃ 恒温条件下烘干至恒重，同时测得含水量，烘干的样品进行测定可溶性糖、蔗糖、淀粉；另一部分进行皮渣率测定。物性测定采用物性分析仪 TA. XT. Plus（英国 stable micro systems 公司），参照赵福成等的方法测定。可溶性糖和淀粉含量测定用蒽酮比色法，蔗糖用间苯二酚法测定，皮渣率按照农业农村部试行方法测定。

## 一、施钾量对甜玉米产量的影响

由方差分析可知，钾肥用量对甜玉米鲜百粒重（$F = 6.001$，$P<0.01$）、单穗重（$F = 34.639$，$P<0.01$）、鲜苞产量（$F = 32.325$，$P<0.01$）的影响均达极显著水平。由表 2-2 可知，随着施钾量的增加，两品种的鲜百粒重、单穗重和产量均先升高后降低，以处理 $K_0$ 最小，$K_{150}$ 最大。"超甜 135""扬甜 2 号"在 $K_{150}$ 处理的产量比不施钾肥分别增产 15.26%、19.52%。

表 2-2　施钾量对鲜食甜玉米产量的影响

| 品种 | 钾处理 | 鲜百粒重 /g | 单穗重 /g | 产量 /（kg/hm²） |
|---|---|---|---|---|
| "超甜 135" | $K_0$ | 23.4±0.7 b | 203.9±5.3 c | 12 446.5±89.7 c |
| | $K_{75}$ | 25.8±2.3 ab | 245.3±10.0 b | 14 081.0±203.6 b |
| | $K_{150}$ | 30.8±0.8 a | 283.7±5.6 a | 14 688.5±250.1 a |
| | $K_{225}$ | 29.1±1.8 ab | 259.4±7.1 ab | 13 892.0±84.3 b |
| | $K_{300}$ | 25.2±1.8 ab | 246.3±7.2 b | 12 630.0±270.4 c |
| "扬甜 2 号" | $K_0$ | 23.5±1.2 c | 167.7±5.3 c | 9 837.5±96.1 d |
| | $K_{75}$ | 29.7±1.5 ab | 204.9±9.8 b | 11 181.5±276.6 bc |
| | $K_{150}$ | 32.9±1.5 a | 241.9±5.9 a | 12 224.1±427.3 a |
| | $K_{225}$ | 30.7±0.9 ab | 225.3±7.1 b | 11 457.0±163.1 b |
| | $K_{300}$ | 28.1±0.9 b | 185.2±5.2 c | 10 604.0±191.9 c |

注：相同品种同一列中不同字母表示处理间差异达 5% 显著水平。

## 二、施钾量对甜玉米品质的影响

### 1. 施钾量对甜玉米籽粒物性的影响

甜玉米籽粒物性间有显著的基因型差异，同时受施钾量的影响（表 2-3）。除"扬甜 2 号"的黏着性在处理间差异未达显著水平外，两品种的其余物性指标在处理间达显著或极显著水平；其中，两个品种的脆性、黏聚性、咀嚼性和回复性随着施钾量的增加先升高后降低，不同处理间差异达显著水平。硬度随着施钾量增加而变大，以 $K_{300}$ 最大，$K_0$ 最小。

表2-3　施钾量对鲜食甜玉米籽粒物性的影响

| 品种 | 钾处理 | 硬度 /g | 脆性 /g | 黏着性 | 弹性 | 黏聚性 | 咀嚼性 | 回复性 |
|---|---|---|---|---|---|---|---|---|
| "超甜135" | $K_0$ | 4 384.21 d | 1 340.51 c | −3.36 a | 0.23 b | 0.19 b | 200.02 c | 0.16 c |
| | $K_{75}$ | 6 640.14 c | 2 269.14 bc | −10.23 ab | 0.39 a | 0.20 b | 518.01 bc | 0.16 c |
| | $K_{150}$ | 8 241.84 b | 3 708.25 a | −14.19 b | 0.34 a | 0.28 a | 1 158.30 a | 0.24 a |
| | $K_{225}$ | 8 576.44 b | 2 444.01 b | −4.95 a | 0.32 ab | 0.24 b | 630.26 b | 0.21 ab |
| | $K_{300}$ | 11 868.80 a | 2 401.37 b | −8.96 ab | 0.40 a | 0.22 b | 705.66 b | 0.18 bc |
| "扬甜2号" | $K_0$ | 6 390.78 c | 1 585.66 c | −9.84 a | 0.27 b | 0.18 c | 299.58 c | 0.15 b |
| | $K_{75}$ | 7 815.15 bc | 1 920.64 bc | −4.32 a | 0.42 a | 0.24 b | 890.81 b | 0.19 a |
| | $K_{150}$ | 8 588.53 b | 3 595.18 a | −7.50 a | 0.44 a | 0.28 a | 1 277.62 a | 0.20 a |
| | $K_{225}$ | 8 666.99 b | 2 795.71 ab | −6.38 a | 0.48 a | 0.23 b | 929.07 ab | 0.18 ab |
| | $K_{300}$ | 10 443.18 a | 2 447.88 bc | −5.87 a | 0.39 ab | 0.23 b | 710.94 b | 0.17 ab |
| $F$ 值 | | | | | | | | |
| 品种 | | 2.653 | 0.04 | 0.86 | 5.9* | 0.82 | 2.69* | 0.42 |
| 钾 | | 47.40** | 10.30** | 1.1 | 4.71** | 18.15** | 16.73** | 7.37** |
| 品种 × 钾 | | 6.26** | 5.82** | 2.16 | 1.19 | 2.28 | 0.82 | 2.81* |

注：相同品种同一列中不同字母表示处理间差异达5%显著水平；* 和 ** 分别表示差异达显著（$P<0.05$）和极显著（$P<0.01$）水平。

2. 施钾量对甜玉米可溶性糖、蔗糖的影响

可溶性糖含量在不同品种间差异未达显著水平（$F = 1.247$，$P>0.05$），在不同钾肥处理间差异达极显著水平（$F = 41.997$，$P<0.01$），表明可溶性糖对钾肥施用量反应敏感。两个品种在施钾量 $0 \sim 150kg/hm^2$ 时，随着施钾量的增加可溶性糖含量增加，"超甜135"增加42.07%，"扬甜2号"增加59.46%；继续增加施用量至 $300kg/hm^2$ 时，随着施钾量的增加可溶性糖含量减少，"超甜135"减少11.99%，"扬甜2号"减少31.07%（图2-2）。蔗糖含量在不同处理间和可溶性糖含量的变化趋势一致，在不同品种间差异未达显著水平（$F = 0.01$，$P>0.05$），在不同施钾处理间差异达显著水平（$F = 12.077$，$0.01<P<0.05$）。两品种均随着施钾量的增加，蔗糖含量先增加后降低，以施钾量 $150kg/hm^2$ 为最高，"超甜135"和"扬甜2号"分别比不施钾肥增加54.44%、65.05%，施钾量 $300kg/hm^2$ 时比施钾量 $150kg/hm^2$ 分别减少19.86%、39.02%。可溶性糖和蔗糖含

量的变化表明，土壤钾肥含量不足时，增施钾肥有利于提高甜玉米籽粒含糖量，但过量施用反而产生抑制作用。

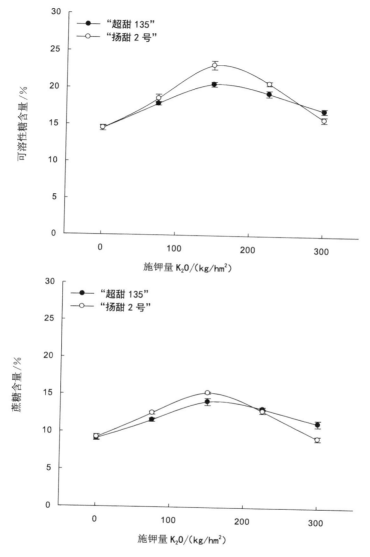

图 2-2　施钾量对鲜食甜玉米籽粒可溶性糖、蔗糖含量的影响

### 3. 施钾量对甜玉米淀粉、皮渣率的影响

淀粉含量在两品种间差异达显著水平（$F = 14.131$，$0.01 < P < 0.05$），在不同施钾肥处理间差异达极显著水平（$F = 34.116$，$P < 0.01$）。籽粒中淀粉含量的变

化趋势和可溶性糖、蔗糖含量刚好相反，随着施钾量的增加淀粉含量先升高后降低，以施钾量150kg/hm²为最低（图2-3）。施钾量在0～150kg/hm²，"超甜135""扬甜2号"的淀粉含量分别降低了21.59%、35.20%。皮渣率在两品种间差异达极显著水平（$F = 12.226$，$P<0.01$），在不同施肥处理间差异达极显著水平（$F = 155.814$，$P<0.01$）。籽粒中皮渣率随着施钾量的增加而升高，以不施钾时最低。

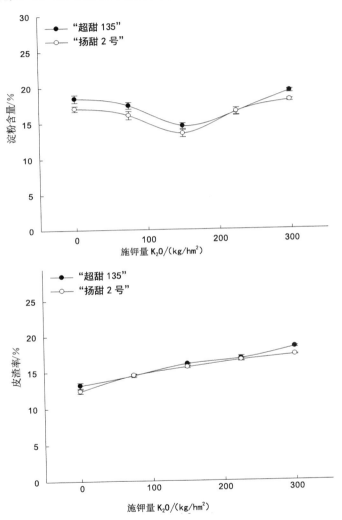

图2-3　施钾量对鲜食甜玉米籽粒淀粉含量和皮渣率的影响

## 三、最高产量和最优品质的钾肥用量

为进一步研究施钾量与甜玉米产量、品质的关系，选择产量、可溶性糖和蔗糖含量（$Y$）与施钾量（$X$）建立回归方程，方程均呈二次曲线关系（表2-4）。根据关系模型，求得"超甜135"和"扬甜2号"最高产量钾肥用量 $K_2O$ 151.9 ～ 164.8kg/hm$^2$，最优品质的钾肥用量 $K_2O$ 150.8 ～ 176.6kg/hm$^2$。

表2-4　不同施钾量（$X$）甜玉米籽粒产量和品质（$Y$）的回归方程

| 品种 | 指标 | 方程 | 模型检验 | | 钾肥用量 |
| --- | --- | --- | --- | --- | --- |
| | | | $R^2$ | $F$ | $K_2O$/（kg/hm$^2$） |
| "超甜135" | 产量 | $Y = 12483.9 + 27.654X - 0.091X^2$ | 0.992 | 65.83* | 151.9 |
| | 可溶性糖 | $Y = 14.377 + 0.0671X - 0.00019X^2$ | 0.975 | 39.66* | 176.6 |
| | 蔗糖 | $Y = 8.947 + 0.0541X - 0.00015X^2$ | 0.959 | 23.67* | 180.3 |
| "扬甜2号" | 产量 | $Y = 9812.8 + 26.045X - 0.079X^2$ | 0.952 | 19.99* | 164.8 |
| | 可溶性糖 | $Y = 14.071 + 0.1008X - 0.00031X^2$ | 0.941 | 15.85 | 162.6 |
| | 蔗糖 | $Y = 9.076 + 0.0724X - 0.00024X^2$ | 0.958 | 22.70* | 150.8 |

注：* 和 ** 分别表示差异达显著（$P<0.05$）和极显著（$P<0.01$）水平。

钾是植物生长所必需的营养元素之一，虽不参与植物体内组织的构成，但是植物体内多种酶的催化剂，对光合产物的合成、碳水化合物的运输等起作用，在产量及品质形成过程中发挥重要功能。单穗重是甜玉米商品重要的外观指标，单穗大小影响甜玉米的价格和市场竞争力。本研究表明，施钾显著提高了两种甜玉米品种鲜百粒重、单穗重，从而获得增产，同时也提高了"扬甜2号"商品的外观质量，这和前人关于施钾肥对甜玉米产量影响的结论一致。本研究还表明，随施钾量的增加，可溶性糖和蔗糖含量先升高后降低，淀粉含量先降低后升高。可溶性糖和蔗糖含量处于高峰时，淀粉含量处在低谷，说明适量施用钾肥对糖分合成和积累有促进作用，而对淀粉的合成与积累有抑制作用，导致甜玉米中糖分含量增加而淀粉含量减少。皮渣率随着施钾量的增加而增大，以不施钾时最低。因此，合理施用钾肥可增加甜玉米可溶性糖和蔗糖含量，降低淀粉含量，改善甜玉米品质。

甜玉米国家区域试验中品质一直采用品尝法（气味，风味，甜度，柔嫩性，果皮厚薄）评价，该方法主观性较大，难以保证评价结果的准确性和年度间的一致性。采用物性分析仪评价食品物性，降低了人的主观因素的影响，在蔬果、食品上得到广泛应用。本研究中"超甜135"和"扬甜2号"的硬度随着施钾量的增加而变大，脆性、粘聚性、咀嚼性和回复性随着施钾量的增加先升高后降低，处理间差异达显著水平。甜玉米要求爽脆可口、咬劲适中，物性指标中硬度、脆性能够反映甜玉米品尝品质，因此，施钾量影响甜玉米品质，钾肥过量时籽粒硬度变大、脆性下降、品质变差，这和笔者研究施氮量对甜玉米物性的影响结论一致。

受土壤肥力、玉米种类、栽培措施等因素的影响，甜玉米最佳钾肥用量的范围存在较大差异。吴平和陶勤南（1989）研究认为金华低丘红壤（速效钾 48.0mg/kg）上施用 $K_2O$ 95.3～117.0kg/hm² 甜玉米产量最高；曹玉军等（2011）研究认为在有效钾含量中等（速效钾 113.36mg/kg）的东北黑土上，甜玉米最高产量和最优品质施钾量为 $K_2O$ 107～140kg/hm²，用量超过 200kg/hm² 时，不利于甜玉米生长，进而影响产量和品质。楚玲等（1989）研究发现在赤红壤（速效钾 16.1～16.7mg/kg）上施用 $K_2O$ 225kg/hm² 甜玉米产量较高品质优良；史振声和张喜华（1994）在土壤肥力中上但中度缺钾的砂壤土上研究表明，甜玉米最佳施钾量 $K_2O$ 225kg/hm²；陈英等（1993）研究表明，在速效钾 71.0mg/kg 的供试土壤上，最高鲜穗产量和较高水溶性糖含量的钾肥施用量 $K_2O$ 270kg/hm²，钾肥增产效果在氮肥之下，但远在磷肥之上；闫飞燕等（2008）等研究显示在速效钾 88.6mg/kg 的土壤上，甜玉米最高产量的施钾量 $K_2O$ 351.5kg/hm²。本研究中在有效钾含量中等（速效钾 91.2mg/kg）的砂壤土上，通过对钾肥用量与产量、可溶性糖和蔗糖含量回归模型分析，得出产量和最优品质施钾量 $K_2O$ 150.8～176.6kg/hm²，这与李波等（2012）对高产饲料玉米上的研究结果（$K_2O$ 180～201kg/hm²）接近。本研究依据回归模型分析，甜玉米最高产量钾肥用量 $K_2O$ 151.9～164.8kg/hm²，最优品质的钾肥用量 $K_2O$ 150.8～176.6kg/hm²，对该地区甜玉米钾肥施用具有参考价值，为甜玉米高产高效栽培提供理论支撑。

## 第三节　微生物肥对产量的作用

微生物肥是指一类含有活微生物，施入土壤后，能以其生命活动促使作物得到特定的肥料效应，从而使作物生长苗壮或产量增加的一类制品，是农业生产中使用的一种肥料。狭义的生物肥料是通过微生物生命活动，使农作物得到特定的肥料效应的制品，也被称之为接种剂或菌肥，它本身不含营养元素，不能代替化肥。广义的生物肥料是既含有作物所需的营养元素，又含有微生物的制品，是生物、有机、无机的结合体，它可以代替化肥，提供农作物生长发育所需的各类营养元素。化肥和农药的大量应用对于人类而言利弊并存，为兴利除弊，科学家提出了"生态农业"，逐步实现在农田里少使用或不使用化肥和化学杀虫剂，而使用有机生物肥料和采用微生物方法防治病虫害。

1987 年研究者发现豆科植物根瘤具有固氮功能，并成功培养根瘤菌，此后，微生物肥料的研究与应用迅速增多。美国、澳大利亚等从 20 世纪 20 年代就开始有瘤菌接种剂的研究与试用。我国微生物肥料研究于 20 世纪 50 年代从前苏联引进自生固氮菌、磷细菌和硅酸盐细菌剂作为细菌肥料使用，大部分采用发酵生产。20 世纪 80 年代初，我国生物肥料生产及应用由于其增产明显、品质改善，特别是对环保的特殊作用呈上升趋势，开始出现了固氮、解磷和解钾生物肥料及其由此演变出来的各种名称各异、千奇百态的生物肥料。近几年主要推广应用由固氮菌、磷细菌、钾细菌和有机肥复合制成的生物肥料，做基肥施用。

国际上已有很多个国家生产、应用和推广生物肥料，这些国家主要分布在亚洲、南美洲、欧洲和非洲等。中国也有 300 多家企业年产约数十万吨的生物肥料应用于生产，使用面积已超过 167 万 km²。生物肥料在农业上的作用已逐渐被人们所认可。许多国家更认识到生物肥料作为活性微生物制剂，生物肥其有益微生物的数量和生命活动旺盛与否是质量的关键，是应用效果好坏的关键之一。生物肥料的作用越来越受到人们的重视。

生物肥料无毒、无污染，能使植物迅速生长，具有肥效长、耐热、耐盐、耐干燥、耐酸碱，能防治病虫害等特点，成为农业生产无公害农作物的新型肥料。国际上已有很多个国家生产、应用和推广生物肥料，这些国家主要分布在亚洲、南美洲、欧洲和非洲等。中国也有多家企业年产约数十万吨的生物肥料，推广面积呈逐年上升的趋势。

生物肥料由于肥效长，可作为多种农作物一次性基肥使用，这不仅减少了后期追肥的劳动用量，还减少了化肥对环境的污染，其使用被越来越多的农民所接受。作为鲜食型甜玉米，其无公害栽培技术的研讨应用日益受到种植者和消费者的重视，因此用安全的生物肥料取代化肥的使用具有高效和环保双重意义。为此，谭禾平等试验研究探讨了生物缓效肥的一次性基施对甜玉米产量的影响，为农业生产提供依据。试验地设浙江省农业科学院玉米与特色旱粮研究所（原浙江省东阳玉米研究所）东阳市城东试验基地，肥力中等。试验前均匀翻耕，地面整平，设置保护行，小区单灌单排。

试验设计采用随机区组设计，共 4 个处理，3 次重复 12 个小区，小区面积 30.3m²，6 行区，小区长方形设计。品种为"超甜 135"，试验密度 3 500 株（667m² 株数），株距 0.29m，行距 0.65m，小区长 8m。施肥方案如表 2-5 所示。

表 2-5　试验各处理方式

| 处理编号 | 施肥方式 | 基肥 /kg | 追肥 /kg | 折合养分量 /kg | | |
| --- | --- | --- | --- | --- | --- | --- |
| | | 播种前 | 喇叭口期 | N | P$_2$O$_5$ | K$_2$O |
| 1 | 不施肥 | — | — | 0 | 0 | 0 |
| 2 | 当地农民习惯 | 尿素 18；钙镁磷肥 25；氯化钾 10 | 尿素 25 | 20 | — | 6 |
| 3 | 生物多抗有机肥 | 200 | — | 20 | 5 | 8 |
| 4 | 百事达玉米专用肥 | 133 | — | 20 | 4 | 3 |

注：以上均为 667m$^2$ 下肥料用量。处理 2 农民习惯施肥肥料用量按尿素（N，46%）、过磷酸钙（P$_2$O$_5$，12%）、氯化钾（K$_2$O，60%）计算。处理 3 和 4 中生物多抗有机肥、国产百事达均由四川省农业科学院提供。

产量以小区中间 4 行实收有效鲜穗计产，其他指标按国家区域试验标准调查记载。使用 DPS（Data Processing System）数据处理系统对数据进行分析，使用 Duncan 邓肯氏新复极差方法进行方差分析，差异显著性水平定为 0.05。

## 一、不同施肥方式对甜玉米生育进程的影响

在相同的播种期下，各施肥处理对"超甜 135"的出苗和吐丝影响较小，其出苗期和吐丝期均为同一天。抽雄期以处理 3 最早，处理 1 最迟，两者相差 2d。不施肥相对其他 3 种施肥方式明显延迟的成熟期，相差 3d。而 3 种施肥方式间没有明显差异，基本在同一天成熟（表 2-6）。

表 2-6　各处理方式下甜玉米"超甜 135"的生育进程

| 处理 | 播种期 | 出苗期 | 抽雄期 | 吐丝期 | 成熟期 |
| --- | --- | --- | --- | --- | --- |
| 1 | 4 月 10 日 | 4 月 28 日 | 6 月 12 日 | 6 月 14 日 | 7 月 7 日 |
| 2 | 4 月 10 日 | 4 月 28 日 | 6 月 11 日 | 6 月 14 日 | 7 月 4 日 |
| 3 | 4 月 10 日 | 4 月 28 日 | 6 月 10 日 | 6 月 14 日 | 7 月 4 日 |
| 4 | 4 月 10 日 | 4 月 28 日 | 6 月 11 日 | 6 月 14 日 | 7 月 4 日 |

## 二、不同施肥方式对甜玉米株型性状的影响

玉米的株高、穗位高和茎粗往往反映了玉米植株在田间的生长情况，也是反应土壤肥力的重要指标之一，植株形态的建成对后期玉米产量至关重要，因此在肥力试验中考察玉米的株型性状具有必要性。本试验研究发现，在 4 种施肥方式中，不施肥情况下的玉米植株的株高、穗位、茎粗均明显低于施肥情况下。而 3 种施肥处理中各指标无明显差异。研究表明两种缓效生物肥在植株的形态建成上已达到农民习惯一基一追的水平（表 2-7）。

表 2-7 各处理株型性状调查表

| 处理 | 株高 /cm | 穗位高 /cm | 茎粗 /cm |
|---|---|---|---|
| 1 | 202.7 b | 63.2 b | 1.7 b |
| 2 | 211.5 a | 76.1 a | 2.1 a |
| 3 | 208.9 a | 75.1 a | 2.0 a |
| 4 | 210.2 a | 78.0 a | 2.1 a |

注：同一列中不同字母表示差异达 5% 显著。

## 三、各处理方式对甜玉米果穗性状及鲜穗产量的影响

甜玉米果穗性状直接反映其商品性。本试验在 4 种处理方式下，不施肥相对于施肥明显减小了单穗重、穗长、穗粗，而明显增加了秃尖长。3 种施肥处理间各果穗性状差异不显著。从果穗产量看，不施肥明显低于其他 3 种施肥方式。3 种施肥方式中，以农民习惯施肥产量最高，折合鲜穗亩产达 984.6kg。其次为国产百事达生物肥和生物多抗有机肥，分别为 951.6kg 和 946.1kg。通过显著性分析，三者之间产量差异不明显。也就是说 2 种缓效生物在果穗性状指标和鲜穗产量指标均达到了农民习惯施肥一基一追的水平。

表 2-8 各处理方式下果穗性状及产量结果

| 处理 | 单穗重去苞 /g | 穗长 / cm | 穗粗 / cm | 秃尖 / cm | 穗行数 | 行粒数 | 中间四行实收计产 /kg I | II | III | 折合亩产带苞 /kg |
|---|---|---|---|---|---|---|---|---|---|---|
| 1 | 188.0 b | 16.8 b | 4.2 b | 1.4 b | 12.9 a | 37.0 a | 23.5 | 23.0 | 24.5 | 781.1 b |
| 2 | 197.6 a | 17.9 a | 4.4 a | 0.4 a | 13.5 a | 39.0 a | 30.0 | 30.5 | 29.0 | 984.6 a |
| 3 | 198.2 a | 17.8 a | 4.4 a | 0.5 a | 13.3 a | 38.7 a | 28.5 | 30.0 | 27.5 | 946.1 a |
| 4 | 201.7 a | 17.8 a | 4.4 a | 0.4 a | 13.7 a | 40.0 a | 28.0 | 29.0 | 29.5 | 951.6 a |

注：同一列中不同字母表示差异达 5% 显著。

试验结果表明，施肥相对不施肥缩短了生育期，主要是缩短了玉米灌浆期；不同施肥处理间玉米株型性状和果穗性状间存在不同程度的差异；施肥相对于不施肥显著提高了产量，施肥处理中又以农民习惯施肥产量最高，两种生物肥产量与农民习惯施肥间产量差异不显著。

从试验结果来看，生物肥基本达到了一基一追的习惯施肥水平，但并不具备产量优势，因此其肥力的增产潜力有待进一步挖掘。从生产成本来看，生物肥一次性基施减少后期追肥的劳动用量，这对于急速上升的劳动力成本来说，生物肥具有更大的应用前景。此外由于生物肥减少了化肥的投入使用，对生态环境的保护具有积极的意义，这更能受到农业生产的重视。

# 第四节　长期施肥对土壤的影响

土壤微生物是土壤生态系统的重要组成部分，参与土壤中几乎一切生物化学反应，对维持土壤生态平衡起着重要作用。微生物群落对环境条件的变化反应敏捷，因而常被作为生态风险评估的敏感性生物指标之一。土壤微生物生物量既是土壤有机质和土壤养分转化与循环的动力，又可作为土壤中植物有效养分的储备库，其对土壤环境因子的变化极为敏感，土壤的微小变动均会引起其活性变化。土壤微生物量主要组成是微生物量碳（microbial biomass carbon，MBC）和微生物量氮（microbial biomass nitrogen，MBN）。溶解性有机碳（dissolved organic carbon，DOC）和溶解性有机氮（dissolved organic nitrogen，DON）是土壤溶解性有机质的 2 个重要组成部分。MBC、MBN、DOC 和 DON 是对土壤质量变化影响最明显和最迅速的土壤活性组成部分。同时，土壤酶是土壤物质循环和能量流动的重要参与者，是土壤有机体的代谢动力，在土壤生态系统中起着重要的作用。因此，土壤微生物群落、活性碳氮含量以及土壤酶活性常被用来评价土壤的生物学性状。

施肥是影响土壤质量演化及其可持续利用最为深刻的农业措施之一，它通过改变土壤微生物活性、数量和群落结构，从而改变土壤 C、N 养分转化速率和途径，影响土壤供氮能力和碳储备能力，进而影响土壤质量。有关施肥对土壤物理、化学性质及其环境的影响，已有过大量研究，但涉及土壤生物学特性的研究较少。近 20 年来，土壤生物学特性在土壤肥力研究中的地位显著加强。前人研究认为施用有机肥料可以显著提高土壤微生物量碳、氮的含量以及土壤酶活性，并且随着用量的增大，效果也随之增强。同时有研究表明，施用化学肥料也能提高土壤微生物量碳的含量。然而，迄今在该领域的研究大多集中在单一施用化肥或有机肥对少数土壤微生物学指标的影响，基于长期测土配方施肥下土壤微生物群落、微生物量以及土壤酶活性等多种土壤生物学指标的变化，尚缺少相关研究，尤其是水田和旱地两种不同土壤类型上更是鲜见报道。本研究以浙江省东阳玉米研究所长期定位监测基地的测土配方试验为对象，研究了长期施肥对水田和旱地土壤微生物群落结构、活性碳、氮含量及酶活性的影响，以期为合理施肥、保护和合理利用现有耕地资源提供重要依据。

## 第二章　土壤肥料与高效栽培

### 一、材料与方法

#### 1. 供试土壤与试验设计

定位试验于 2009 年开始在浙江省东阳玉米研究所基地内进行，土壤为黄红壤，肥力中等。试验田 0～20cm 土层有机质 22.5g/kg、全氮 1.43g/kg、全磷 1.31g/kg、全钾 15.8g/kg、速效氮 96.7g/kg、速效磷 9.87g/kg、速效钾 83.92g/kg、pH 值 5.64。试验共设 6 个处理，分别是：① PCK，水田无肥区，不施用任何肥料；② PCF，水田常规施肥区，按本地主要施肥量及化学肥料品种施肥，即施氮肥 210kg/hm$^2$、五氧化二磷 60kg/hm$^2$ 和氧化钾 70kg/hm$^2$；③ PSTF，水田测土配方施肥纯化肥区，根据土壤养分情况和作物确定最佳施肥量：氮肥 225kg/hm$^2$、五氧化二磷 85kg/hm$^2$ 和氧化钾 120kg/hm$^2$；④ PSTF+OF，水田测土配方施肥化肥 + 有机肥区，氮肥 225kg/hm$^2$、五氧化二磷 85kg/hm$^2$、氧化钾 120kg/hm$^2$ 和商品精制有机肥（有机质含量 45%，N+P$_2$O$_5$+K$_2$O 含量 5%）22 500kg/hm$^2$；⑤ DCF，旱地常规施肥区，施氮肥 275kg/hm$^2$、五氧化二磷 60kg/hm$^2$ 和氧化钾 175kg/hm$^2$；⑥ DSTF+OF，旱地测土配方施肥化肥 + 有机肥区，施氮肥 N 240kg/hm$^2$、五氧化二磷 572kg/hm$^2$、氧化钾 140kg/hm$^2$ 和商品精致有机肥（有机质含量 45%，N+P$_2$O$_5$+K$_2$O 含量 5%）22 500 kg/hm$^2$。各处理除施肥不同外，其他土壤与作物管理措施均保持一致。

各处理小区面积为 33.3m$^2$，水田小区间用水泥板隔开，防止肥、水互相渗透。水泥板高 60cm，厚 5cm，埋深 30cm，露出田面 30cm。每小区各有一进水口和一出水口，进水口位置高于出水口，安装阀门。旱地小区以排水沟和水泥板相隔，水泥板厚度 5cm，埋深 40cm，高出畦面 20cm。水田种植一年一季晚稻，旱地常年种植春夏两季玉米。

#### 2. 土壤样品采集

土壤样品采集于 2015 年 3 月底。每小区按 S 形取样法 5 点取样，取 0～20cm 层土壤，均匀混合。土样带回室内拣去石砾和植物残体等，过 2mm 土壤筛，分成 3 份：第一份风干后，用于测定土壤理化性状和土壤酶活性；第二份立即保存于 4℃冰箱中，用于土壤微生物量碳、氮的测定；第三份土样保存于 -70℃冰箱，用于土壤磷脂脂肪酸（PLFA）的测定。

#### 3. 样品分析方法

土壤化学性质测定方法：土壤有机质采用重铬酸钾氧化法；土壤全氮测定采取半微量开氏法；全碳用重铬酸钾容量法；土壤有效磷测定采取紫外分光光度法；土

壤速效钾测定采用火焰分光光度法；土壤 pH 采用 $1:2.5$ 土水比，用 pH 计测定。

土壤可培养细菌、真菌和放线菌种群数量的测定分别采用牛肉膏蛋白胨、孟加拉红和改良高氏一号培养基平板稀释法，平板计数；PLFA 的提取与纯化参考 Zaady 和吴愉萍等人的方法进行，不同磷脂脂肪酸的种类和含量表示不同微生物的种类和生物量，以 12:0，14:0，15:0，16:0，17:0，18:0，20:0，i15:0，i17:0，a15:0，a17:0，cy17:0，cy19:0 表示细菌生物量，以 18:2ω6，18:3ω6，18:1ω9 表示真菌生物量，以 16:0 10Me，17:0 10Me，18:0 10Me 表示放线菌生物量；土壤 MBC、MBN 采用氯仿熏蒸浸提方法测定，熏蒸土样与未熏蒸土样的有机碳氮差值分别除以转换系数（KC 0.38、KN 0.54）；使用流动注射分析仪测定铵态氮和硝态氮含量；DOC、DON 含量采用 KCL 溶液浸提，然后使用 Multi N/C 3100 测定 DOC、溶解性总氮（TDN）含量，$DON = TDN - (NH_4^+ - N + NO_3^- - N)$；土壤纤维素酶、脲酶、脱氢酶和过氧化氢酶分别采用 3,5-二硝基水杨酸法、靛酚蓝比色法、TTC 还原法和高锰酸钾滴定法测定。

4. 统计分析

数据经 Excel 2007 整理后，利用 SPSS 21.0 统计分析数据，用 ANOVA 进行方差分析、LSD 法差异显著性检验（$P<0.05$）。

## 二、结果与分析

### 1. 不同施肥处理下土壤化学性状

从表 2-9 可以看出，与长期不施肥（PCK）相比，水田施肥可显著提高土壤有效磷和速效钾的含量，同时能显著降低土壤 pH 值，在试验期间对有机质、全碳和全氮含量的影响较小。水田中，测土配方施肥（PSTF）与常规施肥（PCF）之间，土壤化学性状无显著差异，而测土配方施肥＋有机肥（PSTF+OF）处理，土壤全碳和有效磷含量显著增加。与水田相比，在同母质的旱地上，施肥处理提高土壤养分的效应更明显，测土配方施肥＋有机肥处理（DSTF+OF），土壤有机质、全碳、全氮、有效磷和速效钾含量比水田相同处理（PSTF+OF）分别增加 31.18%、16.32%、83.64%、9.76% 和 2.23%，pH 值下降 15.15%。

**表 2-9　长期不同施肥处理对土壤化学性状的影响**

| 处理 | 有机质 /（g/kg） | 全碳 /（g/kg） | 全氮 /（g/kg） | 有效磷 /（mg/kg） | 速效钾 /（mg/kg） | pH 值 |
|---|---|---|---|---|---|---|
| PCK | 1.24± 0.11 a | 2.37± 0.14 a | 0.47± 0.02 a | 2.84± 0.11 a | 19.38± 1.12 a | 5.56± 0.64 a |

续表

| 处理 | 有机质 /（g/kg） | 全碳 /（g/kg） | 全氮 /（g/kg） | 有效磷 /（mg/kg） | 速效钾 /（mg/kg） | pH 值 |
|---|---|---|---|---|---|---|
| PCF | 1.33± 0.10 a | 2.39± 0.24 a | 0.48± 0.06 a | 3.90± 0.12 b | 24.81± 1.62 b | 5.20± 0.52 b |
| PSTF | 1.63± 0.15 ab | 2.73± 0.16ab | 0.57± 0.05 ab | 4.51± 0.17 b | 29.24± 1.95 b | 5.20± 0.71 b |
| PSTF+OF | 1.70± 0.18 ab | 2.88± 0.26 b | 0.55±0.01 ab | 5.53± 0.25 c | 28.67± 2.14 b | 5.28± 0.38 b |
| DCF | 1.98± 0.20 b | 3.61± 0.13 c | 0.96± 0.05 b | 5.86± 0.21 c | 27.64± 1.63 b | 4.29± 0.42 c |
| DSTF+OF | 2.23± 0.15 c | 3.35± 0.19 c | 1.01± 0.04 b | 6.07± 0.34 c | 29.31± 1.84 b | 4.48± 0.48 c |

注：PCK，水田不施肥区；PCF，水田常规施肥区；PSTF，水田测土配方施肥；PSTF+OF，水田测土配方施肥＋有机肥；DCF，旱地常规施肥；DSTF+OF，旱地测土配方施肥＋有机肥；每列中不同字母表示达到 5% 概率水平的差异显著。

## 2. 不同施肥处理对土壤可培养微生物的影响

由图 2-4 可知，不同施肥处理下，水田与旱地两种土壤类型的可培养微生物含量差异不大，但旱地测土配方施肥＋有机肥处理（DSTF+OF）的真菌含量显著高于其他处理。

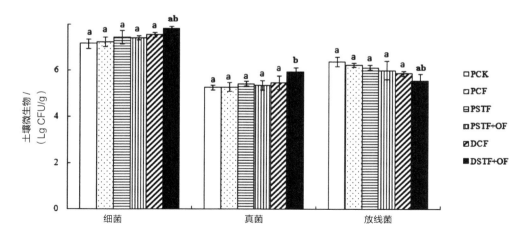

图 2-4　长期不同施肥对土壤可培养微生物含量的影响

注：不同字母表示达到 5% 概率水平的差异显著。

### 3. 不同施肥处理对土壤微生物量的影响

由图2-5可知，不同施肥处理对土壤微生物的细菌和真菌群落结构有显著的影响。水田中，测土配方施肥＋有机肥处理（PSTF+OF）显著提高细菌的磷脂脂肪酸含量，但对真菌无显著影响。旱地中，测土配方施肥＋有机肥处理（DSTF+OF）对细菌和真菌的磷脂脂肪酸含量均有显著增加。不同施肥处理对水田与旱地的土壤放线菌含量均无显著差异。

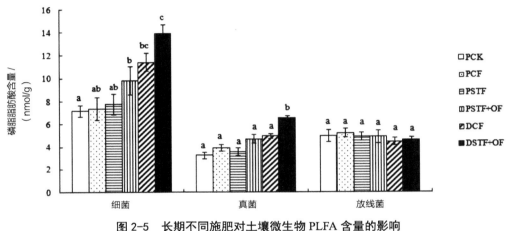

图2-5　长期不同施肥对土壤微生物PLFA含量的影响

注：不同字母表示达到5%概率水平的差异显著。

### 4. 不同施肥处理对土壤活性碳氮的影响

从表2-10可以看出，水田中，常规施肥处理（PCF）与不施肥处理（PCK）的土壤活性碳氮、铵态氮和硝态氮含量差异不显著，但测土配方施肥（PSTF）显著提高土壤微生物量碳的含量，测土配方施肥＋有机肥处理（PSTF+OF）能同时增加微生物碳、氮的含量。旱地中，测土配方施肥＋有机肥处理（DSTF+OF）显著提高微生物量碳、微生物量氮、可溶性有机氮和硝态氮的含量，但可溶性有机碳和铵态氮含量各处理间均无显著差异。

表2-10　长期不同施肥对土壤活性碳氮含量的影响　　　　单位：mg/kg

| 处理 | 微生物量碳 MBC | 微生物量氮 MBN | 可溶性有机碳 DOC | 可溶性有机氮 DON | 铵态氮 $NH_4^+-N$ | 硝态氮 $NO_3^--N$ |
|---|---|---|---|---|---|---|
| PCK | 308.39±25.64 a | 59.86±7.28 a | 153.93±11.36 ab | 39.93±3.21 a | 1.52±0.23 a | 1.14±0.09 a |
| PCF | 291.33±41.65 a | 63.03±5.34 a | 146.24±12.57 ab | 23.62±2.56 a | 1.71±0.36 a | 0.94±0.05 a |

续表

| 处理 | 微生物量碳MBC | 微生物量氮MBN | 可溶性有机碳DOC | 可溶性有机氮DON | 铵态氮$NH_4^+$-N | 硝态氮$NO_3^-$-N |
|---|---|---|---|---|---|---|
| PSTF | 628.43±38.66 b | 64.62±6.97 a | 130.99±19.93 a | 30.05±6.41 a | 2.02±0.44 ab | 1.17±0.61 a |
| PSTF+OF | 898.36±61.29 c | 112.79±8.22 b | 144.24±14.62 ab | 35.68±4.86 a | 1.73±0.67 a | 1.15±0.34 a |
| DCF | 580.92±53.84 b | 79.83±6.52 a | 121.37±17.45 a | 76.74±7.99 b | 1.90±0.28 a | 8.16±1.04 b |
| DSTF+OF | 807.56±62.31 c | 115.80±9.54 b | 115.46±16.78 a | 83.53±6.75 b | 2.17±0.17 ab | 10.19±0.78 c |

注：同列中不同字母表示达到5%概率水平的差异显著。

**5. 不同施肥处理对土壤酶活性的影响**

由表2-11可知，各处理对纤维素酶活性均无显著影响；旱地中施肥处理显著提高脲酶活性，但水田中各处理间脲酶活性无显著差异。与不施肥处理（PCK）相比，水田中常规施肥处理（PCF）脱氢酶活性无显著变化，水田和旱地中测土配方施肥加有机肥处理脱氢酶活性均显著提高；有机肥的施用对过氧化氢酶的活性有显著影响；另外，测土配方加有机肥处理显著提高过氧化氢酶活性。

表2-11　长期不同施肥对土壤酶活性的影响

| 处理 | 纤维素酶/[mg/（g·d）] | 脲酶/[μg/（g·d）] | 脱氢酶/[mg/（g·h）] | 过氧化氢酶/[μmol/（g·d）] |
|---|---|---|---|---|
| PCK | 19.53±2.61 a | 1.64±0.45 a | 27.01±1.62 a | 2.70±0.88 a |
| PCF | 20.92±1.78 a | 1.88±0.51 a | 27.17±2.77 a | 2.76±0.94 a |
| PSTF | 15.02±3.22 a | 1.42±0.58 a | 44.18±8.92 b | 3.10±0.67 a |
| PSTF+OF | 26.76±3.28 a | 1.58±0.36 a | 45.01±5.48 b | 4.55±0.38 b |
| DCF | 23.25±2.63 a | 4.79±0.44 b | 45.84±8.55 b | 3.87±0.29 b |
| DSTF+OF | 19.27±2.66 a | 8.32±0.68 c | 44.84±6.73 b | 4.53±0.64 b |

注：同列中不同字母表示达到5%概率水平的差异显著。

**6. 各因素间的相关性分析**

相关分析显示，微生物群落间，细菌和真菌含量存在极显著正相关，而放线菌与细菌含量存在显著负相关；土壤活性碳、氮因素间，微生物量氮与可溶性有机碳、可溶性有机氮和硝态氮存在显著相关性；而各土壤酶活性间无显著相关。另外，放线菌与其他各因素均呈一定的负相关，可溶性有机氮和硝态氮与微生物群落结构存在显著相关性，而微生物量碳只与土壤脱氢酶和过氧化氢酶存在显著正相关。

土壤微生物易受土壤营养状况、pH 值、质地、温度、水分和通气性等条件的影响。因此，土壤的利用方式和管理措施会使土壤微生物发生变化。由于土壤生态系统的复杂性，施肥形式究竟如何影响土壤微生物的变化尚缺乏共识。本研究中，不同施肥条件下，水田与旱地两种土壤类型的可培养微生物含量差异不大，仅旱地测土配方施肥加有机肥处理（DSTF+OF）的真菌含量显著高于其他处理，可能与培养方法有关。前人研究表明，运用传统的选择性培养基方法鉴定的微生物仅占环境总微生物的 0.1% ～ 10%，这不能完全反映土壤中微生物真实的分布情况。Bardgett 等认为，土壤中磷脂脂肪酸的组成可以表示土壤微生物群落的生物量和结构，一些研究发现直接从土壤中提取的磷脂脂肪酸含量可以准确地反映出土壤微生物的生物量。本研究测定了不同施肥处理下的土壤微生物 PLFA 含量，结果显示，不同施肥处理以及水田与旱地之间，细菌含量的差异显著。陈晓娟等研究发现，细菌和真菌 PLFA 水稻田高于旱地，而本研究结果与之恰好相反，放线菌 PLFA 两者无显著差异。以上结果的不一致可能与取样时间有关，本试验在初春取样，经过较长时间的冬期后，两类土壤的温度、水分和通气性均趋于相近。Schloter 等研究显示，精准施肥与传统施肥相比，对表层土壤的细菌和真菌群落结构并无明显影响，本研究也得到类似的结果，即水田测土配方施肥和常规施肥处理间细菌、真菌、放线菌含量均无显著差异。

土壤微生物量碳能反映土壤有效养分状况和生物活性，而微生物量氮是土壤氮素的一个重要储备库，了解土壤微生物量氮的消长有助于揭示进入土壤肥料氮素的生物固定和释放的本质。对于农田土壤，不同施肥管理对土壤微生物生物量有明显的影响，与不施肥处理土壤相比，施肥可显著提高土壤的微生物量碳、氮的含量，其中化肥与有机肥长期配施的效果最为明显。本研究结果也证明，测土配方加有机肥处理能同时增加微生物量碳和微生物量氮的含量。

土壤酶主要来自土壤微生物代谢过程，此外也源于土壤动物和植物的分解。土壤中一切生化反应都是在土壤酶的参与下完成的，土壤酶活性的高低能反应土壤生物活性和土壤生化反应强度。纤维素酶是可以表征土壤碳素循环速度的重要指标，本研究发现各种施肥处理对纤维素酶活性无显著影响，这意味着不同施肥处理对土壤碳素循环速度的影响不显著。脲酶能分解有机物，促其水解成氨和二氧化碳。本研究结果显示，旱地中施肥处理使高脲酶活性显著提高，而在水田中各处理的影响均不显著。脱氢酶常被认为是土壤微生物活性的一个有效指标，其活性可以表征土壤腐殖质化强度的大小和有机质积累的程度。本研究结果显示，测土配方施肥加有机肥能显著提高脱氢酶和过氧化氢酶活性。由此可见，长期施肥对土壤酶活性有很大的影响，其主要原因可能是长期施肥改变了土壤微生物量、区系组成以及代谢过程，从而影响土壤酶的数量和活性。

## 第五节　甜玉米种质活力研究

甜玉米是一种新兴食品，具有甜、香、脆、嫩的特点，有"水果玉米""蔬菜玉米"之称。甜玉米营养丰富，在美国、日本、泰国及中国台湾有较大的种植面积。甜玉米有普甜、加强甜、超甜之分。普甜玉米是由 $su$ 胚乳突变基因控制，加强甜是 $suse$ 双隐性胚乳突变基因控制，超甜玉米主要由 $sh2$ 胚乳突变基因控制，其主要特点是籽粒中蔗糖含量极高，是普甜玉米的 2 倍，适宜采收期延长 5 ～ 10d。但超甜玉米种子活力差，田间出苗率一般仅达到 50% 左右，幼苗活力差，这成为限制甜玉米发展的主要障碍之一。国内外围绕如何改善甜玉米的种子活力，提高田间出苗率，尤其在不利条件下（如低温、多雨等）的出苗率进行了大量研究，种子活力水平的高低主要是由遗传因素和外界环境因素两方面决定。

### 一、影响种子活力的因素

#### 1. 遗传方面

种子活力的高低主要决定于遗传物质。一般认为，甜玉米种子活力较低的主要原因在于胚乳突变基因抑制了籽粒中淀粉的合成，使胚乳变小皱缩，粒重减轻。由于基因突变型的胚乳贮藏物质积累不充足，在籽粒萌发初期即大量消耗，导致种子活力降低。甜玉米种子发芽率与种子重量、大小呈极显著正相关。樊龙江、颜启传等研究表明，超甜玉米（sh2 型）的胚乳与胚干重之比为 3.6:1，而普通玉米为 5.8:1，超甜玉米的平均百粒重仅相当于普通玉米的 50% 左右。相对普通玉米种子，甜玉米种子皱缩、粒重轻、胚乳积累淀粉不足而糖分含量高，不仅直接致使种子出苗所需能量来源受到限制，又间接地引起种子一系列生理性状改变，包括种子吸胀速度快、呼吸强、种子膜修复能力下降、种子渗漏严重等。这些性状的改变是导致甜玉米种子活力低的主要诱因。Styer 研究认为甜玉米种子不仅是胚乳小，胚也较小，并且与碳水化合物代谢相关的盾片功能紊乱。Wilson 研究表明，与 su 甜玉米相比，sh2 甜玉米种子更小，种皮更薄，种子由于电解质和碳水化合物渗漏的增加更易受损伤。He 等研究两种甜玉米种子（sh2 和 su）发芽过程中的呼吸作用和碳水化合物的代谢，发现 sh2 甜玉米种子发芽过程中的胚呼吸强，胚乳储藏物质不足以持续供给胚的生长。Douglass 对 3 种胚乳突变基

因 *su*, *sh2*, *se* 甜玉米种子的碳水化合物构成和出苗研究认为，种子淀粉含量与种子出苗呈正相关，而糖分含量与之呈负相关，也表明了甜玉米种子淀粉不足对种子活力的负面影响。

2. 环境方面

种子活力不仅受内部多因子的综合作用，同时也受外界环境因子的影响。种子发育成熟期间的各种环境对甜玉米种子活力也有一定影响。一般种子活力经历先上升，后下降，再上升（经种子处理后）的变化趋势。伴随着种子发育，种子活力逐渐提高，在生理成熟期达到最大活力。

（1）收获期。种子收获过早，胚还没有完全成熟，籽粒干物质含量低，种子发芽率低；收获过晚，一方面种子发芽率下降，另一方面，此时正值高温、多雨，植株易倒，种子易发霉或在田间提前发芽，大大降低种子的质量和发芽率，也会影响下一季的播种。因此，在最适收获期间收获，种子发芽率高，出全苗，出壮苗。沈雪芳、王义发指出，种子生产时未能在籽粒蜡熟期及时收获，而是拖延至全田果穗完全黄熟时才收获，若遇雨天或气温高，空气湿度转大时，甜玉米种子易在穗上产生霉变，进一步损坏种子活力。以上大量研究表明，种子成熟度与种子活力相关，一般种子活力水平随着种子的发育而上升，至生理成熟达最高峰。因此，过早采收会使得种子活力降低，但如果种子成熟后，未及时采收，暴露于田间条件下时间过长，往往会造成植株种子自然老化而降低活力。

（2）病原菌微生物侵染。甜玉米种子可以携带多种病原真菌、细菌和病毒。甜玉米种子含糖量的提高会增加种子受病原微生物侵染的概率，籽粒中高含量的糖分为微生物提供了生长基质，并延缓了种子田间干燥时间，因此，甜玉米比普通玉米更易受到病原微生物侵染。

（3）栽培措施和播种。栽培措施（主要包括肥料、水分、种植密度等）和播种时的环境因素都会影响到种子活力的形成。比如，在土壤贫瘠及种植密度过大的情况下，由于养分缺乏，影响到种子饱满度和产量，氮肥可以提高粉质种子蛋白质含量，磷肥、钾肥对油质种子油分形成有良好作用。播种时的环境因素对种子活力也有影响，甜玉米在早春（低温、多雨）的条件下播种，种子出苗率更低，樊龙江等的研究表明，甜玉米在早春低温多雨条件下的出苗率约为温度适宜条件下的一半。种子成熟后，还要经历采收、脱粒、运输、贮藏等环节，在此过程种子发生劣变，最终影响种子活力。

## 二、提高种子活力的方法

甜玉米种子活力低下一直是限制甜玉米发展的主要问题，因此，如何有效地增加甜玉米种子活力，提高田间出苗率，已经成为甜玉米大面积推广的研究焦点。针对以上问题，主要可以从育种、栽培及种子预处理等方面考虑。

### 1. 重视育种的基础材料，加强育种工作

甜玉米种质资源少，应尽快将国内外甜玉米新品种、新材料大量引进，丰富种质资源。杂种 $F_1$ 的活力较其双亲高，在基础材料的低代选择中，注意种子的苗势，选择苗期壮的自交系。遗传因子在很大程度上决定了种子活力，不同类型的甜玉米种子发芽特性受其基因控制，因此在选育含糖量较高的甜玉米的同时，应注意选择一些高活力的品种，由于种子在生理成熟时活力最高，但含水量也很高，若在生理成熟与收获成熟之间选择透水性较差的品种，则种子受损伤程度会有所减少，从而适当提高种子活力。我国甜玉米的育种方法主要有回交转育法、轮回选择法和混合选法等。甜玉米育种的重要内容之一是通过育种手段协调高糖、高 WSP 含量、果皮嫩度、最佳品质保持时间和采收期之间的矛盾，同时产量和抗性也应得到足够的重视。将常规育种和分子标记辅助选择相结合，是提高甜玉米育种效率的一项可行的方法。甜玉米育种过程中，以甜玉米基因内或旁侧的 SSR 标记为目标性状的选择标记，通过选择 DNA 标记性状来选择基因，对分离群体（回交后代，$F_2$ 等）目标基因的选择十分便利，可以连续回交，以加速育种进程。植物种子，特别是胚部，为新遗传物质（DNA）导入的较佳对象，如果能将一个高活力基因成功导入胚的分生组织区，这个基因就能从母体细胞进入所有其他细胞，从而引起种子细胞的分裂，提高种子活力，增强其抗逆性，因此，分子技术与常规方法相结合的育种方法是提高甜玉米种子活力的一项根本育种措施。

### 2. 加强栽培措施，适时收获

凡是影响母株生长的外界条件对种子活力及其后代均有深远的影响，因此，为了生产优质的种子，首先，必须选择环境适宜的地区建立专门的种子生产基地；其次，在种子生长期间要注意中耕，田间除草等，同时注意适时收获。王振华、刘丽以 3 个早熟 su 型甜玉米自交系为材料，分析了乳熟后甜玉米种子百粒重、发芽率和活力的变化。结果表明，从抽丝后 30d 起发芽率已较高，百粒重和活力指数随成熟度增加逐渐增大，50d 百粒重最大，达到种子形态成熟；45d 活力指数最大，达到种子生理成熟，最佳采种期应以抽丝后 50d 为宜。

### 3. 种子预处理

种子预处理是提高种子活力和田间出苗率的简便有效的方法，包括种子引发和包衣技术等，对提高甜玉米早春条件下的田间出苗率有重要作用，已成为甜玉米生产中的重要措施。其中，种子引发是提高甜玉米种子活力的有效途径之一，种子引发也称为渗透调节，是指控制种子缓慢吸水使其停留在吸胀的第二阶段，让种子进行预发芽的生理生化代谢和修复作用。种子引发还能促进细胞膜、细胞壁、DNA的修复和酶的活化，此阶段处于准备发芽的代谢状态，但要防止胚根的伸出。通过种子引发，可以提高种子的田间出苗率，提高成苗速率和整齐度，促进幼苗生长，增强抗逆性。种子包衣是指在作物种子上包裹一层能迅速固化的膜，在膜内可加入农药、微肥、有益微生物或植物生长调节剂。该膜与其中含有的其他成分叫作种衣剂，种衣剂是针对作物、土壤以及农业生产中的问题（如作物病虫草害、土传病菌和害虫等）制备的，可以有效降低苗期发病率和死苗率，提高防病保苗效果。

### 三、展望

随着城乡人民生活、消费水平的提高和种植业结构的调整，近几年我国甜玉米的种植面积大幅上升，然而由于甜玉米种子活力低下，在一定程度上限制了其发展。甜玉米种子活力低下，主要是由于某些胚乳突变基因抑制了籽粒淀粉的合成，增加了糖分含量，使胚乳变小皱缩、粒重减轻，以及一些环境因素的影响，使其种子活力低下。种子预处理是提高种子活力和田间出苗率的简便有效的方法，它已成为甜玉米生产中的一项重要措施。然而，这一方法所起的作用毕竟有限，不能从根本上解决甜玉米种子活力低下和田间出苗率低的问题，利用现代作物遗传育种技术，培育具有高活力种子的甜玉米新品种是解决这一问题的根本方法。

## 第六节　籽粒灌浆特性

糯玉米起源于中国，是玉米属的一个亚种。此类玉米除了被人类鲜食外，亦可作为牲畜饲料、现代工业制酒和支链淀粉加工。多项研究显示，灌浆速率与玉米籽粒增重呈正相关，籽粒增重对籽粒产量的形成密切相关，但是籽粒增重对鲜穗产量的影响鲜有报道。由于糯玉米籽粒含有大量的支链淀粉，在果穗鲜食及支链淀粉加工上有别于普通玉米，因此，研究糯玉米的灌浆特性及灌浆因子对鲜果穗产量的影响具有重要意义。

江浙地区糯玉米生产主要以春玉米和秋玉米为主，而春季播种最佳时间主要集中在 3 月底至 4 月初，秋季则主要集中在 7 月底至 8 月初。春季过早播种由于气温过低不利于玉米出苗及幼苗生长，过晚播种则后期容易遇上高温高湿天气不利于籽粒灌浆。秋季过早播种则可能导致高温干旱不利于幼苗生长，过晚则容易在玉米籽粒灌浆期遇上低温冻害。因此，本试验根据生产的实际情况，在春秋两季分别设置 3 个不同播种时期，并以在江浙地区推广面积较大的几个糯玉米品种为研究对象，明确不同品种在不同播期下籽粒灌浆特性以及籽粒灌浆对鲜果穗产量的影响，为糯玉米高产高效栽培提供理论依据。

试验在浙江省东阳玉米研究所城东试验基地同一田块内进行。试验选用"沪玉糯 3 号""苏玉糯 2 号""美玉 8 号""浙凤糯 3 号""京科糯 2000"5 个不同基因型品种，于 2014 年 7—11 月（秋玉米期）和 2015 年 3—7 月（春玉米期）分两季进行，每季分设 3 个不同播期：2014 年 7 月 26 日、8 月 1 日、8 月 6 日；2015 年 3 月 16 日、3 月 31 日、4 月 15 日。每品种每期种植 10 行，株距 0.25m，行距 0.75m，小区面积 60m$^2$，试验田四周设置保护行。小区中间 4 行实收计产，其他各行作为采样区。在玉米吐丝前，在采样区选取基本一致的植株进行挂牌标记，并将雌穗套羊皮纸袋隔离花粉，等标记雌穗吐丝后全部将袋摘除，记摘袋当天授粉日记为花期。自花后 5d 起，每隔 5d 在每品种采样区随机 3 点取样，每点取标记植株 3 个果穗，总计 9 穗，从每个果穗中部挑取 100 粒籽粒于 65℃烘箱中烘干至恒重后称重，花后 25d 采样结束。以播种至鲜穗最佳采收期为生育期，在最佳采收期收取小区中间四行有效果穗计算去苞叶产量，并折算成每公顷产量。采用 Logistic 方程 W = A/（1+Be-Ct）模拟籽粒灌浆方程，W 为花后百粒籽粒干重，t 为花后天数；A、B、C 为常数项，对 Logistic 方程求一阶导数和二阶导数，进而推导出各灌浆参数。采用 Microsoft Excel 2007 软件计算数据和绘制图表，采用 DPS 软件拟合灌浆方程并进行相关统计分析。

## 一、不同糯玉米品种不同播期下生育期及鲜穗产量表现

由表 2-12 可知，不同品种花期表现略有不同，品种"沪玉糯 3 号"花期最早，其次为"苏玉糯 2 号""美玉 8 号""浙凤糯 3 号"及"京科糯 2000"；不同播种阶段生育期表现不同，春季随着播期推迟，生育期逐渐缩短；秋季随着播期推迟，生育期逐渐延长；不同播种阶段采收期表现不同，2014 年秋播情况下，播期间隔 5d，采收期间隔 7 ~ 11d；而 2015 年春播情况下，播种期间隔 15d，采收期间隔 4 ~ 9d，说明分期播种秋季比春季更容易拉开采收期；不同品种的鲜穗产量结果显示，春季随着播期推迟鲜穗产量呈下降趋势，而秋季随播期推迟产量呈增加趋势。

表 2-12　不同品种在不同播期下的生育期和鲜穗产量

| 品种 | 处理 /<br>（年 - 月 - 日） | 花期/（月 - 日） | 采收期 /<br>（月 - 日） | 生育期 /d | 鲜穗产量 /<br>（kg/hm²） |
|---|---|---|---|---|---|
| "沪玉糯3号" | 2014-07-26 | 09-15 | 10-06 | 72 | 8 997.1 |
| | 2014-07-31 | 09-20 | 10-15 | 76 | 8 126.2 |
| | 2014-08-05 | 09-26 | 10-23 | 79 | 9 825.8 |
| | 2015-03-16 | 05-31 | 06-20 | 96 | 12 120.2 |
| | 2015-03-31 | 06-04 | 06-24 | 85 | 10 994.0 |
| | 2015-04-15 | 06-15 | 07-02 | 78 | 11 125.8 |
| "苏玉糯2号" | 2014-07-26 | 09-16 | 10-09 | 75 | 8 993.3 |
| | 2014-07-31 | 09-21 | 10-17 | 78 | 9 363.5 |
| | 2014-08-05 | 09-27 | 10-24 | 80 | 9 607.3 |
| | 2015-03-16 | 06-01 | 06-20 | 96 | 12 501.7 |
| | 2015-03-31 | 06-09 | 06-28 | 89 | 12 216.7 |
| | 2015-04-15 | 06-15 | 07-03 | 79 | 10 465.8 |
| "美玉8号" | 2014-07-26 | 09-18 | 10-11 | 77 | 9 943.3 |
| | 2014-07-31 | 09-24 | 10-21 | 82 | 10 312.2 |
| | 2014-08-05 | 10-01 | 10-29 | 85 | 11 211.1 |
| | 2015-03-16 | 06-01 | 06-22 | 98 | 12 237.6 |
| | 2015-03-31 | 06-11 | 07-01 | 92 | 11 838.8 |
| | 2015-04-15 | 06-19 | 07-10 | 86 | 10 636.3 |
| "浙凤糯3号" | 2014-07-26 | 09-17 | 10-12 | 78 | 7 320.3 |
| | 2014-07-31 | 09-23 | 10-23 | 84 | 7 504.6 |
| | 2014-08-05 | 10-02 | 11-02 | 89 | 7 964.8 |
| | 2015-03-16 | 06-02 | 06-23 | 99 | 10 430.4 |
| | 2015-03-31 | 06-11 | 07-02 | 93 | 9 928.2 |
| | 2015-04-15 | 06-19 | 07-11 | 87 | 9 751.3 |
| "京科糯2000" | 2014-07-26 | 09-18 | 10-11 | 77 | 10 494.2 |
| | 2014-07-31 | 09-25 | 10-22 | 83 | 12 527.2 |
| | 2014-08-05 | 10-01 | 11-01 | 88 | 12 531.9 |
| | 2015-03-16 | 06-04 | 06-25 | 101 | 12 542.9 |
| | 2015-03-31 | 06-12 | 07-02 | 93 | 12 787.2 |
| | 2015-04-15 | 06-19 | 07-10 | 86 | 11 345.8 |

## 二、不同糯玉米品种不同播期下籽粒百粒干重变化

如图 2-6 所示，2015 年春播糯玉米籽粒增重比 2014 年秋播大；相同季节不同播期下玉米籽粒增重存在差异，2014 年秋播随着播期推迟，籽粒增重呈下降趋势，2015 年春播随着播期推迟籽粒增重呈上升趋势；不同品种间籽粒增重存在差异，品种"沪玉糯 3 号"前期籽粒增重速度较快，其次为"苏玉糯 2 号""京科糯 2000"籽粒增重较慢的为"浙凤糯 3 号"与"美玉 8 号"。

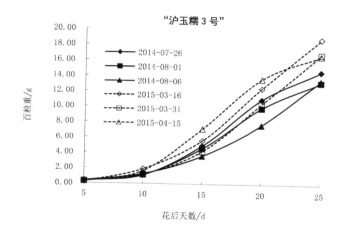

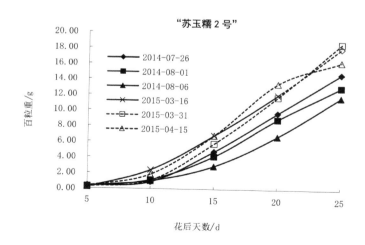

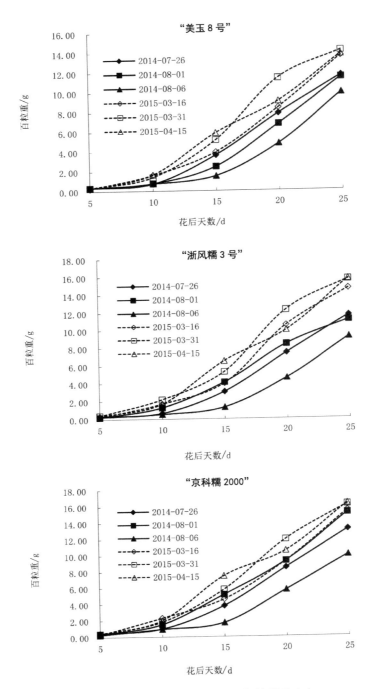

图 2-6 不同播期下各品种玉米籽粒增重动态

采用 logistic 方程对 5 个不同花期品种在不同播期下的籽粒灌浆进行方程模拟（表 2-13），拟合决定系数均在 0.98 以上，方程拟合度较好，说明 logistic 方程能很好地拟合糯玉米的籽粒灌浆进程。

表 2-13　不同品种在不同播期下的籽粒灌浆方程

| 品种 | 处理 | 方程常数项 | | | 决定系数 $R^2$ |
|------|------|------|------|------|------|
| | | A | B | C | |
| "沪玉糯 3 号" | 2014-07-26 | 15.92 | 320.44 | 0.33 | 0.999 7 |
| | 2014-07-31 | 14.59 | 246.51 | 0.31 | 0.999 9 |
| | 2014-08-05 | 21.96 | 134.20 | 0.21 | 0.999 7 |
| | 2015-03-16 | 23.14 | 165.87 | 0.26 | 0.999 5 |
| | 2015-03-31 | 21.30 | 259.12 | 0.28 | 1.000 0 |
| | 2015-04-15 | 17.37 | 293.42 | 0.35 | 0.999 6 |
| "苏玉糯 2 号" | 2014-07-26 | 17.62 | 185.23 | 0.27 | 0.997 2 |
| | 2014-07-31 | 15.39 | 178.86 | 0.28 | 0.999 7 |
| | 2014-08-05 | 18.33 | 160.12 | 0.23 | 1.000 0 |
| | 2015-03-16 | 22.65 | 82.62 | 0.23 | 0.996 0 |
| | 2015-03-31 | 23.05 | 188.76 | 0.27 | 0.996 7 |
| | 2015-04-15 | 17.13 | 268.78 | 0.35 | 1.000 0 |
| "美玉 8 号" | 2014-07-26 | 13.53 | 220.48 | 0.29 | 0.998 5 |
| | 2014-07-31 | 14.92 | 308.96 | 0.28 | 0.999 6 |
| | 2014-08-05 | 17.42 | 402.34 | 0.25 | 0.998 4 |
| | 2015-03-16 | 19.28 | 112.52 | 0.22 | 0.999 3 |
| | 2015-03-31 | 15.75 | 168.31 | 0.29 | 0.999 5 |
| | 2015-04-15 | 16.98 | 67.82 | 0.22 | 0.988 8 |
| "浙凤糯 3 号" | 2014-07-26 | 14.02 | 285.52 | 0.29 | 0.999 4 |
| | 2014-07-31 | 12.25 | 165.14 | 0.29 | 0.999 9 |
| | 2014-08-05 | 13.52 | 609.11 | 0.29 | 0.998 6 |
| | 2015-03-16 | 16.58 | 273.75 | 0.31 | 0.997 1 |
| | 2015-03-31 | 18.79 | 105.09 | 0.25 | 0.999 3 |
| | 2015-04-15 | 20.22 | 69.48 | 0.22 | 0.987 0 |
| "京科糯 2000" | 2014-07-26 | 16.36 | 180.69 | 0.26 | 0.999 4 |
| | 2014-07-31 | 21.41 | 93.56 | 0.22 | 0.996 0 |
| | 2014-08-05 | 13.44 | 380.89 | 0.28 | 0.995 9 |
| | 2015-03-16 | 25.46 | 83.58 | 0.19 | 0.997 5 |
| | 2015-03-31 | 18.19 | 154.38 | 0.28 | 1.000 0 |
| | 2015-04-15 | 20.18 | 57.29 | 0.22 | 0.981 0 |

## 三、不同品种灌浆特征参数比较

不同品种拟合灌浆参数结果显示（表 2-14），在 2014 年秋播情况下，随着播期推迟，最大灌浆速率和平均灌浆速率呈减小的趋势，最大灌浆速率的天数，灌浆速率最大时生长量，有效灌浆持续时间和灌浆活跃期呈增大趋势，而在 2015 年春播情况下，随着播期推迟，最大灌浆速率和平均灌浆速率呈增大趋势，达到最大灌浆速率的天数，灌浆速率最大时生长量，有效灌浆持续时间和灌浆活跃期呈减小趋势。2015 年春播情况下，花期较晚品种"美玉 8 号""浙凤糯 3 号"及"京科糯 2000"在晚播期相比前两次播期的灌浆持续时间更大，最大灌浆速率和平均灌浆速率则更小，究其原因可能是由于此 3 个品种花期较晚导致灌浆期遇上低温阴雨寡照有关。不同年份间灌浆参数存在差异，2014 年秋播最大灌浆速率、达到最大灌浆速率的天数、灌浆速率最大时生长量和平均灌浆速率相对于 2015 年春播更小，灌浆持续时间相对于 2015 年春则更长。相同播期下不同品种间灌浆参数存在差异，花期较早品种"沪玉糯 3 号"和"苏玉糯 2 号"大灌浆速率和平均灌浆速率均大于"美玉 8 号""浙凤糯 3 号"和"京科糯 2000"。

表 2-14　糯玉米不同播期下的灌浆特征参数

| 品种 | 处理 | $R_{max}$/（g/d） | $T_{max}$/d | $W_{max}$/g | $V_{mean}$/（g/d） | $P$/d | $T_3$/d |
|---|---|---|---|---|---|---|---|
| "沪玉糯 3 号" | 2014-07-26 | 5.24 | 17.52 | 7.96 | 0.50 | 18.22 | 31.48 |
| | 2014-07-31 | 4.57 | 17.60 | 7.30 | 0.45 | 19.17 | 32.28 |
| | 2014-08-05 | 4.72 | 22.81 | 10.98 | 0.49 | 27.94 | 44.21 |
| | 2015-03-16 | 6.10 | 19.38 | 11.57 | 0.62 | 22.75 | 36.81 |
| | 2015-03-31 | 5.88 | 20.14 | 10.65 | 0.57 | 21.74 | 36.79 |
| | 2015-04-15 | 6.12 | 16.13 | 8.68 | 0.59 | 17.03 | 29.17 |
| "苏玉糯 2 号" | 2014-07-26 | 4.82 | 19.08 | 8.81 | 0.49 | 21.92 | 35.87 |
| | 2014-07-31 | 4.25 | 18.78 | 7.70 | 0.43 | 21.73 | 35.42 |
| | 2014-08-05 | 4.15 | 22.40 | 9.16 | 0.43 | 26.48 | 42.68 |
| | 2015-03-16 | 5.22 | 19.16 | 11.33 | 0.57 | 26.04 | 39.11 |
| | 2015-03-31 | 6.15 | 19.65 | 11.53 | 0.62 | 22.50 | 36.88 |
| | 2015-04-15 | 5.91 | 16.21 | 8.57 | 0.57 | 17.39 | 29.52 |
| "美玉 8 号" | 2014-07-26 | 3.89 | 18.79 | 6.77 | 0.39 | 20.89 | 34.79 |
| | 2014-07-31 | 4.13 | 20.71 | 7.46 | 0.40 | 21.67 | 37.30 |
| | 2014-08-05 | 4.35 | 24.04 | 8.71 | 0.41 | 24.05 | 42.46 |
| | 2015-03-16 | 4.31 | 21.12 | 9.64 | 0.46 | 26.83 | 41.67 |
| | 2015-03-31 | 4.58 | 17.64 | 7.87 | 0.47 | 20.65 | 33.45 |
| | 2015-04-15 | 3.81 | 18.81 | 8.49 | 0.43 | 26.77 | 39.32 |
| "浙凤糯 3 号" | 2014-07-26 | 4.05 | 19.56 | 7.01 | 0.39 | 20.76 | 35.46 |
| | 2014-07-31 | 3.61 | 17.32 | 6.12 | 0.37 | 20.36 | 32.91 |
| | 2014-08-05 | 3.87 | 22.39 | 6.76 | 0.35 | 20.95 | 38.43 |
| | 2015-03-16 | 5.07 | 18.34 | 8.29 | 0.49 | 19.61 | 33.36 |
| | 2015-03-31 | 4.71 | 18.58 | 9.39 | 0.50 | 23.95 | 36.92 |
| | 2015-04-15 | 4.39 | 19.52 | 10.11 | 0.49 | 27.62 | 40.67 |

| 品种 | 处理 | $R_{\max}/$（g/d） | $T_{\max}/$d | $W_{\max}/$g | $V_{\mathrm{mean}}/$（g/d） | $P/$d | $T_3/$d |
|---|---|---|---|---|---|---|---|
| "京科糯2000" | 2014-07-26 | 4.32 | 19.70 | 8.18 | 0.44 | 22.75 | 37.12 |
| | 2014-07-31 | 4.64 | 20.97 | 10.71 | 0.50 | 27.72 | 42.20 |
| | 2014-08-05 | 3.77 | 21.18 | 6.72 | 0.35 | 21.39 | 37.56 |
| | 2015-03-16 | 4.94 | 22.81 | 12.73 | 0.54 | 30.92 | 46.48 |
| | 2015-03-31 | 5.18 | 17.70 | 9.10 | 0.53 | 21.07 | 33.84 |
| | 2015-04-15 | 4.35 | 18.77 | 10.09 | 0.50 | 27.83 | 40.09 |

注：$R_{\max}$，最大灌浆速率；$T_{\max}$，灌浆速度最大时间；$W_{\max}$，灌浆速率最大时生长量；$V_{\mathrm{mean}}$，平均灌浆速率；$P$，灌浆活跃期；$T_3$，有效灌浆时间。

## 四、不同品种籽粒灌浆阶段特征比较

对籽粒灌浆 logistic 拟合方程求导得到灌浆速率方程。根据灌浆速率方程，进一步将 5 个品种的灌浆全过程划分为 3 个时期，前期、中期和后期。由表 2-15 可知，各品种不同播期下粒重增量主要集中在中期，其灌浆持续时间最短，平均灌浆速率最大，粒重增量最大。前期灌浆持续时间略长于后期。中期平均灌浆速率是前期和后期的 3～4 倍，后期灌浆速率略高于前期。中期粒重增量达到整个灌浆期的 60% 左右，而前期和后期粒重增量分别只占 20% 左右。

表 2-15　糯玉米不同播期下 3 个灌浆时期的特征参数

| 品种 | 处理 | 前期 | | | 中期 | | | 后期 | | |
|---|---|---|---|---|---|---|---|---|---|---|
| | | $T_1/$d | $W_1/$g | $V_1/$（g/d） | $T_2/$d | $W_2/$g | $V_2/$（g/d） | $T_3/$d | $W_3/$g | $V_3/$（g/d） |
| "沪玉糯3号" | 2014-07-26 | 13.52 | 3.31 | 0.25 | 8.00 | 9.19 | 1.15 | 9.96 | 3.21 | 0.32 |
| | 2014-07-31 | 13.39 | 3.02 | 0.23 | 8.42 | 8.42 | 1.00 | 10.47 | 2.94 | 0.28 |
| | 2014-08-05 | 16.68 | 4.48 | 0.27 | 12.26 | 12.68 | 1.03 | 15.26 | 4.42 | 0.29 |
| | 2015-03-16 | 14.39 | 4.75 | 0.33 | 9.99 | 13.36 | 1.34 | 12.43 | 4.66 | 0.37 |
| | 2015-03-31 | 15.37 | 4.42 | 0.29 | 9.54 | 12.30 | 1.29 | 11.88 | 4.29 | 0.36 |
| | 2015-04-15 | 12.39 | 3.61 | 0.29 | 7.48 | 10.03 | 1.34 | 9.31 | 3.50 | 0.38 |
| "苏玉糯2号" | 2014-07-26 | 14.27 | 3.63 | 0.25 | 9.62 | 10.17 | 1.06 | 11.98 | 3.55 | 0.30 |
| | 2014-07-31 | 14.01 | 3.17 | 0.23 | 9.54 | 8.89 | 0.93 | 11.87 | 3.10 | 0.26 |
| | 2014-08-05 | 16.59 | 3.76 | 0.23 | 11.62 | 10.58 | 0.91 | 14.47 | 3.69 | 0.26 |
| | 2015-03-16 | 13.44 | 4.52 | 0.34 | 11.43 | 13.08 | 1.14 | 14.23 | 4.56 | 0.32 |
| | 2015-03-31 | 14.71 | 4.75 | 0.32 | 9.88 | 13.31 | 1.35 | 12.29 | 4.64 | 0.38 |
| | 2015-04-15 | 12.39 | 3.56 | 0.29 | 7.63 | 9.89 | 1.30 | 9.50 | 3.45 | 0.36 |

| 品种 | 处理 | 前期 | | | 中期 | | | 后期 | | |
|---|---|---|---|---|---|---|---|---|---|---|
| | | $T_1$/d | $W_1$/g | $V_1$/(g/d) | $T_2$/d | $W_2$/g | $V_2$/(g/d) | $T_3$/d | $W_3$/g | $V_3$/(g/d) |
| "美玉8号" | 2014-07-26 | 14.20 | 2.80 | 0.20 | 9.17 | 7.81 | 0.85 | 11.41 | 2.72 | 0.24 |
| | 2014-07-31 | 15.95 | 3.11 | 0.19 | 9.51 | 8.62 | 0.91 | 11.84 | 3.00 | 0.25 |
| | 2014-08-05 | 18.76 | 3.64 | 0.19 | 10.56 | 10.06 | 0.95 | 13.14 | 3.51 | 0.27 |
| | 2015-03-16 | 15.23 | 3.90 | 0.26 | 11.78 | 11.13 | 0.95 | 14.66 | 3.88 | 0.26 |
| | 2015-03-31 | 12.99 | 3.12 | 0.24 | 7.53 | 8.64 | 1.15 | 9.37 | 3.01 | 0.32 |
| | 2015-04-15 | 12.94 | 3.34 | 0.26 | 11.75 | 9.80 | 0.83 | 14.63 | 3.42 | 0.23 |
| "浙凤糯3号" | 2014-07-26 | 15.01 | 2.91 | 0.19 | 9.11 | 8.10 | 0.89 | 11.34 | 2.82 | 0.25 |
| | 2014-07-31 | 12.86 | 2.51 | 0.20 | 8.94 | 7.07 | 0.79 | 11.12 | 2.47 | 0.22 |
| | 2014-08-05 | 17.79 | 2.83 | 0.16 | 9.20 | 7.81 | 0.85 | 11.45 | 2.72 | 0.24 |
| | 2015-03-16 | 14.04 | 3.44 | 0.25 | 8.61 | 9.57 | 1.11 | 10.71 | 3.34 | 0.31 |
| | 2015-03-31 | 12.96 | 3.56 | 0.28 | 8.71 | 9.99 | 1.15 | 10.84 | 3.48 | 0.32 |
| | 2015-04-15 | 13.46 | 3.99 | 0.30 | 12.12 | 11.67 | 0.96 | 15.09 | 4.07 | 0.27 |
| "京科糯2000" | 2014-07-26 | 14.71 | 3.37 | 0.23 | 9.99 | 9.45 | 0.95 | 12.43 | 3.29 | 0.27 |
| | 2014-07-31 | 14.88 | 4.30 | 0.29 | 12.17 | 12.36 | 1.02 | 15.14 | 4.31 | 0.28 |
| | 2014-08-05 | 16.49 | 2.81 | 0.17 | 9.39 | 7.76 | 0.83 | 11.68 | 2.71 | 0.23 |
| | 2015-03-16 | 16.02 | 5.08 | 0.32 | 13.57 | 14.70 | 1.08 | 16.89 | 5.13 | 0.30 |
| | 2015-03-31 | 13.07 | 3.73 | 0.29 | 9.25 | 10.50 | 1.14 | 11.51 | 3.66 | 0.32 |
| | 2015-04-15 | 12.67 | 3.92 | 0.31 | 12.22 | 11.65 | 0.95 | 15.20 | 4.06 | 0.27 |

注：$T_1$，前期灌浆持续时间；$V_1$，前期平均灌浆速率；$W_1$，前期粒重增量；$T_2$，中期灌浆持续时间；$V_2$，中期平均灌浆速率；$W_2$，中期粒重增量；$T_3$，后期灌浆持续时间；$V_3$，后期平均灌浆速率；$W_3$，后期粒重增量。

## 五、鲜穗产量与灌浆参数的相关性分析

对去苞鲜穗产量与各灌浆参数进行相关分析（表 2-16），去苞鲜穗产量与最大灌浆速率和灌浆活跃期呈显著正相关，与灌浆速率最大时生长量、平均灌浆速率呈极显著的正相关，与前期粒重增量、前期平均灌浆速率、中期粒重增量、后期粒重增量呈极显著的正相关，与中期平均灌浆速率、后期平均灌浆速率呈显著正相关，与各期灌浆持续时间相关不显著。

表 2-16 产量与各灌浆参数的相关性

| 参数 | $R_{max}$ | $T_{max}$ | $W_{max}$ | $V_{mean}$ | $P$ | $T_3$ | $T_1$ | $W_1$ | $V_1$ | $T_2$ | $W_2$ | $V_2$ | $T_3$ | $W_3$ | $V_3$ |
|---|---|---|---|---|---|---|---|---|---|---|---|---|---|---|---|
| 鲜穗产量 | 0.40* | 0.15 | 0.61** | 0.51** | 0.36* | 0.30 | 0.01 | 0.61** | 0.55** | 0.33 | 0.61** | 0.41* | 0.33 | 0.61** | 0.40* |

注：* 和 ** 分别表示在 0.05 和 0.01 概率水平差异显著。

糯玉米过早采收籽粒灌浆不充分，过晚水分含量偏低，籽粒变硬。籽粒灌浆的速度及饱满程度直接影响糯玉米的采收期及食用品质。由于糯玉米的采收期相对以收获干籽粒为主的普通玉米要短，因此，本试验籽粒增重的测定并未延续到整个灌浆期结束，而是只测定了花后 25d 的籽粒增重，并以花后 25d 的籽粒增重 logistic 曲线来计算整个灌浆期的各相关参数。前人多项研究显示，logistic 曲线能很好地反映玉米籽粒灌浆进程，本试验结果与前人研究相符，因此，用 logistic 曲线来计算和预测整个糯玉米的籽粒灌浆进程是可行的，这对于以收获鲜果穗和籽粒加工兼用的糯玉米来说具有积极的生产指导意义。结果显示，由 logistic 曲线方程一阶导数和二阶导数推导出的各灌浆参数能很好地反映各糯玉米品种在不同播期下的籽粒灌浆特性。如由二阶导数推导划分的 3 个灌浆时期可知中期灌浆时间最短，但灌浆速率最快，为粒重增加最多的时期，约占了总籽粒产量的 60%，对于以鲜穗采收为主的糯玉米来说应着重加强中期的田间管理，而以收获干籽粒为主的糯玉米，其后期籽粒增重仍占据了总籽粒产量的 20% 左右，因此应在后期结束后采收为宜。

尽管糯玉米鲜穗产量包括籽粒和穗轴两部分的产量，但是籽粒才是可食用部分，因此，研究鲜穗产量与籽粒灌浆关系是必要的。本研究通过各灌浆因子的与鲜果穗产量的相关分析发现，果穗产量与最大灌浆速率和灌浆活跃期呈显著正相关，与灌浆速率最大时生长量、平均灌浆速率呈极显著正相关，因此选择具有此类灌浆特性的品种对于鲜食玉米生来说非常重要，如本研究中的"沪玉糯 3 号""苏玉糯 2 号"和"京科糯 2000"均属于此种类型的品种，此类品种一般粒型较大，灌浆速率快，相对能获得更高的籽粒产量和果穗产量。

浙江省鲜食玉米生产直播期一般在春季 3 月底或秋季 7 月底进行，这是由于气象因素和农民传统种植经验的长期相互作用结果。但是本研究认为，春季适当早播与秋季适当迟播有利于产量的增加。对于强调分期采收阶段上市的鲜食糯玉米来说，春播的间隔时间对采收期的影响较小，而秋播的间隔时间对采收期的影响相对要大得多，因此，春季要想提前采收，早播时间应可能拉大，相反，由于秋播适当延迟便可明显延长采收期，秋播间隔时间宜缩短。为了降低不确定气象因素带来的风险，生产上可选择"沪玉糯 3 号""苏玉糯 2 号"等开花时间早、灌浆速率较快且灌浆持续期短的品种；对于浙中地区晚秋玉米栽培来说，不仅可以提高产量，还可以降低霜冻过早来临而带来的生产风险；而对于早春玉米栽培来说，不仅可以在提高产量的同时，提早上市时间，增加经济效益，还可以减少灌浆期高温台风等极端天气的影响。

## 第七节 密度对产量及农艺性状的影响

随着城市化进程的加快和人们生活水平的提高，糯玉米品种不断增多，种植面积逐步扩大。但种植农户在品种选择和栽培技术上存在一些误区，为追求大穗多稀植，未能发挥品种的生产潜力。浙江省东阳综合试验站按照国家玉米产业体系的要求，结合江浙沪地区的生产实际，连续4年在浙江省东阳玉米研究所基地开展了糯玉米品种耐密性比较试验，以期鉴定筛选出可大面积种植的耐密、高产稳产糯玉米新品种。

试验于2012—2015年春季在浙江省东阳玉米所基地试验田内进行，每年10个糯玉米品种（表2-17）。选择地块肥力较好，排、灌方便，整地后起垄地膜覆盖，大田直播，采用裂区设计，以密度为主处理，品种为副处理。四行区，行距0.65m，低密度为浙江省区域试验密度3 500株/667m²，高密度为区域试验密度的基础上加1 000株/667m²，即4 500株/667m²。其他栽培管理措施按常规要求实施，在收获前分别测定株高、穗位高，收获后取样室内考种测定果穗长度、穗粗、秃尖、穗行数、行粒数、单穗重，收中间两行计算鲜穗产量，调查品种的农艺性状、倒伏、病虫害发生情况。

表2-17 不同密度下糯玉米农艺性状分析

| 品种 | 株高/cm | 穗位高/cm | 穗长/cm | 穗粗/cm | 秃尖/cm | 穗行数 | 行粒数 | 单穗重/g |
|---|---|---|---|---|---|---|---|---|
| "京科糯2000" | 221.8 | 95.9 | 18.3 | 4.7 | 1.2 | 13.8 | 34.0 | 234.3 |
| "美玉8号" | 205.7 | 97.8 | 14.7 | 4.4 | 0.8 | 14.2 | 34.8 | 223.1 |
| "渝糯7号" | 208.3 | 99.1 | 17.9 | 4.7 | 0.9 | 14.6 | 34.6 | 227.4 |
| "渝糯930" | 214.5 | 98.5 | 20.7 | 4.1 | 2.0 | 13.5 | 35.5 | 233.0 |
| "苏玉糯2号" | 188.7 | 78.4 | 17.0 | 4.6 | 1.0 | 13.9 | 32.8 | 214.7 |
| "苏科花糯2008" | 177.8 | 71.7 | 16.2 | 4.5 | 0.5 | 13.4 | 30.2 | 211.3 |
| "浙糯玉7号" | 208.3 | 85.7 | 18.5 | 4.8 | 1.5 | 14.1 | 36.0 | 251.5 |
| "浙糯玉6号" | 184.7 | 72.6 | 18.1 | 4.3 | 1.2 | 14.0 | 33.6 | 212.7 |
| "浙糯玉5号" | 198.3 | 84.8 | 16.6 | 4.4 | 0.4 | 13.6 | 30.7 | 202.1 |
| "浙糯玉4号" | 188.6 | 88.0 | 16.3 | 4.5 | 1.2 | 13.2 | 31.6 | 204.7 |
| "浙凤糯3号" | 200.3 | 82.8 | 17.0 | 4.1 | 1.2 | 13.9 | 32.5 | 185.4 |
| "浙凤糯2号" | 222.9 | 95.9 | 16.7 | 4.5 | 0.5 | 13.1 | 33.5 | 226.8 |
| "燕禾金2005" | 212.4 | 96.8 | 17.1 | 4.5 | 0.6 | 14.8 | 32.2 | 217.5 |
| "苏玉糯5号" | 182.7 | 73.9 | 16.0 | 4.6 | 0.5 | 13.5 | 29.3 | 216.0 |
| "浙大特糯3号" | 212.0 | 75.0 | 18.9 | 4.6 | 0.9 | 13.9 | 35.0 | 228.3 |

| 品种 | 株高 /cm | 穗位高 / cm | 穗长 / cm | 穗粗 / cm | 秃尖 /cm | 穗行数 | 行粒数 | 单穗重 / g |
|---|---|---|---|---|---|---|---|---|
| "美玉 7 号" | 201.2 | 97.4 | 18.8 | 4.3 | 0.8 | 13.2 | 33.7 | 196.4 |
| "京紫糯 218" | 202.7 | 79.4 | 19.7 | 4.3 | 2.0 | 14.1 | 34.8 | 231.7 |
| "沪玉糯 3 号" | 213.8 | 80.6 | 18.1 | 4.3 | 1.3 | 13.7 | 33.5 | 220.4 |
| "黑甜糯 168" | 207.0 | 96.9 | 19.3 | 5.0 | 1.0 | 13.7 | 37.5 | 248.9 |
| "黑糯 181" | 222.2 | 97.4 | 18.1 | 4.9 | 0.7 | 14.0 | 35.6 | 230.9 |
| 平均值 | 203.6 | 87.9 | 17.5 | 4.5 | 1.0 | 13.9 | 33.7 | 220.9 |
| 密度 / （株 /667m²） | 平均值 | | | | | | | |
| 3500 | 201.6 | 86.3 | 18.0 | 4.6 | 0.7 | 13.9 | 34.6 | 229.3 |
| 4500 | 205.5 | 89.5 | 17.0 | 4.4 | 1.3 | 13.8 | 32.7 | 212.5 |
| 平均值 | 203.6 | 87.9 | 17.5 | 4.5 | 1.0 | 13.9 | 33.7 | 220.9 |
| F 值 | | | | | | | | |
| 年份 | 1.031 | 0.71 | 2.06 | 5.46 | 6.68 | 2.06 | 1.04 | 1.58 |
| 品种 | 6.51** | 3.72* | 0.61 | 8.52** | 0.47 | 0.65 | 0.9 | 3.03* |
| 密度 | 37.31* | 70.16* | 1.45 | 21.54 | 5.05* | 2.3 | 4.41 | 9.35* |
| 品种 × 年份 | 20.34** | 50.00** | 0.84 | 2.28 | 2.39 | 9.81** | 4.11* | 2.63 |
| 品种 × 密度 | 1.39 | 2.27 | 0.39 | 0.78 | 1.13 | 0.67 | 0.88 | 0.63 |
| 密度 × 年份 | 1.49 | 1.24 | 0.64 | 1.95 | 6.09* | 0.62 | 7.35** | 4.63* |

注：* 和 ** 表示差异达显著（$P<0.05$）和极显著（$P<0.01$）水平。

## 一、不同密度下糯玉米品种产量分析

由方差分析（表 2-18）可知，品种间差异达极显著水平，表示选取的品种产量差异大，较有代表性。2012—2014 年各糯玉米品种的平均产量分别为 614.6kg/667m²、897.8kg/667m²、769.8kg/667m²、791.6kg/667m²，年份间差异达极显著水平，说明气候条件对糯玉米产量影响较大。在不同种植密度下，糯玉米产量差异达显著水平，随着密度的增加，平均产量显著增加，在常规密度 3 500 株 /667m² 下平均产量为 719.8kg/667m²，高密度 4 500 株 /667m² 下平均产量为 817.1kg/667m²（表 2-19）。品种 × 年份有极显著差异，说明不同品种对气候适应性不同，在不同年份间产量有较大差异。品种 × 密度没有显著性差异，说明品种和密度间的作用是相互独立的（表 2-20）。在密度 3 500 株 /667m² 下产量较高的品种为"浙糯玉 7 号""黑甜糯 168""渝糯 930""京紫糯 218"，平均产量分别为 845.5kg/667m²、834.0kg/667m²、

822.3kg/667m²、821.7kg/667m²，均比对照美玉 8 号增产 15% 以上。在密度 4 500 株 /667m² 下产量较高的品种为"浙糯玉 7 号""黑糯 181""黑甜糯 168""京紫糯 218""渝糯 930"，平均产量分别为 1 000.9kg/667m²、987.9kg/667m²、971.5kg/667m²、960.5kg/667m²、951.0kg/667m²，均比对照增产 20% 以上。

表 2-18　不同密度下糯玉米产量性状

| 密度 /（株 /667m²） | 品种 | 产量 /（kg/667 m²） | | | | |
|---|---|---|---|---|---|---|
| | | 2012 年 | 2013 年 | 2014 年 | 2015 年 | 平均值 |
| 3 500 | "京科糯 2000" | 574.9±23.2 | 909.3±27.8 | 756.0±24.7 | 800.7±5.8 | 760.2 |
| | "美玉 8 号" | 502.8±25.3 | 808.7±11.6 | 765.5±21.0 | 760.0±9.3 | 709.2 |
| | "渝糯 7 号" | 661.6±52.9 | 823.8±25.3 | 685.7±20.5 | — | 723.7 |
| | "渝糯 930" | — | — | — | 822.3±10.8 | 822.3 |
| | "苏玉糯 2 号" | 603.7±17.5 | 831.8±45.2 | 726.1±17.7 | 725.0±7.7 | 721.6 |
| | "苏科花糯 2008" | 575.4±31.9 | — | — | — | 575.4 |
| | "浙糯玉 7 号" | — | 907.0±33.0 | 825.4±19.9 | 804.0±8.7 | 845.5 |
| | "浙糯玉 6 号" | — | 670.6±23.4 | 683.5±25.5 | — | 677.1 |
| | "浙糯玉 5 号" | 628.9±28.1 | — | — | — | 628.9 |
| | "浙糯玉 4 号" | 626.5±13.0 | — | 675.0±29.1 | — | 650.8 |
| | "浙凤糯 3 号" | — | 856.6±67.4 | 630.5±12.5 | 680.3±17.7 | 722.5 |
| | "浙凤糯 2 号" | 541.7±13.9 | — | — | — | 541.7 |
| | "燕禾金 2005" | 574.6±39.0 | — | — | — | 574.6 |
| | "苏玉糯 5 号" | 563.1±38.3 | — | — | — | 563.1 |
| | "浙特大糯 3 号" | — | — | — | 724.0±10.8 | 724.0 |
| | "美玉 7 号" | — | — | — | 706.0±11.6 | 706.0 |
| | "京紫糯 218" | — | — | 821.7±12.7 | — | 821.7 |
| | "沪玉糯 3 号" | — | 815.0±31.7 | 668.5±18.1 | 630.0±12.0 | 704.5 |
| | "黑甜糯 168" | — | 931.2±31.5 | — | 736.7±13.0 | 834.0 |
| | "黑糯 181" | — | 757.5±17.0 | — | — | 757.5 |
| 4 500 | "京科糯 2000" | 703.9±49.4 | 1 077.7±37.4 | 843.2±20.0 | 860.7±11.1 | 871.4 |
| | "美玉 8 号" | 568.4±12.1 | 926.4±58.6 | 840.5±32.6 | 888.7±10.1 | 806.0 |
| | "渝糯 7 号" | 704.5±28.7 | 1 041.0±64.5 | 760.7±13.1 | — | 835.4 |
| | "渝糯 930" | — | — | — | 951.0±5.6 | 951.0 |
| | "苏玉糯 2 号" | 611.8±27.6 | 884.8±27.6 | 799.3±25.2 | 806.3±14.1 | 775.6 |
| | "苏科花糯 2008" | 612.5±16.7 | — | — | — | 612.5 |
| | "浙糯玉 7 号" | — | 1 102.2±41.3 | 910.4±27.1 | 990.0±15.7 | 1 000.9 |
| | "浙糯玉 6 号" | — | 783.4±93.8 | 783.9±26.9 | — | 783.6 |
| | "浙糯玉 5 号" | 666.1±32.0 | — | — | — | 666.1 |
| | "浙糯玉 4 号" | 637.0±12.1 | — | 784.4±22.9 | — | 710.7 |

续表

| 密度 /（株 /667m²） | 品种 | 产量 /（kg/667 m²） | | | | |
|---|---|---|---|---|---|---|
| | | 2012 年 | 2013 年 | 2014 年 | 2015 年 | 平均值 |
| 4 500 | "浙凤糯 3 号" | | 954.4±11.9 | 725.2±15.9 | 797.7±9.3 | 825.8 |
| | "浙凤糯 2 号" | 611.7±31.0 | — | — | — | 611.7 |
| | "燕禾金 2005" | 688.5±41.1 | — | — | — | 688.5 |
| | "苏玉糯 5 号" | 635.3±34.2 | — | — | — | 635.3 |
| | "浙特大糯 3 号" | — | — | — | 764.0±10.4 | 764.0 |
| | "美玉 7 号" | — | — | — | 764.3±8.9 | 764.3 |
| | "京紫糯 218" | — | — | 960.5±26.6 | — | 960.5 |
| | "沪玉糯 3 号" | — | 840.0±20.9 | 750.1±14.5 | 724.3±13.7 | 771.5 |
| | "黑甜糯 168" | — | 1 047.2±17.6 | — | 895.7±10.6 | 971.5 |
| | "黑糯 181" | — | 987.9±8.2 | — | — | 987.9 |
| 平均值 | — | 614.6±8.9 | 897.8±16.4 | 769.8±11.3 | 791.6±11.7 | 768.5±9.0 |

表 2-19　不同密度下糯玉米产量性状

| 密度 /（株 /667 m²） | 产量 /（kg/667 m²） |
|---|---|
| 3 500 | 719.8±10.3 |
| 4 500 | 817.1±13.3 |
| 平均值 | 768.5±9.0 |

表 2-20　不同密度下糯玉米产量性状

| 不同情况 | $F$ 值 |
|---|---|
| 重复 | 1.12 |
| 年份 | 81.21** |
| 品种 | 26.3** |
| 密度 | 554.78* |
| 品种 × 密度 | 1.96 |
| 不同情况 | $F$ 值 |
| 品种 × 年份 | 5.81** |
| 密度 × 年份 | 4.51 |
| 品种 × 密度 × 年份 | 0.9 |

注：* 和 ** 表示差异达显著（$P<0.05$）和极显著（$P<0.01$）水平。

## 二、不同密度下糯玉米品种产量双向分析

以常规密度 3 500 株 /667m² 下产量为纵坐标，高密度 4 500 株 /667m² 下产量为横坐标，作双向图，两个密度的平均产量分为了 4 个象限（图中表明Ⅰ、Ⅱ、Ⅲ、Ⅳ象限）。第Ⅰ象限的品种在两个密度下产量均较高；第Ⅱ象限下低密度产量较高，高密度下产量较低；第Ⅲ象限在两个密度下产量均较低；第Ⅳ象限高密度下产量较高，低密度下产量较低；"浙糯玉 7 号""黑甜糯 168""京紫糯 218""渝糯

"930""京科糯2000"和"黑糯181"分在了第Ⅰ象限，其余品种分在了第Ⅲ、Ⅳ象限。

### 三、不同密度下糯玉米农艺性状

随着密度的增加，糯玉米的株高、穗位和秃尖均呈增高趋势，且差异达显著水平，单穗重呈降低趋势，差异达显著水平，穗长、穗粗、穗行数和行粒数亦呈减低趋势，但差异未达显著水平（图2-7）。

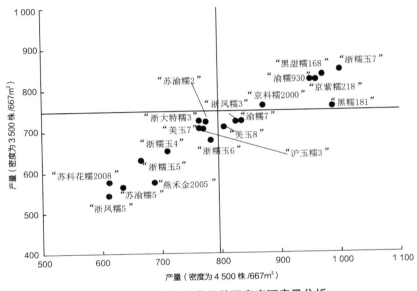

图2-7　不同糯玉米品种双密度下产量分析

密度的大小直接影响玉米产量，在一定的范围内产量随着密度的增加而提高，当密度达到一定值后，增加密度反而使产量下降。密度过大会加剧植株个体间对光照、水分和养分的竞争，而群体通透性减弱，导致玉米空秆、倒伏和倒折增加，果穗变短和变细。4年的试验结果表明，糯玉米品种在不同密度下产量差异达显著水平，在常规密度3 500株/667m² 下，平均产量为719.8kg/667m²；高密度4 500株/667m² 下，平均产量为817.1kg/667m²，增加种植密度可以显著提高产量。随着密度的增加糯玉米的株高、穗位高和秃尖均呈增高趋势，单穗重、穗长、穗粗、穗行数和行粒数呈减低趋势。在3 500株/667m² 下平均秃尖长0.7cm，4 500株/667m² 下平均秃尖长也仅有1.3cm，外观商品性下降较小。本研究中"浙糯玉7号""黑甜糯168""京紫糯218""渝糯930""京科糯2000"和"黑糯181"较耐密，且在高密度下秃尖增加幅度不大，外观商品性基本没有下降。但"京紫糯218""渝糯930""黑糯181"仅有1年的数据，因此筛选出"浙糯玉 7 号""黑甜糯 168""京科糯 2000"这 3 个高产、稳产、耐密品种，种植密度为 4 500 株 /667m²。

## 第八节　不同播期对产量及农艺性状的影响

玉米产量增长不仅受品种本身基因型的影响，还与气候条件直接相关，研究光、温、水等气象因子与产量性能指标之间的关系对于指导生产具有重要意义。由于播期的差异，相应阶段的气象因子也存在差异，又同时反作用于玉米生长发育。因此，可以通过调节播期来调节玉米各生长阶段的气象因子变化，从而研究主要光温水等气象因子对玉米生长的影响。孙玉亭等通过分期播种试验，分析了日照时数和光合辐射量等气象因子对玉米生育进程影响。李言照等研究认为，玉米生育期间的积温、日照时数与产量及产量构成因子值呈极显著正相关，开花—成熟阶段日照时数对穗粒数影响明显，日均温差与积温呈负相关关系，并对千粒重和产量产生负效应。前人研究多集中在气象因子对普通玉米籽粒产量及构成的影响等方面，而气象因子对鲜食玉米鲜穗产量的影响研究较少，此外不同地区的气象因子之间存在差异，使得它们对作物产量产生不同的影响。本研究以浙中地区主要气象因子变化对糯玉米鲜穗产量的影响进行分析，将 5 个不同基因型糯玉米品种全生育期划分为玉米萌芽期、花前期和灌浆期 3 个生长阶段，调查各对应阶段气象因子变化，统计分析气象因子与糯玉米鲜穗产量性状之间存在的相关性，明确气象因子对产量性状的影响，为生产上选择适宜的品种和播期，提出配套的栽培技术提供依据。

试验在城东试验基地 D3 号地进行。试验前茬水稻，土壤肥力均匀。试验采用裂区设计，播期为主处理，品种为副处理。试验于 2017 年 3—7 月和 2018 年 3—7 月分两年进行，每年分设早中晚 3 个不同播期，每播期间隔 15d，分别为：2017 年早播（3 月 15 日）、中播（3 月 30 日）、晚播（4 月 14 日）；2018 年早播（3 月 19 日）、中播（4 月 3 日）、晚播（4 月 18 日）。试验品种为"沪玉糯 3 号""苏玉糯 2 号""美玉 8 号""浙凤糯 3 号""京科糯 2000"等 5 个不同基因型品种，每播期每品种种植 6 行，株距 0.25m，行距 0.75m，小区面积 36m²，小区中间 4 行实收计产，试验田四周设置保护行。施肥方式为各播期播种前畦上中间开沟施底肥复合肥 450kg/hm²，埋土整理后地膜覆盖，苗期 5 叶 1 心时根部浇施复合肥水溶液 150kg/hm² 和玉米吐丝期株间穴施攻穗肥尿素 300kg/hm²，田间害虫统一防治，其他管理措施同常规。

记载各处理播种期、出苗期、吐丝期。通过观察外观和籽粒性状，在花丝干枯变为黑褐色，苞叶有轻微失水迹象，糯玉米籽粒色泽鲜亮、饱满且用手掐破后有乳糊状物质流出时记为鲜穗鲜食最佳采收期。以播种期到出苗期记为萌芽期，以出苗期到吐丝期记花前期，以吐丝到鲜穗最佳采收期记为灌浆期。在最佳采收期收取小区中间 4 行有效果穗计算产量，并折算成每 $hm^2$ 产量。选取代表性 20 个果穗测量穗粗、穗长、穗行数、行粒数、秃尖长、百粒干重等果穗性状。

玉米生育期内日最高温、日最低温、日均温度、日照时数和日降水量等气象数据由东阳市气象局提供。日温差为日最高温度与日最低温度的差值；日照时数是考察期内日平均日照时数之和；降水量是考察期内逐日降水量之和；有效积温是玉米考察时期内日有效温度的总和，有效温度为日平均温度减去玉米生物学零度即 10℃ 的差值（负值以 0 计）。WPS2000 软件计算数据和绘制图表，采用 DPS7.05 软件进行相关和回归分析。

## 一、不同播期下不同糯玉米品种的生育阶段分析

由图 2-8 可知，2017 早播出苗时间较长，为 18～20d，花前期 63～70d，灌浆期所需时间为 21～22d；中播出苗时间 12～13d，花前期 57～64d，灌浆期 19～22d；晚播出苗时间 6～9d，花前期 51～59d，灌浆期 17～20d。2018 年早播出苗时间 15～17d，花前期 49～59d，灌浆期 20～22d；中播出苗时间 10～11d，花前期 53～61d，灌浆期 21～23d；晚播出苗时间 10～11d，花前期 48～60d，灌浆期 19～22d。可见随着播期推迟，各品种各生育阶段持续时间均呈缩短的趋势。

## 二、不同播期下玉米不同生育阶段的气象因子分析

结合图 2-8，统计各对应生育阶段的气象因子，如表 2-21 所示，2017 年不同播期处理下萌芽期日平均温度差异较大，变异系数达到 9.4%，这可能是导致不同播期出苗时间有较大差异的原因，说明在水分充足的情况下，温度是玉米出苗快慢的最重要因素。2017 年不同播期间除日照时数差异较大外，其他气象因子变化幅度较小，2018 年不同播期间除日温差较小外，其他几个气象因子变异系数均达到 5% 以上。2017 年播期处理下灌浆期日温差变异较小，日均温度随播期推迟而增高。2018 年不同播期处理灌浆期日温差变异较大，日均温度随播期推迟先降后升，这可能是因为中播处理灌浆期正好遇上多雨天气有关，期间累积降水量达到 333.7mm，为各播期处理中最高。

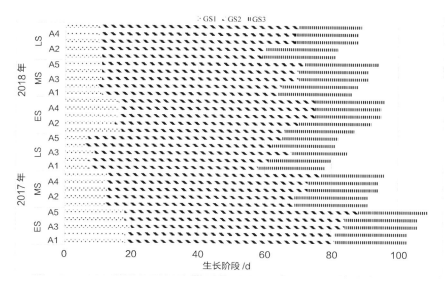

图 2-8　不同播期下糯玉米品种的生育阶段

注：ES，早播；MS，中播；LS，晚播；GS1，萌芽期；GS2，花前期；GS3，灌浆期。A1，"沪玉糯3号"；A2，"苏玉糯2号"；A3，"美玉8号"；A4，"浙凤糯3号"；A5，"京科糯2000"。

表 2-21　不同播期相应玉米生育阶段的气象因子变化

| 生育阶段 | 气象因子 | 2017 年 | | | | | 2018 年 | | | | |
|---|---|---|---|---|---|---|---|---|---|---|---|
| | | ES | MS | LS | Mean | CV/% | ES | MS | LS | Mean | CV/% |
| GS1 | DT/℃ | 9.0 | 10.3 | 8.6 | 9.3 | 7.1 | 9.4 | 9.6 | 5.7 | 8.2 | 20.7 |
| | MT/℃ | 13.9 | 15.6 | 18.2 | 15.9 | 9.4 | 16.5 | 18.3 | 17.5 | 17.5 | 3.6 |
| | RF/mm | 90.0 | 16.5 | 29.3 | 45.3 | 65.9 | 78.7 | 7.2 | 85.5 | 57.1 | 58.3 |
| | SH/h | 62.8 | 77.6 | 25.7 | 55.3 | 35.8 | 62.7 | 55.4 | 16.4 | 44.8 | 42.3 |
| | EAT/℃ | 78.8 | 75.3 | 66.6 | 73.6 | 6.3 | 110.8 | 98.0 | 84.4 | 97.7 | 9.1 |
| GS2 | DT/℃ | 9.2 | 8.9 | 8.4 | 8.8 | 3.5 | 8.4 | 8.2 | 8.4 | 8.3 | 1.0 |
| | MT/℃ | 21.2 | 22.2 | 23.1 | 22.2 | 2.8 | 20.7 | 22.0 | 23.9 | 22.2 | 5.0 |
| | RF/mm | 365.1 | 387.6 | 396.3 | 383.0 | 3.1 | 345.7 | 361.7 | 449.7 | 385.7 | 11.1 |
| | SD/h | 317.1 | 272.3 | 240.5 | 276.6 | 9.8 | 231.3 | 254.2 | 271.2 | 252.2 | 5.5 |
| | EAT/℃ | 743.7 | 742.7 | 741.8 | 742.7 | 0.1 | 611.4 | 703.0 | 778.9 | 697.8 | 8.3 |
| GS3 | DT/℃ | 6.7 | 6.7 | 7.1 | 6.9 | 2.6 | 8.4 | 6.7 | 6.8 | 7.3 | 10.1 |
| | MT/℃ | 26.6 | 27.2 | 28.5 | 27.4 | 2.6 | 26.2 | 25.4 | 26.7 | 26.1 | 1.7 |
| | RF/mm | 155.1 | 150.0 | 107.2 | 137.4 | 14.7 | 137.3 | 333.7 | 242.5 | 237.8 | 28.2 |
| | SD/h | 61.5 | 64.7 | 79.8 | 68.7 | 10.8 | 126.5 | 71.7 | 67.1 | 88.4 | 28.7 |
| | EAT/℃ | 378.9 | 376.4 | 357.7 | 371.0 | 2.4 | 353.2 | 321.1 | 308.4 | 327.6 | 5.2 |

注：DT，日温差；MT，日均温度；RF，降水量；SD，日照时数；EAT，有效积温。

### 三、不同玉米生育阶段的气象因子与玉米产量性状相关性分析

从表 2-22 可知，各生育段气象因子对穗长未产生显著性影响；穗行数与花前期有效积温和降水量呈显著负相关；穗粗与灌浆期日温差呈显著正相关，与灌浆期降水量呈显著负相关，与灌浆期有效积温呈极显著正相关；行粒数与灌浆期日温差呈极显著正相关，与灌浆期日照时数呈显著正相关，与灌浆期降水量呈显著负相关；玉米秃尖与花前期有效积温呈极显著正相关，与灌浆期降水量呈极显著正相关，与灌浆期日温差呈显著负相关，与灌浆期有效积温呈极显著负相关，说明灌浆期提高平均日温差与有效积温、减少降水量可有效减少玉米秃尖的形成。百粒重与灌浆期日温差呈显著正相关，与灌浆期有效积温呈极显著正相关，与灌浆期降水量呈极显著负相关，说明提高吐灌浆期日温差与有效积温、减少降水量有利于百粒重增加。产量与花前期日均温度呈显著负相关性，与灌浆期日温差、日照时数和有效积温呈极显著正相关，与灌浆期降水量呈极显著负相关，说明降低花前期日均温度，减少灌浆期降水量，提高灌浆期日温差、日照时数和有效积温有利于产量增长。

表 2-22　不同玉米生育阶段的气象因子与玉米产量性状相关性

| 生育阶段 | 气象因子 | EL | ED | ER | KR | BL | KW | Y |
|---|---|---|---|---|---|---|---|---|
| GS1 | DT | 0.18 | 0.13 | 0.04 | 0.19 | −0.06 | 0.16 | 0.32 |
| | MT | −0.08 | −0.24 | −0.01 | −0.11 | 0.24 | −0.26 | −0.33 |
| | RF | 0.05 | 0.10 | −0.02 | 0.13 | −0.20 | 0.09 | 0.12 |
| | SD | 0.21 | 0.08 | 0.06 | 0.23 | −0.02 | 0.10 | 0.25 |
| | EAT | 0.15 | −0.15 | 0.02 | 0.24 | 0.13 | −0.20 | −0.10 |
| GS2 | DT | −0.07 | 0.14 | 0.16 | −0.15 | −0.25 | 0.21 | 0.22 |
| | MT | −0.07 | −0.26 | −0.10 | −0.23 | 0.33 | −0.28 | −0.44* |
| | RF | 0.23 | −0.06 | −0.37* | 0.28 | 0.28 | −0.13 | −0.15 |
| | SD | 0.14 | −0.13 | −0.25 | 0.01 | 0.30 | −0.15 | −0.18 |
| | EAT | 0.27 | −0.20 | −0.42* | 0.13 | 0.53** | −0.27 | −0.32 |
| GS3 | DT | 0.16 | 0.39* | 0.01 | 0.46** | −0.39* | 0.37* | 0.51** |
| | MT | 0.26 | 0.29 | −0.17 | 0.31 | −0.09 | 0.29 | 0.33 |
| | RF | −0.26 | −0.43* | 0 | −0.39* | 0.49** | −0.46** | −0.56** |
| | SD | 0.15 | 0.35 | −0.05 | 0.43* | −0.30 | 0.31 | 0.48** |
| | EAT | −0.04 | 0.46** | 0.10 | 0.04 | −0.46** | 0.54** | 0.69** |

注：EL，穗长；ED，穗粗；ER，穗行数；KR，行粒数；BL，秃尖长；KW，百粒重；Y，产量；* 表示差异显著（$P<0.05$），** 表示差异极显著（$P<0.01$）。

## 四、不同糯玉米品种在不同播期下的产量表现

从表 2-23 可知，2017 年各播期间产量变系数较小，产量以中播处理最高，略高于早播处理，晚播处理产量最低；2018 年各播期间产量变异较大，产量以早播处理最高，其次为晚播，中播处理最低，略低于晚播。2017 年品种以"京科糯2000"鲜穗产量最高，其次为"苏玉糯 2 号""沪玉糯 3 号""美玉 8 号""浙凤糯 3 号"产量最低。2018 年品种以"苏玉糯 2 号"鲜穗产量最高，其次为"京科糯 2000""沪玉糯 3 号""美玉 8 号""浙凤糯 3 号"产量最低。

表 2-23　不同播期下各玉米品种的产量　　　　　　　单位：$kg/hm^2$

| 品种 | 2017 年 | | | | | 2018 年 | | | | |
|---|---|---|---|---|---|---|---|---|---|---|
| | ES | MS | LS | Mean | CV/% | ES | MS | LS | Mean | CV/% |
| A1 | 15 252.9 | 14 869.1 | 14 758.1 | 14 960.0 | 1.3 | 15 558.4 | 14 533.3 | 13 684.9 | 14 592.2 | 4.4 |
| A2 | 15 669.5 | 15 285.7 | 15 630.5 | 15 528.6 | 1.0 | 16 983.5 | 15 029.7 | 14 172.4 | 15 395.2 | 6.9 |
| A3 | 14 267.5 | 14 766.1 | 14 526.8 | 14 520.2 | 1.2 | 14 739.9 | 12 498.7 | 13 540.1 | 13 592.9 | 5.6 |
| A4 | 13 988.2 | 14 520.1 | 15 074.9 | 14 527.7 | 2.5 | 14 489.9 | 12 248.7 | 13 290.1 | 13 342.9 | 5.7 |
| A5 | 15 814.5 | 16 094.4 | 15 327.4 | 15 745.4 | 1.8 | 16 082.1 | 14 383.5 | 14 664.5 | 15 043.4 | 4.6 |
| Mean | 14 998.5 | 15 107.1 | 15 063.5 | — | — | 15 570.7 | 13 738.8 | 13 870.4 | — | — |
| CV/% | 4.6 | 3.1 | 2.2 | — | — | 4.9 | 7.9 | 3.2 | — | — |

## 五、气象因子对玉米鲜穗产量的回归分析

多项研究显示玉米产量形成受灌浆期气象因素的影响较大，本研究对糯玉米灌浆期主要气象因子与鲜穗产量作线性回归分析，以了解各气象因子对产量的影响效应，如图 2-9 所示，试验的 5 个主要气象因子与产量均符合二次曲线关系，具有显著回归关系。通过作图分析，产量与日温差、日照时数和有效积温呈递增关系；产量随日均温度先升后降，说明适当增温对产量有促进作用，温度过高反而又对产量不利；产量与降水量呈递减关系，这与李向岭等研究认为降水促进产量增长不一致，分析原因可能是因为，浙中地区玉米灌浆期经常与梅雨期重叠，降水量较大，土壤基本不存在干旱的情况，雨水过多反而不利于产量形成，而且雨水过多会减弱日温差和日照时数等对产量形成有益的气象因子指标，间接影响产量。

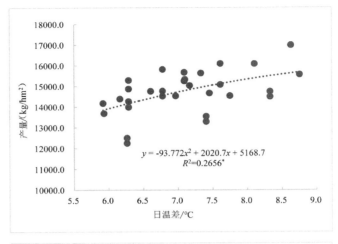

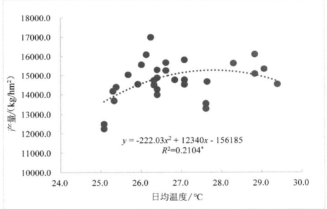

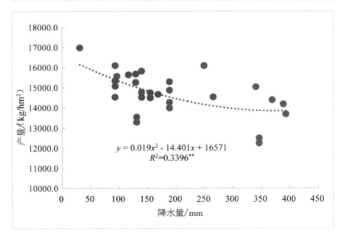

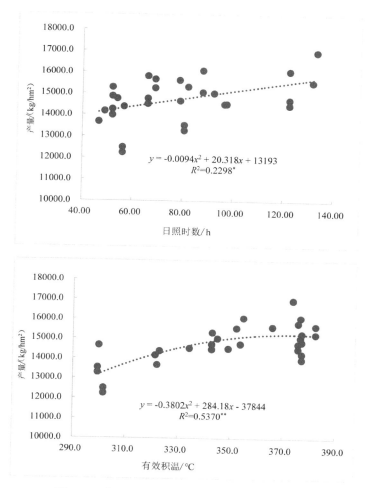

**图 2-9　灌浆期气象因子对鲜穗产量的回归分析**

陶志强等研究认为玉米灌浆期温度过高容易对玉米产生高温胁迫，当玉米灌浆期整体温度偏高时，温度进一步提升会对产量造成不利影响。本试验中不同播期下，玉米灌浆期提高温度对产量形成有积极作用，但温度过高会使玉米高温逼熟，缩短了灌浆时间，这与王晓群研究认为灌浆期温度过高或过低均不利于玉米干物质的积累和运输结果类似。灌浆期有效积温与玉米鲜穗产量有极显著递增关系，说明增加灌浆期有效积温有利于产量增长。由于有效积温受温度和时间的影响，因此通过适当降低灌浆期温度来延长灌浆时间更有利于提高有效积温，从而提高玉米籽粒百粒重和鲜穗产量。这与刘月娥等研究认为适期早播可延长玉米生育期，增加有效积温，提高植株干物质及籽粒产量结果相类。此外，浙中地区春玉米灌浆期雨水充足，基本不受干旱的影响，雨水过多反而会造成日温差、日照时数等对玉米生长有益气象因子的降低，对产量不利。陆大雷研究认为，播期显著影响糯玉米淀粉粒的分布，春播处理下糯玉米淀粉粒较大的原因与后期遭受高温、梅雨、寡照有关，说明后期高温、梅雨、寡照对糯玉米品质也有影响。因此，生产上玉米灌浆期应尽量避开极端高温多雨天气。

受不同播期和品种的双重影响，玉米不同阶段生长期发生变化，与之相对应的气象因子也发生变化。通过分析可知，品种苏玉糯2号不仅产量高，生育也较早，在早播情况下具有高产优势。京科糯2000产量较高，但生育期偏长，晚播情况下产量受后期不良气象因子影响较大。2017年早播整体产量略低于中晚播，可能跟前期整体出苗情况有关。浙中地区在3月中旬之前早播，气温可能达不到玉米生长有效温度，播种后种子容易烂种或发芽缓慢，从而延长整个出苗时间，且容易造成玉米缺苗或大小苗的情况，影响后期产量的形成。生产建议采用地膜覆盖方式改善土壤的水热状况，提高玉米出苗率和整齐度。2018年中播和晚播情况下，灌浆期间受连续阴雨天气的影响，各品种整体产量偏低。4月中旬以后播种气温稳定，但可能导致灌浆期气温过高使玉米籽粒过快老熟，缩短了灌浆时间，减少了有效积温，易造成灌浆不足或秃尖，对鲜穗产量及商品性都造成不利影响。本研究认为玉米春季种植应在平均气温稳定在玉米生长有效温度10℃以上，建议浙中地区在3月中旬至4月中旬进行玉米大田覆膜直播，同时结合当地气象预报来确定播种日期。李文阳研究认为，沿淮地区过早播种会出现灌浆期温度过低现象，不利于籽粒灌浆和产量形成；然而根据历年浙中地区气象条件分析，5月中上旬气温条件仍然满足玉米灌浆的正常需求。因此，本研究认为浙中地区在不影响种子出苗的情况下可适当早播，有条件的地区还可在2月底至3月初采用温室育苗，3月中下旬再大田移栽，并采用地膜增温的方式以提升玉米前期的温度需求，这样不仅可以提早玉米上市，还可以为两熟制后茬作物留出足够的生长时间。

综上所述，在保证播种时温度正常，玉米出苗不受影响的情况下，浙中地区春玉米种植可适当早播，使得整个玉米生长期前移，这样才能在玉米灌浆期间减弱高温和多雨天气影响，延长籽粒灌浆时间，提高有效积温，形成一个对玉米生长整体有利的气候条件，进而提高玉米果穗商品性和鲜穗产量。

## 第九节　耕作和播种方式对生长的影响

我国南方地区由于多丘陵山地，单块田地面积少，不规整等因素极大地限制了机械的普及。然而随着劳动价格的不断上涨以及为了最大限度减少农民的劳作强度，机械化发展一定是未来农业发展的主流方向。在播种机械发展方面，有必要结合我国不同地区的实际情况，设计出适合不同地区农业发展的高性能播种机械。以此推动我国各区域农业播种技术水平与能力的不断提升，促使我国农业技术的不断发展，进而提升我国的农业综合实力。

本研究针对我国南方区玉米生产由于劳动力减少对机械化技术的迫切需求，同时播前整地质量严重影响播种效率和苗全、苗齐、苗壮的问题，选型配套耕整机和玉米播种机械，研究不同播种方式对山地玉米播种效率、保苗率、适配性和产量的影响，为玉米机播技术的完善和配套农机的改进提供理论依据。

试验设浙江省东阳玉米研究所东阳市城东试验基地进行，试验地土壤为黄泥土，肥力中等偏上。试验根据当地主体模式接茬净作，前茬作物水稻。参试品种为浙糯玉 7 号。土壤翻耕选用 50 马力山东泰安轮式旋耕机。机械播种采用型号为 2BF-2 精量双行播种机。试验采用裂区设计，以播种方式为主处理，播种整地方式为副处理，共 6 个处理，3 次重复，18 个小区。试验每个小区种植 6 行，面积 40m²，玉米小区平均行距 0.83m，行长 5m，区间不设走道，重复之间走道 1m，试验田四周设保护行。施肥水平和方式按照当地高产水平实施。每 667m² 播种 4 016 穴，每穴播种 2 粒，播种深度 5cm，苗期调查结束后单穴留苗。单位面积播种量和施肥水平严格要求一致。有关测定在同一天进行，并按照记载要求的项目和标准如实填写。各处理内容如下。

主处理：A1-播种机直播；A2-人工挖穴直播。副处理：B1-免耕，播前对玉米播种带进行灭茬整理，不耕整。B2-条带旋耕，播前仅对玉米播种带使用轮式旋耕机旋耕 1 次，表土细碎，地面平整。B3-条带人工整地，播前对玉米播种带深耕、破碎、整理，表土细碎，地面平整。

测定播前整地效率为单位播种面积整地所需的时间。播种效率（单位时间播种面积）、重播率、漏播率和播种深度合格率等指标。重播率和漏播率根据每穴播种数的调查，以单穴 2 粒、0.2m 穴距为标准，计算重播个数和漏播个数，与总测定数的比值百分率分别为重播率和漏播率。在调查播种均匀性时，同时测定种子上部覆盖土层厚度。

合格穴的标准为播种深度 $5\pm0.5$cm，播种深度合格率 = 播种深度合格点数 / 总点数。苗期调查包括出苗时间、出苗率、出苗整齐度等指标。出苗时间以小区有 60% 穴数的幼苗出土高度 $2\sim3$cm 的日期为标准记载（×月×日）。同时计算播种至出苗的天数（d）。出苗率和出苗整齐度以小区内 60% 以上植株 4 片可见叶时调查，在处理内随机选取 5 个点，连续调查 20 穴苗数和株高。出苗率

（%）＝100 穴调查苗数 ×100/100 穴播种粒数（播种量／千粒重 ×1 000），出苗整齐度＝1/100 穴幼苗株高的变异系数。株高、穗位高、茎粗：按照区域试验标准观测、记载。

产量：小区实收计产，并折算成标准含水量（14%）的产量。产量构成因素包括穗长、穗粗、秃尖、穗行数、行粒数、千粒重等，每小区取 20 个样穗考种。采用区域试验标准与方法调查，平均值比较。使用 DPS 数据处理系统对数据进行分析，使用 Duncan 邓肯氏新复极差方法进行方差分析，差异显著性水平定为 0.05。

## 一、不同耕作与播种方式的效率分析

如表 2-24 所示，从耕作方式看，机耕每耕作 40m$^2$ 小区所需时间为 2.5min，而人耕（1 人）需要 150min，从耕作效率来看机耕是人耕的 60 倍，而实际情况在大面积耕作的情况下机耕效率还应更高。从播种效率看机播是人播的 4 倍。

表 2-24　耕作方式与播种方式效率分析

| 耕作方式 | 整地效率／<br>（min/40m$^2$） | 播种方工 | 播种效率／<br>（min/40m$^2$） |
|---|---|---|---|
| 机耕 | 2.5 | 机播 | 3 |
| 人耕 | 150 | 人播 | 12 |

## 二、不同耕作与播种方式下的播种效果分析

从播种效果来看，机播存在较高的重播率和漏播率，并且机器的牵引受土壤因素的影响较大。如表 2-25 所示。机播重播率达到 40% 以上，而且也存在 10% 左右的漏播率，其播种精度还无法达到人播的要求。

表 2-25　播种效果及玉米出苗情况

| 处理方式 | | 重播率 /% | 漏播率 /% | 播种深度合格率 /% | 出苗天数 /d | 出苗率 /% | 出苗整齐度 |
|---|---|---|---|---|---|---|---|
| A1 | B1 | 46.1 a | 9.8 a | 86.1 b | 7.0 a | 78.2 a | 5.5 a |
| | B2 | 40.0 a | 7.5 a | 91.7 a | 7.0 a | 84.0 a | 5.1 a |
| | B3 | 45.6 a | 10.6 a | 83.9 b | 6.7 a | 71.0 a | 5.3 a |
| A2 | B1 | 0 | 0 | 83.3 a | 7.0 a | 80.0 a | 5.4 a |
| | B2 | 0 | 0 | 87.8 a | 7.0 a | 88.9 a | 5.0 a |
| | B3 | 0 | 0 | 86.7 a | 6.7 a | 80.6 a | 5.6 a |

注：同一列中不同字母表示差异达 5% 水平显著。

播种深度合格率、重播率、漏播率等受耕作方式的影响较小，它们之间没有显著性差异；播种深度合格率在两种播种方式下没有显著性差异，在机播情况下，播种深度合格率在不同耕作方式间差异显著，机耕播种深度合格率最高，其次是人耕和免耕。在人播情况下，播种深度合格在不同耕作方式下差异不显著。

两种播种方式对玉米出苗，出苗率及出苗整齐度等没有显著影响，其副处理不同耕作方式下差异亦不显著。

## 三、不同耕作与播种方式对玉米株型性状的影响

如表 2-26 所示，株高在不同播种方式下差异不显著，而在不同耕作方式下差异达到显著水平。机耕、人耕显著高于免耕，而机耕与人耕差异不显著；穗位在不同播种方式下差异不显著，而在不同耕作方式下差异达到显著水平。机耕、人耕显著高于免耕，而机耕与人耕差异不显著；茎粗在不同播种方式下差异不显著，在不同耕作方式下差异达显著水平，机耕茎粗显著大于免耕，而机耕与人耕，人耕与免耕间没有显著差异。

表 2-26　植株株型性状调查

| 处理方式 | | 株高 /cm | 穗位高 /cm | 茎粗 /cm |
|---|---|---|---|---|
| A1 | B1 | 170.4 b | 62.1 b | 1.8b |
| | B2 | 187.9 a | 73.0 a | 1.9 a |
| | B3 | 181.6 a | 69.6 a | 1.9 a |
| A2 | B1 | 174.1 b | 63.9 b | 1.8 b |
| | B2 | 188.2 a | 76.1 a | 2.0 a |
| | B3 | 185.6 a | 74.4 a | 2.0 a |

注：同一列中不同字母表示差异达 5% 水平显著。

## 四、不同耕作与播种方式对玉米产量性状的影响

如表 2-27 所示，产量在不同播种方式下差异不显著，而在不同耕作方式下差异达到显著水平。产量以机耕最高，其次为人耕与免耕，机耕产量显著大于免耕，而人耕与其没有显著差异。在主处理机播下，机耕产量显著高于人耕，而人耕显著高于免耕。在主处理人播下，不同耕作方式下产量无显著差异。

果穗性状穗长、秃尖长、穗行数、行粒数在主副处理下差异均不显著。穗粗在主处理播种方式下差异不显著，而在副处理间差异显著。在机播情况下，穗粗机耕与人耕差异不显著，而机耕与人耕均显著大于免耕。在人播情况下，穗粗在不同耕

作方式间差异均不显著。

表 2-27　果穗性状调查

| 处理方式 | | 小区产量 /<br>kg | 667m² 产量 /<br>kg | 穗长 /<br>cm | 穗粗 /<br>cm | 秃尖长 /<br>cm | 穗行数 | 行粒数 |
|---|---|---|---|---|---|---|---|---|
| A1 | B1 | 59.9 b | 999.4 b | 18.2 a | 4.7 b | 1.8 a | 16.8 a | 32.7 a |
| | B2 | 66.2 a | 1 104.4 a | 18.5 a | 4.8 a | 1.9 a | 16.9 a | 33.3 a |
| | B3 | 63.7 ab | 1 061.6 ab | 18.3 a | 4.8 a | 1.7 a | 16.8 a | 32.7 a |
| A2 | B1 | 66.2 a | 1 103.9 a | 18.0 a | 4.8 a | 2.0 a | 16.1 a | 32.0 a |
| | B2 | 67.3 a | 1 122.8 a | 18.3 a | 4.8 a | 1.8 a | 16.3 a | 33.3 a |
| | B3 | 66.3 a | 1 105.0 a | 18.1 a | 4.8 a | 1.8 a | 16.0 a | 32.7 a |

注：同一列中不同字母表示差异达 5% 水平显著。

结果显示，机耕效率及效果均明显高于人耕，且在机耕情况下更适合于机械化播种，这可能由于机耕相对于人耕使得土壤更加细碎和平整。从目前的人工成本以及农业的发展看，人耕已经不切实际。尽管免耕节省了人力物力，但土壤翻耕有助于产量的增加。因此，有条件地区应采用机械翻耕的方式以获取更高产量，也可以根据投入与产出比进行合理的估算来选择适当的耕作方式。

机械播种效率明显高于人工播种，但本试验所采用的播种机械存在较高的重播率与漏播率，这将加大后期间苗补苗的工作量，此外，机械的运输、油耗等成本使得小面积播种并不合算。播种机与拖拉机的衔接不恰当使得播种机转弯时不灵活且容易侧翻，这些均限制了播种机的推广使用。本试验研究认为，在南方等丘陵地区，为适合小地块作业的要求，播种机械应尽可能小型化，操作方便化，同时提高播种精度。

## 第十节　密度与行距对生长的影响

玉米产量的稳定增长，离不开高产配套栽培措施，行距配置和种植密度就是其中的两个重要方面。行距配置和种植密度在很大程度上影响玉米的群体结构，进而影响群体的光能利用和干物质生产。种植密度决定群体的大小，而行距配置方式则决定群体的均匀性。单玉珊指出，合理的群体结构需要密度与株型的合理配合，因此，掌握适宜的基本苗数，做到合理密植是创造合理群体动态结构，形成优化产量结构的基本措施。关于行距配置和密度对普通玉米产量的影响前人已经做了大量工作，但是不同行距配置和密度对鲜食玉米产量影响的系统报道尚不多见。为此，本试验以浙江省东阳玉米研究所育成的甜玉米品种"超甜 135"为供试材料进行了相关的试验研究，以了解密度与行距对甜玉米产量的影响效应。

试验采用裂区设计，以种植密度（A）为主处理，行距（B）为副处理，共 10 个处理。A 因素设 2 个水平：A1—3 500 株（667m² 株数，下同）、A2—4 500 株。B 因素设 5 个水平：B1—0.33m、B2—0.50m、B3—0.67m、B4—0.83m、B5—1.00m。试验品种为甜玉米"超甜 135"。试验采用直播方式，4 次重复，共 40 个小区，每小区种植 6 行，行长 6m，重复之间设 1.0m 的走道，同重复小区之间不设走道，试验田四周设保护行。产量以每小区中间 4 行实收有效果穗计，折合 667m² 产量进行统计分析。采用 Excel 2000 和 DPS（Data Processing System）软件对数据进行分析，使用 Duncan 新复极差方法进行多重比较。

## 一、不同区组产量对比分析

试验结果（表 2-28）显示，在 A1 密度水平下，以 B2 产量最高，其次为 B1、B3、B5，B4 产量最低；A2 密度水平下，以 B3 产量最高，其次为 B1、B2、B4，B5 产量最低。在两种密度下，产量均以行距 B2 或 B3 时产量最高，行距过低或过宽均不利于产量的形成。此外，在 A1 低密度水平下，行距从 B3 增加至 B5 时产量略有下降，而在 A2 高密度水平下，产量急剧下降。这可能是因为在高密度条件下行距过大使得株距过小而影响产量。由表 2-29 可知，低密度下行距的变化对产量影响较小，而在高密度下影响较大。高密度低行距产量相对低密度低行距产量高，而高密度高行距产量相对低密度高行距产量低。也就是说在生产上种植密度高时更不应该使得行距过大（或株距过小）。

表 2-28　玉米密度与行距试验区组与处理产量两项表

| 主处理 | 副处理 | 产量 /（kg/667m²） | | | | $T_{AB}$ | $T_A$ |
| | | I | II | III | IV | | |
|---|---|---|---|---|---|---|---|
| A1 | B1 | 722.6 | 500.3 | 667.0 | 750.4 | 2 640.3 | — |
| | B2 | 685.5 | 731.8 | 787.4 | 685.5 | 2 890.2 | |
| | B3 | 812.9 | 611.4 | 472.5 | 722.6 | 2 619.4 | |
| | B4 | 633.7 | 583.6 | 516.9 | 661.4 | 2 395.6 | |
| | B5 | 704.1 | 583.6 | 592.9 | 657.7 | 2 538.3 | |
| | $T_m$ | 3 558.8 | 3 010.7 | 3 036.7 | 3 477.6 | — | 13 083.8 |
| A2 | B1 | 583.6 | 778.2 | 750.4 | 667.0 | 2 779.2 | |
| | B2 | 694.8 | 667.0 | 741.1 | 667.0 | 2 769.9 | |
| | B3 | 729.5 | 750.4 | 722.6 | 722.6 | 2 925.1 | |
| | B4 | 655.9 | 689.2 | 605.9 | 539.2 | 2 490.2 | |
| | B5 | 546.6 | 472.5 | 491.0 | 690.2 | 2 200.3 | |
| | $T_m$ | 3 210.4 | 3 357.3 | 3 311.0 | 3 286.0 | — | 13 164.7 |
| | $T_r$ | 6 769.2 | 6 368.0 | 6 347.7 | 6 763.6 | 26 248.5 | — |

## 二、产量结果的裂区方差分析

从表 2-29 可知，本试验中主处理间没有显著差异，即在两种密度下甜玉米产量没有显著差异，而副处理间差异显著，即行距对产量产生显著影响。主副处理互作效应不显著。

表 2-29　不同密度与行距下产量方差分析

| 变异来源 | 平方和 | 自由度 | 均方 | $F$ 值 | $P$ 值 |
|---|---|---|---|---|---|
| 区组 | 16 713.5 | 3 | 5 571.1 | — | — |
| 因素 A | 163.6 | 1 | 163.6 | 0.014 | 0.913 |
| 误差 | 35 182.9 | 3 | 11 727.6 | — | — |
| 因素 B | 84 727.3 | 4 | 21 181.8 | 3.422 | 0.024 |
| A×B | 31 137.8 | 4 | 7 784.4 | 1.257 | 0.314 |
| 误差 | 148 578.1 | 24 | 6 190.8 | — | — |
| 总和 | 316 503.2 | 39 | — | — | — |

## 三、不同处理间的产量差异分析

从表 2-30 可知，由于主处理密度间差异不显著，故在采用密度时 A1、A2 均可采用。由表 2-31 可知，副处理行距间差异显著，说明行距对产量产生显著影响。其中以行距 B2 产量最高，其次为 B3、B1、B4、B5，且 B2 相对于 B4、B5 显著增产。经 F 测验密度与行距互作不显著，说明密度与行距的互作是相互独立的，最佳 A 处理与最佳 B 处理组合为最优组合，故不需再测验互作效应。本试验最优组合为 A1B2 或 A2B2。

表 2-30　两种密度处理 667m² 产量的新复极差测验

| 密度 | 产量 /（kg/667m²） | 5% 显著水平 |
|---|---|---|
| A2 | 658.2 | a |
| A1 | 654.2 | a |

表 2-31　四种行距处理 667m² 产量的新复极差测验

| 处理 | 产量 /（kg/667m²） | 5% 显著水平 |
|---|---|---|
| B2 | 707.5 | a |
| B3 | 693.1 | ab |
| B1 | 677.4 | abc |
| B4 | 610.7 | bc |
| B5 | 592.3 | c |

构建合理的群体结构，协调个体发育是玉米密植高产的基础。在固定密度下，行距增高，使得株距变窄，植株之间养分竞争激烈，弱势植株无法正常生长而最终可能形成无效果穗。因此建议生产中不应使株距过密，即在一定密度下，不宜使行距拉得过宽。本试验研究结果显示，行距过宽或过窄均不利于产量的增加。这与李

洪等调节株行距比例，合理配置冠层和根系的空间分布，从而达到密植并获得高产的理论相一致。

生产上多把行距固定在传统的65～100cm，而通过大幅度压缩株距来增加密度。多项试验证明，玉米最适株距不宜低于30cm。因此，通过大幅度压缩株距来增大玉米密度的可能性不大。在固定密度下，行距的缩小就意味着株距的增加，把行距缩小至50cm左右，意味着玉米株距调整至30cm以上，这是简便易行、经济有效的技术措施。

本试验主处理在两种密度下产量没有显著性差异，考虑到播种量、果穗商品性以及病虫害可能加重等因素，建议生产上采用密度3 500株。副处理中以0.5m行距产量最高，因此建议生产上甜玉米"超甜135"采用A1B2种植方式，即密度为3 500株、行距为0.5m为理想高产种植方式。

# 第十一节　甜玉米耐阴性

甜玉米产量高低除受品种特性影响外，还受栽培措施和生态环境的影响。玉米是典型的C4作物，光照是玉米生长发育的必要条件。浙江省甜玉米灌浆结实期多阴雨寡照，低光照使光合速率下降，导致有机物积累减少，产量降低，外观商品性和品尝品质下降。遮阴在普通玉米上进行了大量研究，但关于甜玉米研究较少。本文以适宜浙江省种植的甜玉米品种为材料，灌浆结实期遮阴，评价不同品种的耐阴性，以期为耐阴品种的选育和生产应用提供理论依据。

试验在浙江省东阳玉米研究所基地内进行，试验田排灌设施良好，土质为红壤，肥力中等。从市场上收集通过国家或浙江省审定的22个甜玉米品种为材料。试验采用裂区设计，主因素为光照，授粉后设置自然光照（CK）和50%遮阴处理（ST），副因素为品种，2次重复，密度为3 500株/667m$^2$，其他管理措施统一按常规要求实施。授粉后采用不锈钢架和透光率为50%的黑色遮阳网搭建可拆卸、可组合式遮阴棚，遮阴棚高4m，宽8m，东西方向设置，仅在遮阴棚顶部和东西两侧自上而下铺设遮阳网，遮阴棚内四周通风良好。各品种均在适宜采收期采收，观察记载及考种按照《浙江省玉米区域试验和生产试验技术操作规程》实施，在收获前分别测定空秆率，收中间两行测产，折合成667m$^2$产量，取10个果穗考种测定果穗长度、穗粗、秃尖、穗行数、行粒数、单穗重，采用蒽酮比色法测定可溶性糖含量。

**一、遮阴对甜玉米产量和相关农艺性状的影响**

由表 2-32 可见，遮阴后 22 个甜玉米的穗长、穗粗、行粒数、单苞重、可溶性糖含量、大田产量均比自然光照下降，生育期延长，空秆率和秃尖上升，行粒数不变或略有下降。甜玉米可溶性糖含量下降，品质变劣。遮阴后甜玉米的产量降低，不仅是由于单苞重产量下降，还是由于田间空秆率增加，有效穗数减少造成的。

表 2-32　遮阴对不同甜玉米品种产量和相关农艺性状的影响

| 名称 | 处理 | 生育期 /d | 空秆率 /% | 穗长 /cm | 穗粗 /cm | 秃尖 /cm | 穗行数 | 行粒数 | 单苞重 /g | 可溶性糖 /% | 产量 /(kg/667m²) |
|---|---|---|---|---|---|---|---|---|---|---|---|
| "先甜5号" | CK | 84 | 6.2 | 18.1 | 4.8 | 1.5 | 17.2 | 34.3 | 305.8 | 21.4 | 1 064.0 |
|  | ST | 89 | 19.4 | 15.2 | 3.9 | 7.1 | 17.0 | 25.6 | 234.3 | 17.2 | 486.7 |
| "超甜15" | CK | 85 | 2.4 | 19.2 | 4.6 | 3.6 | 16.8 | 34.0 | 278.7 | 16.8 | 969.7 |
|  | ST | 88 | 5.4 | 17.3 | 3.8 | 6.2 | 15.8 | 28.0 | 185.4 | 14.2 | 548.2 |
| "粤甜13" | CK | 80 | 1.8 | 20.0 | 4.4 | 1.1 | 17.8 | 39.0 | 275.5 | 23.2 | 958.9 |
|  | ST | 83 | 10.2 | 17.5 | 3.9 | 4.2 | 16.8 | 30.0 | 214.2 | 18.4 | 495.1 |
| "金银818" | CK | 77 | 3.2 | 19.2 | 4.6 | 0.8 | 14.2 | 42.0 | 251.6 | 18.2 | 875.4 |
|  | ST | 80 | 6.8 | 16.4 | 4.4 | 3.1 | 14.2 | 27.0 | 188.3 | 16.5 | 424.1 |
| "金凤5号" | CK | 85 | 2.5 | 19.8 | 4.8 | 2.6 | 15.6 | 34.0 | 300.2 | 18.4 | 1 044.8 |
|  | ST | 86 | 10.4 | 16.5 | 4.1 | 4.3 | 15.6 | 26.0 | 201.1 | 16.7 | 654.4 |
| "浙甜2088" | CK | 84 | 3.2 | 22.4 | 4.9 | 3.3 | 14.2 | 38.0 | 327.3 | 19.3 | 1 139.1 |
|  | ST | 86 | 6.1 | 20.1 | 3.6 | 6.4 | 14.0 | 31.0 | 202.5 | 17.5 | 653.1 |
| "晶甜3号" | CK | 85 | 3.5 | 19.5 | 4.4 | 2.5 | 12.4 | 40.0 | 253.7 | 18.6 | 882.9 |
|  | ST | 86 | 5.4 | 17.4 | 4.0 | 4.5 | 12.2 | 29.0 | 187.4 | 15.7 | 452.8 |
| "农友华珍" | CK | 85 | 3.1 | 19.0 | 4.4 | 0.9 | 12.6 | 40.0 | 253.4 | 18.2 | 870.1 |
|  | ST | 87 | 4.3 | 17.2 | 4.0 | 3.1 | 12.6 | 32.0 | 187.6 | 16.9 | 634.7 |
| "浙甜2018" | CK | 82 | 2.5 | 21.2 | 4.2 | 2.7 | 16.2 | 38.0 | 261.2 | 15.7 | 908.8 |
|  | ST | 85 | 2.8 | 18.4 | 3.9 | 5.4 | 15.8 | 30.0 | 201.8 | 14.2 | 628.9 |
| "蜜玉8号" | CK | 84 | 1.8 | 18.1 | 4.4 | 3.1 | 12.8 | 35.0 | 257.6 | 16.5 | 896.3 |
|  | ST | 87 | 3.1 | 16.7 | 4.1 | 4.8 | 12.4 | 32.1 | 198.4 | 15.2 | 483.7 |
| "上品" | CK | 86 | 5.6 | 20.4 | 5.0 | 2.6 | 16.8 | 44.0 | 327.5 | 23.5 | 1 139.6 |
|  | ST | 89 | 9.7 | 18.4 | 4.6 | 6.4 | 14.2 | 32.4 | 205.8 | 20.2 | 657.1 |
| "金玉甜1号" | CK | 79 | 1.8 | 18.4 | 4.0 | 0.2 | 14.2 | 37.0 | 219.1 | 18.5 | 762.6 |
|  | ST | 82 | 2.5 | 16.7 | 3.8 | 0.3 | 14.2 | 29.0 | 156.4 | 16.1 | 395.2 |
| "超甜4号" | CK | 78 | 2.5 | 20.0 | 4.4 | 1.3 | 14.2 | 40.0 | 275.8 | 18.2 | 959.6 |
|  | ST | 82 | 4.2 | 17.4 | 4.1 | 3.5 | 13.8 | 32.0 | 201.4 | 16.7 | 459.8 |

| 名称 | 处理 | 生育期 /d | 空秆率 /% | 穗长 /cm | 穗粗 /cm | 秃尖 /cm | 穗行数 | 行粒数 | 单苞重 /g | 可溶性糖 /% | 产量 / (kg/667m²) |
|---|---|---|---|---|---|---|---|---|---|---|---|
| "浙甜6号" | CK | 79 | 3.2 | 21.0 | 4.4 | 3.2 | 13.8 | 39.0 | 253.6 | 18.4 | 882.5 |
| | ST | 81 | 6.5 | 18.4 | 4.1 | 6.4 | 13.8 | 28.0 | 187.2 | 16.2 | 452.2 |
| "金玉甜2号" | CK | 79 | 3.8 | 18.6 | 4.4 | 1.7 | 15.6 | 38.0 | 256.1 | 17.8 | 891.1 |
| | ST | 83 | 3.5 | 17.2 | 4.1 | 3.8 | 15.2 | 32.0 | 200.4 | 16.4 | 475.4 |
| "超甜135" | CK | 84 | 2.5 | 18.0 | 4.5 | 0.4 | 13.0 | 42.0 | 279.0 | 17.5 | 940.8 |
| | ST | 85 | 3.8 | 16.8 | 4.1 | 2.5 | 12.4 | 31.2 | 210.2 | 16.4 | 642.5 |
| "浙甜8号" | CK | 84 | 5.4 | 18.0 | 4.4 | 1.5 | 18.6 | 36.0 | 323.0 | 17.2 | 1 124.2 |
| | ST | 90.2 | 4.8 | 16.5 | 4.0 | 3.8 | 17.8 | 28.4 | 213.4 | 16.3 | 652.1 |
| "浙甜9号" | CK | 85 | 4.1 | 19.8 | 4.8 | 1.2 | 16.2 | 38.0 | 298.9 | 18.4 | 1 040.2 |
| | ST | 88 | 5.9 | 17.8 | 4.2 | 4.8 | 16.2 | 31.0 | 215.4 | 16.5 | 652.7 |
| "一品甜" | CK | 85 | 5.5 | 20.2 | 5.0 | 1.3 | 14.4 | 34.0 | 324.0 | 19.2 | 1 127.6 |
| | ST | 88 | 12.8 | 18.2 | 4.4 | 3.6 | 14.4 | 26.0 | 214.5 | 17.7 | 678.5 |
| "福华甜" | CK | 82 | 5.4 | 18.6 | 4.4 | 1.9 | 14.2 | 38.0 | 269.1 | 18.9 | 936.5 |
| | ST | 85 | 12.6 | 16.8 | 3.9 | 5.4 | 14.2 | 28.0 | 185.6 | 16.5 | 652.1 |
| "正甜68" | CK | 83 | 3.5 | 19.8 | 4.4 | 1.4 | 14.2 | 38.0 | 250.2 | 17.9 | 870.5 |
| | ST | 85 | 6.5 | 16.8 | 4.1 | 4.2 | 13.8 | 30.1 | 184.1 | 16.8 | 552.3 |
| "浙凤甜2号" | CK | 77 | 2.5 | 19.4 | 4.4 | 1.5 | 13.8 | 38.0 | 261.0 | 18.2 | 908.2 |
| | ST | 79 | 4.5 | 17.6 | 4.0 | 3.5 | 13.8 | 30.2 | 186.2 | 17.3 | 562.4 |

## 二、不同品种的耐阴性评价

由于遮阴的影响，甜玉米相关农艺性状发生改变，不同性状受影响的程度不同，不同品种间影响也存在差异。甜玉米是以收获鲜穗为主的一种特用玉米，要求产量高、品质好。甜玉米耐阴性评价时要考虑产量和品质的变化，选择产量和可溶性糖含量作为评定指标进行综合评定。耐阴系数=1/2〔（对照产量－遮阴产量）/对照产量＋（对照可溶性糖含量－遮阴可溶性糖含量）/对照可溶性糖含量〕。耐阴系数越小则表明遮光后产量和品质发生了较大改变，耐阴能力弱；耐阴系数越大，则表明遮光后性状改变越小，耐阴能力越强。由表2-33可知，耐阴系数最大的是"农友华珍"，为0.829；耐阴系数最小的是"先甜5号"，为0.631。以耐阴系数为指标，将22个甜玉米品种分为3个级别：大于0.8为耐阴性强，0.7～0.8为耐阴性中等，小于0.7为耐阴性弱。其中，"农友华珍"和"超甜135"为耐阴性强的品种，"先甜5号""粤甜13""晶甜3号""金玉甜1号""金银818""浙甜6号""超甜4号"为耐阴性弱的品种，其余品种为耐阴性中等。

表 2-33　不同甜玉米品种的耐阴系数

| 品种 | 耐阴系数 | 品种 | 耐阴系数 |
|---|---|---|---|
| "先甜 5 号" | 0.631 | "金玉甜 1 号" | 0.694 |
| "超甜 15" | 0.705 | "超甜 4 号" | 0.698 |
| "粤甜 13" | 0.655 | "浙甜 6 号" | 0.696 |
| "金银 818" | 0.696 | "金玉甜 2 号" | 0.727 |
| "金凤 5 号" | 0.767 | "超甜 135" | 0.810 |
| "浙甜 2088" | 0.740 | "浙甜 8 号" | 0.764 |
| "晶甜 3 号" | 0.678 | "浙甜 9 号" | 0.762 |
| "农友华珍" | 0.829 | "一品甜" | 0.762 |
| "浙甜 2018" | 0.798 | "福华甜" | 0.785 |
| "蜜玉 8 号" | 0.730 | "正甜 68" | 0.787 |
| "上品" | 0.718 | "浙凤甜 2 号" | 0.785 |

光照是作物生长发育和产量形成的能量源泉，在玉米生长发育的不同时期遮阴均可导致玉米减产，减产程度为花粒期遮阴 > 穗期遮阴 > 苗期遮阴。遮阴降低玉米品质，贾士芳等研究认为灌浆结实期遮阴显著降低籽粒容重，淀粉 RVA 谱特征值峰值年度（PV）、热浆黏度（HV）及崩解值（BD）下降，籽粒含水量上升，灌浆前期遮光对玉米商品品质影响较大，中后期遮光对籽粒品质影响较大。本研究在整个灌浆结实期遮阴，22 个品种的生育期延长 1 ～ 6.2d，秃尖显著变长，可溶性糖、单苞重和产量下降，导致产量降低品质变劣。

不同品种对遮阴的响应不同，如何鉴定玉米耐阴性缺乏统一的指标体系，在普通玉米上多用产量减少的百分率作为鉴定指标，但甜玉米不仅仅考虑产量，也要兼顾品质，糖分含量是品质的主要指标，本研究以产量和可溶性糖含量减少的百分率作为耐阴系数是较为合适的，该方法简单易行，评价结果和生产实际基本一致，但也需要从生理和分子方面进一步研究。

## 第十二节　品种、密度与肥料耦合效果

近年来鲜食玉米的发展很快，播种面积逐年增加，其相应的栽培技术研究很多，包括影响鲜食玉米种植效益三大因素品种、密度与肥料的研究，但是三大因素的耦合运筹研究却很少。然而鲜食玉米生产过程中，不同品种其耐密性以及对土壤肥力的适应性均不一样，品种、密度与肥料三大因素互相影响，因此有必要对其综合研究。目前生产上普通玉米以采用耐密新品种和精简节约的施肥方式来使玉米增产并节约

成本，而鲜食玉米相对于普通玉米有所不同，鲜食玉米不光强调产量，还要重视玉米的成熟采收时间，果穗商品性以及最终的经济效益，因此了解品种、密度、施肥方式对鲜食玉米产量、生育进程、植株农艺性状及果穗商品性的影响显得非常重要。

百事达玉米专用缓效生物肥不同于目前国内多种微生物产品，它是将微生物、有机质、无机营养元素采用先进的、成熟的、可靠的生产工艺路线制造而成的固体肥料，成品质量达到国家标准，实现了生物复合肥生产线工艺上的伟大突破，具体表现为：一是有益菌含量高，投放市场的百事达生物肥产品每克含 2 000 万个活菌，使有益微生物真正发挥群体优势；二是有机质含量高，投放市场的百事达生物肥有机质含量大于15%，不仅改良了土壤，也为有益微生物制造了快速繁殖的环境；三是无机营养元素含量高，一般通用型大量元素 N、P、K 含量可达 20%，比国家规定的 6% 高出 3 倍多。近年来在中国 15 个省、区、市地区的实验、示范，得到了广大农民的肯定和喜爱。百事达生物肥无毒、无害、无污染，能使植物迅速生长，具有肥效长、耐热、耐盐、耐干燥、耐酸碱，能防治病虫害等特点，成为农业生产无公害农作物的新型肥料。

本试验通过采用生产上主推的部分鲜食玉米新品种，结合适宜的种植密度，引入百事达生物肥料，以筛选品种、密度、肥料的高产技术组合模式，并通过分析品种、密度、肥料这 3 种处理方式对玉米生育期，株高、穗位高、茎粗等株型性状，穗长、穗粗、秃尖、穗行数、行粒数、千粒重、出籽率、单穗重、净穗率等果穗性状及生物产量等的影响，从而推出最佳的品种、密度及施肥方式以指导鲜食玉米生产。

此外，多项研究显示玉米叶片叶绿素含量与氮素吸收水平呈显著相关性。本研究在前人研究的基础上，在玉米灌浆期对其功能三叶进行 SPAD 值调查，以探索SPAD 值与土壤肥力的关系，以及对鲜食玉米最终产量形成和果穗商品性状的影响，从而在玉米收获前期指导玉米施肥管理，为农业服务。

试验于 2008 年 3 月至 2010 年 6 月在浙江省东阳市城东街道东阳玉米研究所试验基地不同地块进行，试验地土壤为肥力中等砂壤土。试验持续 3 年，共进行 4 次。供试材料如下：糯玉米品种为"苏玉糯 2 号（江苏沿江地区农业科学研究所）""沪玉糯 3 号（上海农业科学院）""美玉 3 号（海南绿川种苗）""浙糯玉 3 号（浙江省东阳玉米研究）""美玉 8 号（海南绿川种苗）""甜玉米品种为锦珍（广东珠海锦田种业）""锦甜 8 号（广东珠海锦田种业）""超甜 4 号（浙江省东阳玉米研究所）""华珍（台湾农友种业）""超甜 135（浙江省东阳玉米研究所）"。肥料为一次性"百事达"玉米专用复合微生物肥料，由北京美科博微生物工程技术有限公司研制。总养分（$N+P_2O_5+KCL$）≥20%（15-3-2），活菌数（侧孢芽孢杆菌）≥0.20 亿 /g。试验设计如表 2-34 所示。

表 2-34　各年试验品种与密肥处理方式

| 指标 | | 糯玉米试验 | | 甜玉米试验 | |
|---|---|---|---|---|---|
| | | 2008 年春 | 2009 年春 | 2008 年秋 | 2010 年春 |
| 品种 | A1 | "苏玉糯 2 号" | "苏玉糯 2 号" | "锦珍" | "华珍" |
| | A2 | "沪玉糯 3 号" | "浙糯玉 3 号" | "锦珍 8 号" | "超甜 135" |
| | A3 | "美玉 3 号" | "美玉 8 号" | "超甜 4 号" | "超甜 4 号" |
| 密度 / （株 /hm²） | B1 | 52 500 | 52 500 | 52 500 | 52 500 |
| | B2 | 60 000 | 60 000 | 60 000 | 60 000 |
| | B3 | 67 500 | 67 500 | 67 500 | 67 500 |
| 施肥方式 | C1 | 不施肥 | 不施肥 | 不施肥 | 不施肥 |
| | C2 | 农民习惯 | 农民习惯 | 农民习惯 | 农民习惯 |
| | C3 | 一次施肥 | 一次施肥 | 一次施肥 | 一次施肥 |

注：C2 采用一基一追农民习惯两次施肥方式，基肥为尿素300kg/hm²、KCL 300kg/hm²、磷肥375kg/hm²；追肥为尿素300kg/hm²。C3 为一次施肥，采用一次性"百事达"缓效生物肥（玉米专用复合微生物肥料）作基肥，其中，2008 年春季、秋季肥料用量为 675kg/hm²，2009 年、2010 年肥料用量为 900kg/hm²。

　　各次试验均采用直播方式，随机区组设计，3 次重复，共 81 个小区，小区面积 15.6m²，每小区种植 4 行，行长 6m，采用单行单株种植，行距 0.65m，重复之间设 1.0m 的走道，同重复小区之间不设走道，试验田四周设保护行。浇水等田间水分管理严格一致。同一重复内的有关测定在同一天进行，并按照记载要求的项目和标准如实填写。生育期调查以各小区内植株 50% 以上达到为记载期。玉米成熟时每小区连续选 5 株测量取平均值，茎粗采用精确度 0.1cm 游标卡尺测量。鲜穗产量以每小区中间两行计产，选取有代表性的 10 穗，计算穗长、穗粗、秃尖长、行数、行粒数、出籽率、千粒重、净穗率、净穗重。生物产量为地上部与地下部两部分总和，小区连续选取 5 株，选取须根，用清水洗净，连同其上部茎秆一起风干至恒重称量。经济效益 = 总收入（鲜穗产量 × 市场售价）- 生产成本（租地费 + 种子费 + 肥料费 + 用工费 + 其他耕作管理费）。2010 年春季试验，玉米灌浆期调查玉米功能三叶 SPAD 值，调查叶片中部以及距中部两端 5cm 处三点（避开叶脉）取平均值，每处理小区连续调查 10 株。使用 DPS（Data Processing System）数据处理系统对数据进行分析，使用 Duncan 邓肯氏新复极差方法进行方差分析，差异显著性水平定为 0.05。图表采用 Microsoft Excel 软件制作。

## 一、不同处理方式下的平均小区产量对比分析

　　如表 2-35 所示，通过方差分析，各年间品种产量差异均达到显著水平，糯玉

米品种以"苏玉糯2号""美玉8号""浙糯玉3号"产量较高，甜玉米品种以"锦甜8号""锦珍""超甜4号"等产量较高。试验密度间产量差异2008年秋季与2010年春不显著，而2008年春与2009年春显著。其中，2008年春与2009年春季糯玉米试验中，产量随密度增加呈现上升趋势，而2008年秋与2010年春甜玉米试验中，产量随密度变化并不明显。通过4次试验分析发现，施肥相对不施肥显著增产，施肥方式中又以2次施肥产量最高。

表 2-35　各年不同处理方式下平均小区产量　　　　　单位：kg

| 指标 | | 糯玉米试验 | | 甜玉米试验 | |
|---|---|---|---|---|---|
| | | 2008 年春 | 2009 年春 | 2008 年秋 | 2010 年春 |
| 品种 | A1 | 16.2±0.5 a | 21.8±0.7 a | 11.5±1.0 b | 15.1±1.6 ab |
| | A2 | 13.8±0.5 b | 19.3±0.7 b | 12.9±1.1 a | 13.9±1.6 b |
| | A3 | 14.8±0.4 b | 21.7±0.6 a | 9.2±0.7 c | 16.7±1.5 a |
| 密度 | B1 | 13.7±0.4 c | 19.6±0.8 b | 11.0±0.8 a | 15.5±1.4 a |
| | B2 | 14.7±0.5 b | 22.0±0.6 a | 11.4±1.1 a | 14.7±1.6 a |
| | B3 | 16.0±0.5 a | 21.2±0.7 ab | 11.2±0.9 a | 15.3±1.7 a |
| 施肥方式 | C1 | 12.6±0.5 b | 19.5±0.8 b | 6.4±0.4 c | 5.6±0.8 c |
| | C2 | 16.4±0.4 a | 22.5±0.5 a | 15.9±0.7 a | 22.2±0.8 a |
| | C3 | 15.5±0.3 a | 20.8±0.7 ab | 11.3±0.6 b | 17.8±0.7 b |

注：每列中不同字母表示达到5%概率水平的差异显著。

## 二、历年不同品种密肥组合方式产量结果

据表2-36可知，糯玉米试验27种处理组合中，2008年春以A1B3C2鲜穗产量最高，合12 273.75kg/hm²。其次为A1B2C2，合11 600.00kg/hm²。排在第3位的是A1B3C3，合11 592.00kg/hm²。2009年春，以A2B3C2鲜穗产量最高，其3次重复平均小区产量折合15 926.76kg/hm²。其次为A3B2C1，合156.06kg/hm²。排在第3位的是A3B2C2，合15 285.41kg/hm²。

表 2-36　糯玉米试验不同处理组合下的鲜穗产量　　　　　单位：kg/hm²

| 处理 | 2008 年春产量 | 处理 | 2009 年春产量 |
|---|---|---|---|
| A1B3C2 | 12 273.8±538.0 a | A2B3C2 | 15 926.8±650.2 a |
| A1B2C2 | 11 600.0±268.7 ab | A3B2C1 | 15 606.1±427.6 a |
| A1B3C3 | 11 592.0±197.0 ab | A3B2C2 | 15 285.4±748.2 ab |
| A3B3C2 | 10 820.3±339.9 abc | A1B2C3 | 14 964.7±565.6 ab |
| A1B1C2 | 10 776.5±424.5 abc | A3B3C2 | 14 857.9±282.8 ab |
| A1B3C1 | 10 568.3±209.0 abcd | A1B3C2 | 14 751.0±1 481.1 ab |

| 处理 | 2008 年春产量 | 处理 | 2009 年春产量 |
|---|---|---|---|
| A2B3C2 | 10 548.0±419.4 abcd | A1B2C2 | 14 644.1±748.2 ab |
| A3B3C3 | 10 401.8±102.4 abcd | A1B1C2 | 14 537.2±1 854.5 ab |
| A2B3C3 | 10 147.5±617.8 bcde | A3B1C3 | 14 109.6±979.7 abc |
| A3B2C2 | 10 136.0±265.8 bcde | A1B3C1 | 14 002.7±1 232.7 abc |
| A1B2C3 | 10 124.0±577.7 bcde | A1B1C3 | 13 895.8±1 052.8 abc |
| A2B2C2 | 10 050.0±421.9 bcde | A3B2C3 | 13 788.9±185.1 abc |
| A1B1C3 | 10 032.8±184.7 bcde | A1B3C3 | 13 682.1±1 669.7 abc |
| A3B2C3 | 9 794.0±289.0 bcde | A2B2C2 | 13 575.2±565.6 abc |
| A2B2C3 | 9 542.0±526.7 bcdef | A3B1C2 | 13 575.2±748.2 abc |
| A2B1C2 | 9 234.8±824.0 cdefg | A2B2C3 | 13 361.4±534.5 abc |
| A2B1C3 | 9 168.3±185.1 cdefg | A1B2C1 | 13 361.4±2 224.3 abc |
| A3B1C2 | 8 942.5±103.3 cdefgh | A3B3C1 | 13 361.4±1 019.7 abc |
| A3B3C1 | 8 579.3±1 475.5 defgh | A3B3C3 | 12 933.8±1 389.6 abc |
| A3B1C3 | 8 555.8±328.2 defgh | A2B1C2 | 12 613.1±1 401.9 abc |
| A3B2C1 | 8 528.0±270.7 defgh | A2B1C3 | 12 613.1±950.1 abc |
| A1B1C1 | 8 190.0±595.2 efghi | A2B3C3 | 12 613.1±282.8 abc |
| A1B2C1 | 8 184.0±1 599.9 efghi | A2B2C1 | 12 185.6±1 446.0 abc |
| A3B1C1 | 7 742.0±1 106.8 fghi | A1B1C1 | 12 078.7±1 019.7 abc |
| A2B3C1 | 7 233.8±497.9 ghi | A3B1C1 | 11 437.3±2 239.6 bc |
| A2B2C1 | 7 042.0±346.2 hi | A2B3C1 | 10 368.4±106.9 c |
| A2B1C1 | 6 461.0±414.2 i | A2B1C1 | 10 261.5±1 030.8 c |

注：同列中不同字母表示达到 5% 概率水平的差异显著。

据表 2-37 可知，甜玉米试验中，2008 年秋季以 A2B3C2 鲜穗产量最高，其 3 次重复平均产量折合 12 808.33kg/hm²。其次为 A2B2C2，合 12 545.50kg/hm²。排在第 3 位的是 A1B2C2，合 123 118.97kg/hm²；2010 年春季以 A1B3C2 鲜穗产量最高，其 3 次重复平均小区产量折合 15 667.47kg/hm²。其次为 A2B3C2，合 15 128.97kg/hm²。排在第 3 位的是 A3B2C2，合 15 052.03kg/hm²。

表 2-37　甜玉米试验不同处理组合下的鲜穗产量　　　　　单位：kg/hm²

| 处理 | 2008 年秋产量 | 处理 | 2010 年春产量 |
|---|---|---|---|
| A2B3C2 | 12 808.3±1 124.8 a | A1B3C2 | 15 667.5±2 132.5 a |
| A2B2C2 | 12 545.5±1 055.5 a | A2B3C2 | 15 129.0±322.7 ab |
| A1B2C2 | 12 319.0±909.4 a | A3B2C2 | 15 052.0±412.7 ab |
| A2B1C2 | 10 517.6±857.1 ab | A2B2C2 | 14 928.1±1 203.1 ab |
| A1B3C2 | 9 880.8±820.2 abc | A3B1C2 | 14 295.6±1 333.9 abc |
| A1B1C2 | 9 825.3±915.1 abc | A3B3C2 | 14 295.6±2 056.4 abc |
| A2B2C3 | 9 722.7±668.3 abcd | A2B1C2 | 13 248.5±867.5 abc |
| A3B1C2 | 8 466.2±641.8 bcde | A3B3C3 | 13 205.8±618.2 abc |
| A3B3C2 | 8 256.8±794.8 bcdef | A1B1C2 | 12 881.0±2 194.8 abcd |

续表

| 处理 | 2008 年秋产量 | 处理 | 2010 年春产量 |
|---|---|---|---|
| A1B3C3 | 7 737.6±1 498.9 bcdef | A1B2C2 | 12 692.9±2 147.6 abcd |
| A2B1C3 | 7 726.9±1 179.8 bcdef | A1B2C3 | 12 406.6±1 220.3 bcde |
| A1B2C3 | 7 637.1±997.9 bcdef | A3B2C3 | 12 329.7±502.5 bcde |
| A3B2C2 | 7 237.6±1 625.6 cdefg | A3B1C3 | 12 128.8±346.3 bcde |
| A3B1C3 | 7 004.6±375.8 defgh | A1B3C3 | 11 637.3±1 507.2 abcde |
| A1B1C3 | 6 961.9±1 241.3 defgh | A1B1C3 | 11 133.0±2 598.6 bcde |
| A2B3C3 | 6 590.1±1 543.3 defghi | A2B3C3 | 11 034.8±979.7 bcde |
| A3B3C3 | 5 857.1±638.6 efghij | A2B1C3 | 10 107.3±438.5 cde |
| A3B2C3 | 5 673.3±1 134.0 efghij | A2B2C3 | 8 662.8±1 537.9 def |
| A2B1C1 | 5 303.7±425.7 efghij | A3B1C1 | 8 299.5±2 822.5 ef |
| A2B3C1 | 5 119.9±781.3 fghij | A1B1C1 | 4 863.5±2 287.1 fg |
| A1B3C1 | 4 440.4±410.3 ghij | A3B3C1 | 3 688.2±1 351.5 g |
| A1B1C1 | 4 393.4±696.3 ghij | A1B2C1 | 3 436.1±1 299.0 g |
| A3B3C1 | 3 948.9±192.5 hij | A3B2C1 | 3 021.5±844.8 g |
| A2B2C1 | 3 872.0±1 294.6 hij | A2B1C1 | 2 632.6±177.7 g |
| A3B2C1 | 3 457.4±876.0 ij | A2B2C1 | 2 466.0±547.8 g |
| A3B1C1 | 3 147.6±591.2 j | A1B3C1 | 2 081.3±442.2 g |
| A1B2C1 | 3 117.7±526.4 j | A2B3C1 | 1 705.2±315.2 g |

注：同列中不同字母表示达到 5% 概率水平的差异显著。

## 三、历年不同品种密肥组合方式效益

据表 2-38 可知，糯玉米试验 27 种处理组合中，2008 年春，以 A3B3C3 效益最高，折合纯收益 1.64 万元 /hm²，其次为 A1B3C3，折合纯收益 1.59 万元 /hm²，排在第 3 的为 A1B3C1，折合纯收益 1.59 万元 /hm²；2009 年春，以 A3B2C2 效益最高，折合纯收益 2.3 万元 /hm²，其次为 A2B3C3，折合纯收益 2.14 万元 /hm²，再次是 A3B2C1，折合纯收益 2.03 万元 /hm²；

表 2-38　糯玉米试验不同处理组合下效益　　　　　　单位：万元 /hm²

| 处理 | 2008 年春产量 | 处理 | 2009 年春产量 |
|---|---|---|---|
| A3B3C3 | 1.64±0.03 a | A3B2C2 | 2.30±0.18 a |
| A1B3C1 | 1.59±0.06 ab | A3B1C3 | 2.14±0.23 ab |
| A1B3C3 | 1.59±0.05 ab | A3B2C1 | 2.04±0.10 abc |
| A3B2C3 | 1.53±0.09 abc | A2B3C2 | 1.96±0.14 abcd |
| A1B3C2 | 1.42±0.15 abcd | A3B2C3 | 1.87±0.04 abcde |
| A3B2C1 | 1.41±0.09 abcd | A3B3C2 | 1.86±0.07 abcde |
| A3B3C2 | 1.41±0.11 abcd | A3B3C3 | 1.77±0.34 abcde |
| A3B3C1 | 1.34±0.47 abcde | A1B2C1 | 1.75±0.49 abcde |
| A1B1C3 | 1.32±0.05 abcde | A2B2C2 | 1.72±0.13 abcde |
| A1B2C2 | 1.32±0.08 abcde | A1B1C3 | 1.70±0.23 abcdef |

续表

| 处理 | 2008 年春产量 | 处理 | 2009 年春产量 |
|------|------|------|------|
| A3B2C2 | 1.28±0.08 abcdef | A2B2C3 | 1.66±0.12 abcdefg |
| A1B2C3 | 1.27±0.16 abcdef | A3B3C1 | 1.53±0.25 abcdefgh |
| A3B1C1 | 1.25±0.35 abcdef | A3B1C2 | 1.47±0.18 abcdefgh |
| A3B1C3 | 1.22±0.10 abcdefg | A1B2C3 | 1.38±0.12 bcdefgh |
| A2B3C3 | 1.19±0.17 abcdefg | A1B3C2 | 1.31±0.33 bcdefgh |
| A1B1C2 | 1.17±0.12 abcdefg | A1B2C2 | 1.21±0.16 cdefgh |
| A2B2C3 | 1.10±0.15 abcdefg | A1B1C2 | 1.20±0.41 cdefgh |
| A1B1C1 | 1.09±0.17 abcdefg | A1B3C3 | 1.16±0.37 cdefgh |
| A2B1C3 | 1.08±0.05 abcdefg | A2B1C3 | 1.16±0.21 cdefgh |
| A1B2C1 | 1.01±0.45 abcdefg | A3B1C1 | 1.15±0.54 cdefgh |
| A3B1C2 | 0.98±0.03 bcdefg | A2B3C3 | 1.14±0.06 cdefgh |
| A2B3C2 | 0.94±0.12 cdefg | A2B3C1 | 1.08±0.02 defgh |
| A2B2C2 | 0.88±0.12 defg | A1B3C1 | 0.99±0.27 efgh |
| A2B1C2 | 0.74±0.23 efg | A1B1C1 | 0.82±0.23 fgh |
| A2B2C1 | 0.69±0.10 fg | A1B2C2 | 0.79±0.31 gh |
| A2B3C1 | 0.66±0.14 fg | A2B2C1 | 0.79±0.32 gh |
| A2B1C1 | 0.61±0.12 g | A2B1C1 | 0.73±0.23 h |

注：同列中不同字母表示达到 5% 概率水平的差异显著。

据表 2-39 可知，甜玉米试验 27 种处理组合中，2008 年秋，以 A2B2C2 效益最高，折合纯收益 1.26 万元 /hm²，其次为 A2B3C2，折合纯收益 1.22 万元 /hm²，再次为 A1B2C2，折合纯收益 1.20 万元 /hm²；2010 年春，以 A2B2C2 和 A1B3C2 效益最高，折合纯收益 1.92 万元 /hm²，其次是 A3B2C2，折合纯收益 1.91 万元 /hm²，在不施肥情况下，大部分处理出现不同程度的亏损。

表 2-39　甜玉米试验不同处理组合下效益　　　　单位：万元 /hm²

| 处理 | 2008 年秋产量 | 处理 | 2010 年春产量 |
|------|------|------|------|
| A2B2C2 | 1.26±0.28 a | A2B2C2 | 1.92±0.31 a |
| A2B3C2 | 1.22±0.29 a | A3B2C2 | 1.92±0.11 a |
| A1B2C2 | 1.20±0.24 a | A1B3C2 | 1.91±0.55 a |
| A2B2C3 | 0.89±0.18 ab | A2B3C2 | 1.86±0.08 a |
| A2B1C2 | 0.83±0.22 abc | A3B1C2 | 1.81±0.35 a |
| A1B1C2 | 0.65±0.24 abcd | A3B3C3 | 1.68±0.16 ab |
| A2B1C3 | 0.47±0.31 bcde | A3B1C3 | 1.61±0.09 ab |
| A1B3C2 | 0.46±0.21 bcde | A3B3C2 | 1.60±0.53 ab |
| A1B2C3 | 0.35±0.26 bcdef | A3B2C3 | 1.57±0.13 ab |
| A3B1C2 | 0.33±0.17 bcdef | A2B1C2 | 1.57±0.23 ab |
| A3B1C3 | 0.31±0.10 bcdef | A1B2C3 | 1.56±0.32 ab |
| A1B1C3 | 0.27±0.32 bcdef | A1B1C2 | 1.41±0.57 ab |
| A1B3C3 | 0.26±0.39 bcdef | A1B1C3 | 1.32±0.67 ab |
| A2B1C1 | 0.12±0.11 cdefg | A1B2C2 | 1.27±0.56 ab |

| 处理 | 2008 年秋产量 | 处理 | 2010 年春产量 |
|------|------|------|------|
| A3B3C2 | 0.08±0.21 cdefg | A1B3C3 | 1.23±0.39 ab |
| A2B3C3 | -0.04±0.40 defg | A2B3C3 | 1.16±0.25 ab |
| A3B2C2 | -0.08±0.42 defg | A2B1C3 | 1.12±0.11 ab |
| A1B1C1 | -0.12±0.18 efg | A3B1C1 | 0.90±0.73 abc |
| A3B2C3 | -0.13±0.29 efg | A2B2C3 | 0.65±0.40 bc |
| A2B3C1 | -0.14±0.20 efg | A1B1C1 | -0.03±0.60 cd |
| A3B3C3 | -0.19±0.17 efg | A1B2C1 | -0.49±0.34 d |
| A1B3C1 | -0.31±0.11 fg | A3B3C1 | -0.51±0.35 d |
| A2B2C1 | -0.35±0.34 fg | A2B1C1 | -0.55±0.05 d |
| A3B3C1 | -0.40±0.05 fg | A3B2C1 | -0.57±0.22 d |
| A3B1C1 | -0.41±0.15 fg | A2B2C1 | -0.68±0.14 d |
| A3B2C1 | -0.42±0.23 fg | A1B3C1 | -0.97±0.11 d |
| A1B2C1 | -0.54±0.14 g | A2B3C1 | -0.98±0.08 d |

注：同列中不同字母表示达到 5% 概率水平的差异显著。

## 四、不同品种、密度与施肥方式下生育期的变化

由表 2-40 可知，2008 年春糯玉米试验品种 A3 生育期显著比 A2 长；密度与施肥方式对玉米生育期没有显著影响。

2009 年春，糯玉米品种 A3 生育期明显比 A1 和 A2，A1、A2 间没有显著差异；密度与施肥方式对玉米生育期没有显著影响。

2008 年秋，甜玉米品种 A1 与 A2 生育期没有差异，A3 显著小于 A1 和 A2；密度间生育期 B3 显著大于 B1，随着密度的增加，甜玉米的成熟期有所延长；不施肥相对于施肥明显延长了玉米生育期。

2010 年春，甜玉米品种 A3 生育期明显比 A1 和 A2 短，A1、A2 间没有显著差异；密度 B1 下生育期显著小于密度 B2 与 B3，B2、B3 间没有显著差异；不施肥相对于施肥明显延长了玉米生育期。

表 2-40　不同处理因子间的生育期及差异

| 处理 | 糯玉米 | | 甜玉米 | |
|------|------|------|------|------|
| | 2008 年春 | 2009 年春 | 2008 年秋 | 2010 年春 |
| A1 | 83.3±0.4 ab | 81.6±0.5 b | 89.8±0.5 a | 85.0±1.1 a |
| A2 | 82.5±0.3 b | 82.4±0.4 b | 90.4±0.5 a | 85.2±1.0 a |
| A3 | 83.7±0.4 a | 86.2±0.5 a | 83.5±0.9 b | 77.9±0.9 b |
| B1 | 82.9±0.3 a | 83.3±0.6 a | 86.9±1.1 b | 81.6±1.0 b |
| B2 | 83.3±0.3 a | 83.0±2.7 a | 88.2±0.8 ab | 83.1±1.2 a |
| B3 | 83.2±0.4 a | 83.9±0.6 a | 88.7±0.7 a | 83.4±1.3 a |
| C1 | 82.8±0.3 a | 83.3±0.6 a | 89.6±0.7 a | 88.7±1.0 a |
| C2 | 83.8±0.4 a | 83.0±0.7 a | 87.3±0.9 b | 79.6±0.8 b |
| C3 | 83.3±0.3 a | 83.8±0.5 a | 86.9±1.0 b | 79.7±0.7 b |

注：每列中不同字母表示达到 5% 概率水平的差异显著。

### 五、不同品种、密度与施肥方式下农艺性状的变化

1. 糯玉米株型性状在不同处理因子下的差异

表 2-40 所示，2008 年春季糯玉米试验品种间株高、穗位、茎粗有显著差异，品种株高 A2、A3 明显高于 A1，A2、A3 间无显著差异。品种穗位 A3 明显高于 A1、A2，A1、A2 间无显著差异；株高在不同密度与施肥方式下均无显著差异；穗位在不同密度下无显著差异，在不同施肥方式下差异显著；茎粗在密度与施肥方式间均有显著差异，其中 B1、B2 显著大于 B3，C3、C2 显著大于 C1。

2009 年春季糯玉米试验品种间茎粗无显著差异，株高、穗位差异显著，其中株高 A3 显著大于 A1 与 A2，A1、A2 间无显著差异；穗位 A3 显著大于 A1 与 A2，A1、A2 间无显著差异；株高、穗位高在不同密度与施肥方式下均无显著差异；茎粗在施肥方式间差异不显著，密度间差异显著，B1 显著大于 B3。

2. 甜玉米株型性状在不同处理因子下的差异

表 2-41 所示，2008 年秋季甜玉米试验品种间株高、茎粗有显著差异，穗位差异显著，A2 显著大于 A1，A1 显著大于 A3；品种穗位 A3 明显高于 A1、A2，A1、A2 间无显著差异；株高在不同密度下无显著差异，在不同施肥方式下差异显著，其中 C3、C2 显著大于 C1；穗位高在不同密度下无显著差异，在不同施肥方式下差异显著，施肥明显高于不施肥；茎粗在密度间无显著差异，在施肥方式间差异显著，C3 显著大于 C2，C2 显著大于 C1。

2010 年春季甜玉米试验，品种间茎粗无显著差异，株高、穗位差异显著，其中株高 A1 显著大于 A2 与 A3，A2、A3 间无显著差异，穗位 A1 与 A2 显著大于 A3，A1、A2 间无显著差异；株高在不同密度与施肥方式下差异显著，其中株高 B1 明显大于 B2，C2、C3 明显大于 C1，C2、C3 间无显著差异；茎粗在不同密度下无显著差异，在施肥方式下差异明显，施肥明显大于不施肥，施肥方式间无显著差异。

#### 表 2-41　不同处理因子间农艺性状及差异

| 处理 | | 糯玉米 | | 甜玉米 | |
|---|---|---|---|---|---|
| | | 2008 年春 | 2009 年春 | 2008 年秋 | 2010 年春 |
| 株高 / cm | A1 | 195.6±2.6 b | 187.9±2.6 b | 171.0±6.8 a | 198.9±5.7 a |
| | A2 | 217.5±1.7 a | 192.7±1.3 b | 176.7±8.1 a | 189.3±5.4 b |
| | A3 | 211.5±7.3 a | 205.4±2.5 a | 173.2±6.9 a | 185.5±5.5 b |

续表

| 处理 | | 糯玉米 | | 甜玉米 | |
|---|---|---|---|---|---|
| | | 2008 年春 | 2009 年春 | 2008 年秋 | 2010 年春 |
| 株高 /cm | B1 | 205.6±2.2 a | 193.9±2.6 a | 174.6±5.9 a | 196.7±5.0 a |
| | B2 | 215.9±7.4 a | 196.7±3.0 a | 168.3±8.5 a | 187.6±5.3 b |
| | B3 | 203.0±3.2 a | 195.6±2.2 a | 178.0±7.3 a | 189.4±6.4 ab |
| | C1 | 206.5±7.8 a | 195.0±2.5 a | 146.2±7.5 b | 162.1±4.7 a |
| | C2 | 210.5±2.4 a | 194.7±2.4 a | 182.0±5.2 a | 209.0±3.5 a |
| | C3 | 207.5±2.3 a | 196.4±3.0 a | 192.7±5.7 a | 202.6±3.3 a |
| 穗位高 /cm | A1 | 83.3±1.8 b | 82.9±1.6 b | 65.4±4.0 b | 78.5±4.0 a |
| | A2 | 86.6±1.5 b | 72.9±1.3 b | 75.2±4.5 a | 76.5±5.7 a |
| | A3 | 104.4±1.6 a | 113.7±7.7 a | 52.5±3.3 c | 57.9±2.9 b |
| | B1 | 90.6±2.6 a | 93.5±8.8 a | 63.7±3.8 a | 69.4±3.0 a |
| | B2 | 93.0±2.4 a | 87.9±3.4 a | 62.0±4.9 a | 69.3±3.7 a |
| | B3 | 90.7±2.4 a | 88.2±3.0 a | 67.4±4.2 a | 74.2±6.6 a |
| | C1 | 86.4±2.4 b | 86.7±3.1 a | 50.8±4.3 b | 55.5±4.4 b |
| | C2 | 94.5±2.1 a | 87.7±2.8 a | 67.6±3.6 a | 77.0±2.5 a |
| | C3 | 93.4±2.5 a | 95.2±8.9 a | 74.6±3.8 a | 80.5±5.2 a |
| 茎粗 /cm | A1 | 2.20±0.04 a | 1.92±0.05 a | 1.23±0.07 a | 1.69±0.07 a |
| | A2 | 1.97±0.08 b | 1.97±0.05 a | 1.25±0.07 a | 1.59±0.09 a |
| | A3 | 2.09±0.04 ab | 2.04±0.04 a | 1.31±0.06 a | 1.71±0.17 a |
| | B1 | 2.21±0.07 a | 2.07±0.05 a | 1.31±0.06 a | 1.73±0.09 a |
| | B2 | 2.11±0.04 a | 1.98±0.05 ab | 1.20±0.08 a | 1.61±0.07 a |
| | B3 | 1.95±0.04 b | 1.88±0.04 b | 1.27±0.07 a | 1.67±0.17 a |
| | C1 | 1.93±0.04 b | 1.94±0.05 a | 1.05±0.08 c | 1.32±0.10 b |
| | C2 | 2.23±0.08 a | 2.04±0.04 a | 1.28±0.05 b | 1.96±0.15 a |
| | C3 | 2.10±0.04 a | 1.95±0.05 a | 1.45±0.06 a | 1.71±0.03 a |

注：每列中不同字母表示达到 5% 概率水平的差异显著。

## 六、果穗性状在不同处理间差异显著性

历年总共调查了穗长、穗粗、秃尖长、行数、行粒数、出籽率、千粒重、净穗率和净穗重 9 个果穗性状，其中 2008 年秋季试验出籽率、千粒重与净穗率数据缺失，如表 2-42 所示。

### 1. 品种间果穗性状差异

糯玉米试验：2008 年春季"苏玉糯 2 号""沪玉糯 3 号""美玉 3 号"品种间除出籽率差异不显著外，其他性状间差异均达到显著和极显著；2009 年春季三品种"苏玉糯 2 号""浙糯玉 3 号"与"美玉 8 号"除秃尖差异不显著外，其他性状差异均达显著水平。

甜玉米试验：2008 年秋季"锦珍""锦甜 8 号"与"超甜 4 号"品种间穗长与秃尖长差异不显著，穗粗、穗行数、行粒数、单穗重差异显著；2010 年春季三品种"华珍""超 135"与"超甜 4 号"秃尖、行粒数、千粒重、单穗重、净穗率差异不显著，其他性状差异显著。

### 2. 密度间果穗性状差异

糯玉米试验：2008 年春季密度、穗粗、秃尖、单穗重差异显著，穗长、穗粗、单穗重随密度增加而减小，秃尖随密度增加而加大，其他性状间差异未达到显著；2009 年春季穗粗、穗行数、单穗重差异显著，其他性状差异不显著，穗粗、穗行数、单穗重均随密度的增加而减小。

甜玉米试验：2008 年秋季密度间除穗粗差异显著外，其他性状差异不显著，穗粗随密度加大而减小；2010 年春季密度间穗长与穗粗差异显著，其他性状不显著，穗长与穗粗均随密度增加而降低。

### 3. 不同施肥方式下果穗性状差异

糯玉米试验：2008 年春季不同施肥方式下除出籽率不显著外，其他性状差异显著，其中穗长、穗粗、穗行数、行粒数、千粒重、净穗重均两次施肥最高，其次为一次施肥，不施肥最低，秃尖长与净穗率则正好相反；穗行数以一次施肥最高，显著高于两次施肥，两次施肥显著高于不施肥；2009 年春季不同施肥方式下千粒重、净穗率差异显著，其他性状差异不显著，千粒重、净穗率均以两次施肥最高，其次为一次施肥，不施肥最低。

甜玉米试验：2008 年秋季不同施肥方式下穗长、穗粗、穗行数、行粒数、单穗重差异显著，穗长、穗粗、行粒数、单穗重均以两次施肥最高，其次为一次施肥，不施肥最低。2010 年春季不同施肥方式所有性状差异显著，其中穗长、穗粗、行粒数、千粒重、出籽率、净穗率、单穗重施肥显著大于不施肥，而施肥方式间无显著差异，穗行数一次施肥显著大于不施肥，秃尖长不施肥显著大于施肥。

表 2-42 不同处理间果穗性状值及差异显著性

| 处理 | | 糯玉米 | | 甜玉米 | |
|---|---|---|---|---|---|
| | | 2008 年春 | 2009 年春 | 2008 年秋 | 2010 年春 |
| 穗长 /cm | A1 | 14.5±0.2 b | 15.2±0.1 c | 14.1±0.3 a | 18.3±0.4 a |
| | A2 | 14.8±0.2 ab | 19.9±0.2 a | 14.1±0.5 a | 17.2±0.6 b |
| | A3 | 15.1±0.2 a | 17.6±0.2 b | 14.3±0.6 a | 17.5±0.5 b |
| | B1 | 15.2±0.2 a | 17.8±0.5 a | 14.5±0.4 a | 18.2±0.4 a |
| | B2 | 14.7±0.2 b | 17.6±0.4 a | 14.0±0.5 a | 17.8±0.4 ab |
| | B3 | 14.5±0.2 b | 17.3±0.4 a | 13.9±0.4 a | 17.0±0.6 b |
| | C1 | 13.9±0.2 b | 17.5±0.4 a | 12.0±0.3 b | 15.11±0.54 b |
| | C2 | 15.4±0.1 a | 17.7±0.5 a | 15.5±0.2 a | 18.93±0.18 a |
| | C3 | 15.1±0.1 a | 17.5±0.4 a | 15.0±0.3 a | 18.96±0.12 a |
| 穗粗 /cm | A1 | 4.51±0.03 a | 4.72±0.03 a | 4.26±0.08 b | 4.25±0.09 b |
| | A2 | 4.34±0.04 b | 4.62±0.03 b | 4.45±0.08 a | 4.24±0.10 b |
| | A3 | 4.20±0.04 c | 4.56±0.03 b | 4.24±0.05 b | 4.43±0.07 a |
| | B1 | 4.42±0.04 b | 4.66±0.03 a | 4.40±0.06 a | 4.43±0.07 a |
| | B2 | 4.34±0.04 b | 4.67±0.03 a | 4.26±0.08 b | 4.30±0.08 b |
| | B3 | 4.29±0.05 b | 4.57±0.03 b | 4.29±0.07 ab | 4.21±0.10 b |
| | C1 | 4.21±0.05 c | 4.62±0.03 a | 4.01±0.06 c | 3.80±0.08 b |
| | C2 | 4.47±0.03 a | 4.67±0.03 a | 4.54±0.05 a | 4.57±0.03 a |
| | C3 | 4.37±0.04 b | 4.61±0.03 a | 4.40±0.05 b | 4.56±0.02 a |
| 秃尖 /cm | A1 | 1.38±0.09 a | 0.99±0.07 a | 1.26±0.12 a | 1.27±0.14 a |
| | A2 | 0.47±0.05 b | 0.93±0.11 a | 1.34±0.12 a | 1.22±0.08 a |
| | A3 | 0.52±0.08 b | 0.91±0.08 a | 1.11±0.10 a | 1.31±0.15 a |
| | B1 | 0.69±0.10 b | 0.94±0.10 a | 1.11±0.08 a | 1.22±0.12 a |
| | B2 | 0.75±0.10 ab | 0.92±0.08 a | 1.40±0.12 a | 1.24±0.13 a |
| | B3 | 0.93±0.13 a | 0.97±0.08 a | 1.21±0.12 a | 1.34±0.13 a |
| | C1 | 1.06±0.12 a | 1.00±0.10 a | 1.37±0.12 a | 1.81±0.13 a |
| | C2 | 0.57±0.08 b | 0.86±0.06 a | 1.26±0.11 a | 1.02±0.09 b |
| | C3 | 0.73±0.11 b | 0.97±0.09 a | 1.10±0.10 a | 0.97±0.08 b |
| 穗行数 | A1 | 13.7±0.1 b | 13.0±0.1 b | 11.2±0.2 b | 12.3±0.1 b |
| | A2 | 15.4±0.1 a | 14.4±0.1 a | 12.5±0.2 a | 12.5±0.1 ab |
| | A3 | 13.8±0.1 b | 14.3±0.2 a | 12.3±0.2 a | 12.8±0.1 a |
| | B1 | 14.4±0.2 a | 14.1±0.2 a | 12.1±0.2 a | 12.5±0.1 a |
| | B2 | 14.1±0.2 a | 14.0±0.2 a | 11.9±0.2 a | 12.3±0.1 a |
| | B3 | 14.4±0.2 a | 13.6±0.2 b | 12.0±0.2 a | 12.7±0.2 a |
| | C1 | 14.4±0.2 ab | 13.8±0.2 a | 11.5±0.2 c | 12.3±0.1 b |
| | C2 | 14.4±0.2 a | 13.9±0.2 a | 12.1±0.2 b | 12.5±0.1 ab |
| | C3 | 14.1±0.2 b | 14.0±0.2 a | 12.5±0.2 a | 12.8±0.1 a |
| 行粒数 | A1 | 28.4±0.5 b | 29.1±0.4 c | 30.9±1.2 a | 37.7±0.9 a |
| | A2 | 27.5±0.5 b | 33.9±0.6 a | 32.1±0.9 a | 36.0±1.1 ab |
| | A3 | 31.3±0.5 a | 32.2±0.5 b | 28.6±1.1 b | 34.7±1.5 b |

| 处理 | | 糯玉米 | | 甜玉米 | |
|---|---|---|---|---|---|
| | | 2008 年春 | 2009 年春 | 2008 年秋 | 2010 年春 |
| 行粒数 | B1 | 29.6±0.6 a | 31.9±0.6 a | 31.2±1.1 a | 36.2±1.4 a |
| | B2 | 28.9±0.6 a | 32.0±0.6 a | 30.0±1.3 a | 36.3±1.1 a |
| | B3 | 28.6±0.6 a | 31.2±0.6 a | 30.4±0.9 a | 35.9±1.2 a |
| | C1 | 26.8±0.7 b | 31.4±0.5 a | 25.0±1.1 b | 31.3±1.1 b |
| | C2 | 30.2±0.4 a | 32.2±0.6 a | 33.6±0.7 a | 37.7±1.2 a |
| | C3 | 30.1±0.4 a | 31.6±0.7 a | 32.9±0.7 a | 39.4±0.8 a |
| 出籽率 /% | A1 | 74.6±0.7 a | 70.6±0.6 a | — | 75.7±1.3 b |
| | A2 | 76.0±0.4 a | 70.6±0.8 a | — | 76.9±0.9 b |
| | A3 | 75.6±0.4 a | 67.7±0.7 b | — | 80.3±0.4 a |
| | B1 | 75.1±0.7 a | 69.8±0.8 a | — | 78.0±0.6 a |
| | B2 | 75.7±0.4 a | 69.4±0.7 a | — | 77.6±1.1 a |
| | B3 | 75.5±0.4 a | 69.7±0.8 a | — | 77.2±1.3 a |
| | C1 | 75.5±0.6 a | 69.8±0.6 a | — | 74.3±1.3 b |
| | C2 | 75.3±0.5 a | 69.4±0.6 a | — | 79.5±0.6 a |
| | C3 | 75.5±0.4 a | 69.6±0.9 a | — | 79.0±0.6 a |
| 千粒重 /g | A1 | 350.4±10.2 a | 358.6±3.0 a | — | 318.7±11.3 a |
| | A2 | 283.5±10.1 b | 309.2±4.5 b | — | 319.1±7.6 a |
| | A3 | 304.5±6.8 b | 295.6±5.2 c | — | 315.2±6.4 a |
| | B1 | 316.0±11.1 a | 321.3±6.1 a | — | 324.3±6.9 a |
| | B2 | 312.9±9.5 a | 323.9±6.6 a | — | 322.6±9.2 a |
| | B3 | 309.5±11.3 a | 318.2±7.7 a | — | 306.1±9.4 a |
| | C1 | 299.3±11.8 a | 315.2±7.2 b | — | 278.0±8.7 b |
| | C2 | 327.0±10.3 a | 330.2±6.2 a | — | 339.4±4.6 a |
| | C3 | 312.0±9.1 a | 318.0±6.8 a | — | 335.6±6.2 a |
| 净穗率 /% | A1 | 86.9±0.5 b | 86.4±0.5 b | — | 73.6±1.1 b |
| | A2 | 94.4±0.6 a | 90.5±0.7 a | — | 75.6±0.7 b |
| | A3 | 84.0±0.7 c | 81.6±0.5 c | — | 79.1±0.5 a |
| | B1 | 88.0±1.1 a | 86.6±1.0 a | — | 76.2±0.8 a |
| | B2 | 88.7±1.0 a | 86.1±0.8 a | — | 76.0±0.9 a |
| | B3 | 88.6±1.0 a | 85.7±0.9 a | — | 76.1±1.1 a |
| | C1 | 89.1±1.0 a | 85.2±0.9 b | — | 74.2±1.2 b |
| | C2 | 87.3±1.2 b | 87.3±1.0 a | — | 76.9±0.8 a |
| | C3 | 88.8±0.9 ab | 86.0±0.8 ab | — | 77.1±0.7 a |
| 单穗重 /g | A1 | 173.4±5.1 a | 195.7±3.1 b | 151.2±8.6 a | 191.0±11.5 a |
| | A2 | 147.9±5.3 b | 215.4±5.1 a | 167.5±10.6 a | 180.2±10.9 a |
| | A3 | 155.2±4.0 b | 200.7±4.4 b | 132.6±7.3 b | 177.8±9.3 a |
| | B1 | 167.4±5.3 a | 209.5±4.7 a | 158.6±8.2 a | 198.6±9.5 a |
| | B2 | 157.4±5.1 b | 206.9±3.9 a | 149.0±10.8 a | 178.1±10.6 b |
| | B3 | 151.7±4.9 b | 195.4±4.6 b | 143.7±8.6 a | 172.2±11.2 b |
| | C1 | 134.8±5.2 b | 200.5±4.3 a | 106.1±6.9 b | 118.8±8.0 b |
| | C2 | 175.5±3.6 a | 211.1±4.8 a | 179.5±7.8 a | 216.5±5.2 a |
| | C3 | 166.2±2.9 a | 200.2±4.2 a | 165.6±6.2 a | 213.7±3.7 a |

注：每列中不同字母表示达到 5% 概率水平的差异显著。

## 七、不同品种、密度及施肥方式下的生物产量分析

从表 2-43 可知，糯玉米试验：2008 年春季统计分析结果，生物产量 A1 明显大于 A2；密度间 B3 大于 B2、B2 明显大于 B1，在 3 种密度水平下，生物产量随密度加大而加大；施肥方式间 C2>C3>C1，但差异不显著；2009 年春季统计分析结果，品种间生物产量无显著差异，密度间 B3>B2>B1，但无显著差异；施肥方式间 C2>C3>C1，二次施肥显著大于一次施肥与不施肥。

甜玉米试验：2008 年秋季统计分析结果，生物产量 A1、A2 明显大于 A3；密度间 B3>B2>B1，但无显著差异；施肥方式间 C2>C3>C1，施肥显著大于不施肥；2010 年春季统计分析结果，品种间生物产量无显著差异，密度间 B1>B2>B3，B1 显著大于 B3；施肥方式间 C2>C3>C1，施肥显著大于不施肥，C2、C3 无显著差异。

表 2-43　不同处理因子间生物产量及差异　　　　　　　　单位：$kg/hm^2$

| 处理 | | 糯玉米 | | 甜玉米 | |
|---|---|---|---|---|---|
| | | 2008 年春 | 2009 年春 | 2008 年秋 | 2010 年春 |
| 品种 | A1 | 13 121.4±462.2 a | 13 433.4±276.1 a | 7 242.0±493.3 a | 5 000.5±379.3 a |
| | A2 | 11 003.2±442.1 b | 12 964.3±342.9 a | 8 160.6±600.6 a | 4 563.0±325.7 a |
| | A3 | 12 043.6±393.3 ab | 13 298.4±365.9 a | 5 645.2±346.6 b | 4 451.8±337.7 a |
| 密度 | B1 | 10 618.0±392.2 b | 12 449.7±343.7 b | 6 788.7±383.3 a | 4 982.9±330.0 a |
| | B2 | 12 222.2±392.9 a | 13 275.4±258.9 ab | 6 992.7±659.0 a | 4 743.9±343.5 ab |
| | B3 | 13 328.1±446.1 a | 13 971.0±320.1 a | 7 266.4±513.0 a | 4 288.4±366.0 b |
| 施肥方式 | C1 | 11 536.4±451.2 a | 12 736.2±337.9 b | 4 800.5±388.4 b | 3 027.8±262.5 b |
| | C2 | 12 370.1±437.0 a | 13 909.5±298.2 a | 8 355.7±494.8 a | 5 523.2±267.8 a |
| | C3 | 12 261.7±489.5 a | 13 050.4±317.4 b | 7 891.6±407.3 a | 5 464.3±271.8 a |

注：每列中不同字母表示达到 5% 概率水平的差异显著。

## 八、不同品种、密度及施肥方式下玉米叶片 SPAD 值及差异显著性

从表 2-44 可知，品种、密度、施肥方式间 SPAD 值差异显著。通过因子间显著性差异检验发现，品种 A1 SPAD 值显著大小品种 A2 与 A3；密度间 SPAD 值 B1 与 B2 之间差异不显著，B2 与 B3 之间差异不显著，而 B1 显著大于 B3。施肥处理间 SPAD 值两次施肥 C2 显著大于一次施肥 C3，一次施肥又显著大于不施肥 C1。

表 2-44　2010 春甜玉米试验不同因子的 SPAD 值及差异

| 品种 | | 密度 | | 施肥方式 | |
|---|---|---|---|---|---|
| A1 | 49.7±2.4 a | B1 | 49.5±2.1 a | C1 | 33.4±1.1 c |
| A2 | 47.4±2.5 b | B2 | 47.6±2.3 ab | C2 | 58.1±0.5 a |

| 品种 | | 密度 | | 施肥方式 | |
|------|------|------|------|------|------|
| A3 | 47.2±1.9 b | B3 | 47.2±2.4 b | C3 | 52.8±1.0 b |

注：每列中不同字母表示达到 5% 概率水平的差异显著。

### 九、玉米叶片 SPAD 值与果穗商品性状及产量间的相关关系

根据 2010 年春季试验 SPAD 值与各果穗性状、果穗产量及生物产量的相关分析发现（表 2-45），SPAD 值除与秃尖长及穗行数相关性不显著外，与穗长、穗粗、行粒数、千粒重、出籽率、净穗重、果穗产量和生物产量均达到极显著正相关性。在本试验中，玉米灌浆期功能叶 SPAD 值反映了玉米的果穗产量、生物产量以及大部分的果穗性状。

表 2-45　玉米叶片 SPAD 值与各性状及产量间的相关系数

| 相关系数 | 穗长 | 穗粗 | 秃尖 | 穗行数 | 行粒数 | 千粒重 | 出籽率 | 净穗重 | 果穗产量 | 生物产量 |
|------|------|------|------|------|------|------|------|------|------|------|
| SPAD | 0.88** | 0.90** | -0.31 | 0.26 | 0.72** | 0.88** | 0.63** | 0.88** | 0.95** | 0.90** |

注：* 和 ** 表示差异达显著（$P<0.05$）和极显著（$P<0.01$）水平。

### 十、高产高效的品种密肥组合方式

在 27 种处理组合中，2008 年春，鲜穗单产排在前 3 位的处理组合为 A1B3C2、A1B2C2、A1B3C3，效益排在前 3 位的为 A3B3C3、A1B3C3、A1B3C1；2008 年秋，鲜穗产量排在前 3 位的处理组合为 A2B3C2、A1B3C2、A1B3C1，效益排在前 3 位的为 A2B2C2、A2B3C2、A1B2C2；2009 年春，鲜穗单产排在前 3 位的处理组合为 A2B3C2、A3B2C1、A3B2C2，效益排在前 3 位的为 A3B2C2、A2B3C3、A3B2C1；2010 年春，鲜穗单产排在前 3 位的处理组合为 A1B3C2、A2B3C2、A3B2C2，效益排在前 3 位的为 A2B2C2、A1B3C2、A3B2C2。

### 十一、高产高效品种

4 次密肥耦合试验，共有 10 个品种参加试验，以"苏玉糯 2 号""美玉 8 号""浙糯玉 3 号""锦甜 8 号""锦珍""超甜 4 号"产量表现较好，以"美玉 3 号""苏玉糯 2 号""美玉 8 号""浙糯玉 3 号""锦甜 8 号""超甜 4 号""华珍"效益较好。"苏玉糯 2 号""超甜 4 号"等品种生育期短，适合早春种植以提早上市。

## 十二、最佳的施肥方式

从 4 次试验结果分析，施肥处理相对于不施肥明显增加了产量并提高了果穗的商品性，故鲜食玉米生产必须重视肥料对穗性状的影响。施肥处理中，尽管一次施肥一次性百事达缓效生物肥用量从 675kg/hm$^2$ 增加到 900kg/hm$^2$，但仍比不过两次施肥对产量的贡献，考虑到产量，鲜食玉米生产应以两次施肥方式为主，一次施肥尚需进一步研究以提高产量增益。但是一次施肥相对两次施肥节省了人力物力，经济效益显著，因此在生产中前景广阔。

## 十三、密肥处理方式对玉米生育期和植株性状的影响

2008 年春季与 2009 年春季糯玉米密肥试验汇总结果显示，密度与施肥方式对玉米生育期无显著影响，密度对株高、穗位影响较小而对茎粗影响较大，随密度增加茎粗减小。施肥方式对株高、穗位、茎粗影响较大，施肥明显大于不施肥。

2008 年秋季与 2010 年春季甜玉米密肥试验结果显示，随着密度的增加，甜玉米的生育期延长，施肥相对于不施肥生育期也显著延长。在 2008 年秋季试验中，密度对株高、穗位无显著影响，而 2010 年春季试验，密度对株高、穗位影响显著，分析原因可能跟土壤质地有关，由于两次试验在不同地块进行，其中 2008 年秋试验所在地土壤肥力较高，玉米在不施肥情况下土壤仍然能提供其必要的营养生长需求，而 2010 年春季试验所在地土壤较为贫瘠，其土壤养分甚至不能满足其必要的营养生长需求，因而影响到株高和穗位。两次试验茎粗在不同密度间差异不显著，而在施肥方式间差异显著，施肥显著高于不施肥。

总之，品种、密度和施肥方式对鲜食玉米生育期均产生不同程度的影响。生产中为使鲜食玉米提早上市，重点可选择生育期短的品种，还应强调肥料的合理施用，施肥过多可能出现贪青晚熟，肥料不足可能使得玉米灌浆期延长而延长生育期，甚至不能满足玉米基本的营养生长需求而严重影响玉米株型性状。

## 十四、玉米果穗商品性对密度与肥料的选择要求

历年果穗性状在不同密度与施肥方式下显著性差异有所不同，但总的结果是，密度增加，穗长、穗粗、行粒数、千粒重、净穗重变小，而秃尖长呈现加长的趋势。施肥情况下净穗重、穗长、穗粗、行粒数、千粒重等果穗性状大于不施肥，施肥则有利于秃尖长的减小。果穗性状在不同品种与施肥方式下的差异较大，说明品种与施肥方式对果穗性状的影响较大，而密度影响相对较小。因此，从鲜食玉米果穗商品性讲，生产中应更注重品种的选择，其次是施肥方式，

再就是密度，此外品种密度施肥方式的组合搭配也很关键。刘建华等（2004）认为鲜食甜玉米密度不宜太高，糯玉米可适当加高，早熟或矮秆、紧凑的品种可适当密植；同一品种春播比夏播可适当密植；收获籽粒的种植密度比收获鲜苞的高；土壤肥力高的地块或施肥水平高的地区可适当密植，本试验所得结果基本与之相同。

### 十五、玉米产量对密度与肥料的要求

试验所设 3 种密度下，密度增加有利于糯玉米产量的增加，但也加大了秃尖长，影响了果穗商品性，生产建议密度在 60 000/hm² 株左右。密度对甜玉米的产量影响较小，同时考虑到高密度对商品性的影响，建议甜玉米密度不宜过高，密度在 52 500/hm² 株左右。4 次的试验结果说明目前生产上鲜食玉米品种耐密性不够好，通过提高密度增产潜力不大。因此玉米育种工作还应多强调耐密型品种的研究与推广。

本研究密度对生物产量影响较小，施肥处理生物产量则显著高于不施肥处理，生物产量与玉米鲜穗产量呈正显著相关关系。因此提高生物产量有利于鲜穗产量的增加。

### 十六、SPAD 值对果穗性状与产量的反映

SPAD 值与果穗性状、果穗产量及生物产量的相关分析发现，SPAD 值除与秃尖长及穗行数相关性不显著外，与穗长、穗粗、行粒数、千粒重、出籽率、净穗重、果穗产量和生物产量均具有显著相关性。因此在本试验中，玉米灌浆期功能叶 SPAD 值反映了玉米的果穗产量、生物产量以及大部分的果穗性状。

近年来鲜食玉米发展很快，播种面积逐年增加，其相应的栽培技术研究很多，包括影响鲜食玉米种植效益三大因素品种、密度与肥料的研究，但是三大因素的耦合运筹研究却很少。然而鲜食玉米生产过程中，不同品种其耐密性以及对土壤肥力的适应性均不一样，品种、密度与肥料三因素互相影响，因此有必要对其进行综合研究。目前生产上普通玉米以采用耐密新品种和精简节约的施肥方式来使玉米增产并节约成本，而鲜食玉米相对于普通玉米有所不同，鲜食玉米不光强调产量，还要重视玉米的果穗商品性以及最终的经济效益，因此了解品种、密度、施肥方式对鲜食玉米产量及果穗商品性状的影响显得非常重要。

## 第十三节　玉米大豆间套作

国内的许多研究表明，玉米间套作种植能够充分利用边际效益，使得玉米单穗

重提高，获得较好的产量和效益。本试验选用优质甜玉米、糯玉米和鲜食大豆进行间作，考察间作总产量以及鲜食玉米、大豆的果穗（或荚果）商品性，并对产值进行估算，为优质鲜食玉米的栽培提供新的技术参考。

　　试验在浙江省东阳玉米研究所李宅试验基地进行，设春秋 2 季试验。春季试验有甜玉米 2 个："甜 318""甜 206"；糯玉米 4 个："黑甜糯 168""浙糯玉 7 号""浙糯玉 16""花糯 626"；鲜食大豆品种 2 个："浙鲜豆 8 号""浙鲜豆 9 号"。秋季试验为甜玉米"甜 318"，鲜食大豆"萧农秋艳"。试验以 2 行玉米间作种植 2 行大豆模式进行，采取大田试验，不设重。每季每个品种均设置了 $100m^2$ 左右的清种对照（CK）。春季试验，"甜 206"，2 月 3 日育苗，2 月 26 日移栽，5 月 26 日收获；间作大豆"浙鲜豆 9 号"，2 月 29 日播种，种植面积 $0.333hm^2$，地膜加小拱棚栽培。"黑甜糯 168"，2 月 15 日育苗，3 月 7 日移栽，6 月 5 日收获；间作大豆"浙鲜豆 8 号"，3 月 10 日播种，种植面积 $0.1hm^2$，地膜加小拱棚栽培。"浙糯玉 7 号"，2 月 16 日育苗，3 月 7 日移栽，6 月 7 日收获；间作大豆"浙鲜豆 8 号"，3 月 12 日播种，种植面积 $0.083hm^2$，地膜加小拱棚栽培。"浙糯玉 16"，3 月 5 日育苗，3 月 20 日移栽，6 月 20 日收获；间作大豆"浙鲜豆 8 号"，3 月 25 日播种，种植面积 $0.083hm^2$，地膜覆盖栽培。"花糯 626"，3 月 20 日育苗，4 月 3 日移栽，7 月 3 日收获；间作大豆"浙鲜豆 8 号"，4 月 4 日播种，种植面积 $0.167hm^2$，地膜覆盖栽培。"甜 318"，4 月 12 育苗，4 月 21 日移栽，7 月 12 日收获；间作大豆"浙鲜豆 8 号"，4 月 22 日播种，种植面积 $0.167hm^2$，黑地膜移栽。秋季试验，"玉米甜 318"，8 月 8 日育苗，8 月 17 日移栽，10 月 29 日收获；间作大豆"萧农秋艳"，8 月 19 日播种，11 月 3 日收获，种植面积 $2hm^2$。

　　每个田块均起畦种植，畦宽 1.3m，每畦种植 2 行玉米或者 2 行大豆，玉米、大豆株距均为 25cm。根据本地高产水平设计，施底肥农家肥 $30t/hm^2$，复合肥 $450kg/hm^2$。鲜食玉米大喇叭口期施尿素 $450kg/hm^2$，鲜食大豆在底肥足量的情况下不再追肥。秋季在前茬作物收获后清田翻耕，2 种作物交换间作带种植。

　　每个试验地选 3 个取样点，每点面积为 $26m^2$，收获玉米果穗和鲜豆荚称重计产，同时在每个样点内选取玉米连续 10 株，大豆连续 5 穴 15 株，进行植株情况和产量相关情况的考察。秋季主要进行产量考察和产值探索。

## 一、产量与产值

### 1. 春季

　　表 2-46 表明，春季各鲜食玉米产量间作的为对照的 62.7% ～ 53.1%，鲜食大豆在 42.1% ～ 29.2%。间作玉米果穗饱满，商品穗比例高，价格优于对照，

**南方鲜食玉米绿色高效栽培技术**

带苞果穗对照价格 4 元 /kg，间作的 6 元 /kg 计，间作鲜食大豆荚果商品性比对照略低，对照荚果单价 5 元 /kg，间作的以 4 元 /kg 计，结果如表 2-47，6 个玉米品种的间作模式的产值都高于玉米或大豆的清作模式，间作区产值均值为 6.932 万元 /hm²，较清种鲜食玉米和鲜食大豆分别增值 1.108 万元 /hm² 和 1.696 万元 /hm²。

表 2-46　春季各鲜食玉米、鲜食大豆间作栽培的产量表现

| 玉米品种 | 鲜食玉米 | | 大豆品种 | 鲜食大豆 | |
| --- | --- | --- | --- | --- | --- |
| | 单个带苞果穗重 /g | 产量 / (t/hm²) | | 单株荚重 /g | 产量 / (t/hm²) |
| "甜 206" | 259.6 | 5.841 | "浙鲜豆 9 号" | 33.7 | 3.033 |
| "甜 206"（CK） | 183.5 | 11.010 | "浙鲜豆 9 号"（CK） | 56.8 | 10.372 |
| "黑甜糯 168" | 387.4 | 10.170 | "浙鲜豆 8 号" | 40.7 | 3.663 |
| "黑甜糯 168"（CK） | 269.8 | 16.188 | "浙鲜豆 8 号"（CK） | 58.7 | 10.572 |
| "浙糯玉 7 号" | 365.0 | 9.582 | "浙鲜豆 8 号" | 43.2 | 3.888 |
| "浙糯玉 7 号"（CK） | 255.3 | 15.318 | "浙鲜豆 8 号"（CK） | 58.7 | 10.572 |
| "浙糯玉 16" | 379.4 | 9.960 | "浙鲜豆 8 号" | 44.8 | 4.020 |
| "浙糯玉 16"（CK） | 263.9 | 15.834 | "浙鲜豆 8 号"（CK） | 58.7 | 10.572 |
| "花糯 626" | 334.3 | 8.775 | "浙鲜豆 8 号" | 49.5 | 4.455 |
| "花糯 626"（CK） | 233.1 | 13.986 | "浙鲜豆 8 号"（CK） | 58.7 | 10.572 |
| "甜 318" | 358.6 | 9.414 | "浙鲜豆 8 号" | 47.7 | 4.293 |
| "甜 318"（CK） | 250.3 | 15.018 | "浙鲜豆 8 号"（CK） | 58.7 | 10.572 |

表 2-47　春季各鲜食玉米、鲜食大豆间作栽培的产值表现

| 品种 | 玉米产值 / （万元 /hm²） | 大豆收入产值 / （万元 /hm²） |
| --- | --- | --- |
| "甜 206"＋"浙鲜豆 9 号" | 3.505 | 1.213 |
| "黑甜糯 168"＋"浙鲜豆 8 号" | 6.098 | 1.465 |
| "浙糯玉 7 号"＋"浙鲜豆 8 号" | 5.749 | 1.555 |
| "浙糯玉 16"＋"浙鲜豆 8 号" | 5.976 | 1.613 |
| "花糯 626"＋"浙鲜豆 8 号" | 5.265 | 1.782 |
| "甜 318"＋"浙鲜豆 8 号" | 5.648 | 1.717 |
| 玉米（CK） | 5.824 | 0 |
| 大豆（CK） | 0 | 5.236 |

112

2. 秋季

如表 2-48 所示，秋季玉米"甜 318"间作的产量为 9.746t/hm²，对照则为 15.810t/hm²；大豆"萧农秋艳"间作的产量为 3.974t/hm²，对照则为 9.660t/hm²。如玉米间作的以 4 元 /kg 计，对照的以 3 元 /kg 计，秋大豆豆荚商品性两者相当，单价均以 4 元 /kg 计，则间作的产值比玉米清作增 0.745 万元 /hm²，比大豆清作增 1.266 万元 /hm²。

表 2-48　秋季鲜食玉米、鲜食大豆间作栽培的产量、产值表现

| 品种 | 单株产量 /g | 产量 /（t/hm²） | 产值 /（万元 /hm²） |
|---|---|---|---|
| 间作玉米"甜 318" | 324.9 | 9.746 | 3.898 |
| 间作大豆"萧农秋艳" | 44.2 | 3.974 | 1.589 |
| 玉米（CK） | 263.5 | 15.810 | 4.743 |
| 鲜豆（CK） | 53.7 | 9.660 | 3.866 |

## 二、植株与产量相关性状

1. 鲜食玉米

表 2-49 表明，春季玉米间作株高和穗位高稍有降低，但"浙糯玉 7 号""甜 318"和对照几乎没有差异；田间生长良好，各品种均无倒伏情况，另外，"浙糯玉 7 号"在间作条件下有较高的双穗率。

表 2-49　春季各鲜食玉米间作栽培的植株性状表现

| 品种 | 间作 | | | | 清种（CK） | | | |
|---|---|---|---|---|---|---|---|---|
| | 株高 /cm | 穗位高 /cm | 倒伏率 /% | 双穗率 /% | 株高 /cm | 穗位高 /cm | 倒伏率 /% | 双穗率 /% |
| "甜 206" | 168.3 | 42.1 | 0 | 0 | 171.0 | 45.3 | 0 | 0 |
| "黑甜糯 168" | 182.4 | 75.3 | 0 | 0 | 183.0 | 76.5 | 0 | 0 |
| "浙糯玉 7 号" | 192.3 | 68.4 | 0 | 10 | 193.2 | 70.6 | 0 | 0 |
| "浙糯玉 16" | 257.3 | 117.9 | 0 | 0 | 269.5 | 118.5 | 0 | 0 |
| "花糯 626" | 221.4 | 78.6 | 0 | 8 | 230.1 | 82.1 | 0 | 0 |
| "甜 318" | 245.2 | 86.3 | 0 | 0 | 246.8 | 88.4 | 0 | 0 |

表 2-50 表明，产量相关性状方面，间作比对照的单穗重较高，穗长较长，同时伴随着穗粒数较多，且秃尖较少，穗粗也有增加。

表 2-50　春季各鲜食玉米间作栽培的产量性状表现

| 处理 | 品种 | 单穗重 /g | 穗长 /cm | 穗粗 /cm | 穗行数 | 行粒数 | 秃尖长 /cm | 净穗率 /% |
|---|---|---|---|---|---|---|---|---|
| 间作 | "甜 206" | 189.8 | 21.4 | 4.0 | 13.8 | 37.0 | 4.0 | 73.1 |
| | "黑甜糯 168" | 314.6 | 22.0 | 5.0 | 17.2 | 35.0 | 4.7 | 81.2 |
| | "浙糯玉 7 号" | 276.0 | 20.1 | 5.0 | 19.8 | 34.2 | 2.6 | 75.6 |
| | "浙糯玉 16" | 269.9 | 17.5 | 5.0 | 15.8 | 34.3 | 2.0 | 71.1 |
| | "花糯 626" | 286.1 | 22.0 | 4.9 | 15.2 | 37.9 | 0 | 85.6 |
| | "甜 318" | 242.5 | 17.7 | 4.7 | 14.2 | 35.3 | 0.8 | 67.6 |
| 清种（CK） | "甜 206" | 150.2 | 19.5 | 3.8 | 13.6 | 32.0 | 7.0 | 68.1 |
| | "黑甜糯 168" | 249.6 | 20.3 | 4.6 | 17.4 | 33.0 | 3.5 | 76.3 |
| | "浙糯玉 7 号" | 218.5 | 18.5 | 4.7 | 19.6 | 34.2 | 3.8 | 69.8 |
| | "浙糯玉 16" | 216.6 | 16.9 | 4.9 | 15.2 | 32.3 | 3.5 | 72.6 |
| | "花糯 626" | 225.3 | 20.3 | 4.7 | 14.8 | 35.7 | 0 | 78.2 |
| | "甜 318" | 196.5 | 16.8 | 4.5 | 14.4 | 32.6 | 2.5 | 65.3 |

如表 2-51 所示，秋季间作玉米"甜 318"株高、穗位高较春季均有所降低，间作株高较对照低，穗位高和对照相当；倒伏率和双穗率两间没有差异；果穗总体来看间作的稍大一些，主要表现为单穗重较高，穗长略长。

表 2-51　秋季玉米"甜 318"间作植株与产量相关性状表现

| 处理 | 单穗重 /g | 穗长 /cm | 穗粗 /cm | 秃尖长 /cm | 穗行数 | 行粒数 | 净穗率 /% | 株高 /cm | 穗位高 /cm | 倒伏率 /% | 双穗率 /% |
|---|---|---|---|---|---|---|---|---|---|---|---|
| 间作 | 222.8 | 20.5 | 4.7 | 4.3 | 13.6 | 31.6 | 68.6 | 221.2 | 76.3 | 0 | 0 |
| 清种（CK） | 186.7 | 18.5 | 4.5 | 5.7 | 13.2 | 29.7 | 72.4 | 233.1 | 78.4 | 0 | 0 |

## 2. 鲜食大豆

据表 2-52 所示，2 个鲜食大豆品种株高间作均比对照高，其中"浙鲜豆 9 号"增加的更多；总荚数间作较对照少，1 粒荚比例间作比对照高，3 粒荚比例间作比对照小。总体来看，间作鲜食大豆植株增高、单株荚果数减少、1 粒荚增多，多粒荚减少。

表 2-52　春季间作大豆植株及产量相关性状表现

| 品种 | 处理 | 株高 /cm | 总荚数 | 1 粒荚数占比 /% | 2 粒荚数占比 /% | 3 粒荚数占比 /% | 出籽率 /% |
|---|---|---|---|---|---|---|---|
| "浙鲜豆 9 号" | 间作 | 56.8 | 15.9 | 52.4 | 42.0 | 5.6 | 45.0 |
| | 清种（CK） | 45.6 | 17.3 | 39.3 | 42.2 | 18.5 | 46.8 |

| 品种 | 处理 | 株高 /cm | 总荚数 | 1 粒荚数占比 /% | 2 粒荚数占比 /% | 3 粒荚数占比 /% | 出籽率 /% |
|------|------|---------|--------|----------------|----------------|----------------|----------|
| "浙鲜豆 8 号" | 间作 | 48.9 | 16.0 | 43.8 | 42.5 | 13.8 | 51.4 |
| | 清种（CK） | 43.9 | 18.3 | 41.5 | 41.0 | 17.5 | 52.8 |

表 2-53 表明，秋季鲜食大豆"萧农秋艳"间作株高有所增加，植株节数和分枝数间作和对照相当，总荚数间作比对照略少，并且 1 粒荚占比高于对照，3 粒荚数占比小于对照。总体来看，秋季鲜食大豆植株生长情况和春季类似，间作主要表现为株高增高，总荚数、多粒荚比例减小，单粒荚果占比增高。

**表 2-53　秋季间作大豆"萧农秋艳"植株及产量相关性状表现**

| 处理 | 株高 /cm | 节数 | 分枝数 | 总荚数 | 1 粒荚数占比 /% | 2 粒荚数占比 /% | 3 粒荚数占比 /% |
|------|---------|------|--------|--------|----------------|----------------|----------------|
| 间作 | 39.8 | 9.8 | 1.7 | 19.4 | 46.3 | 52.0 | 1.6 |
| 清种（CK） | 35.7 | 9.5 | 2.1 | 21.2 | 40.1 | 52.8 | 7.1 |

鲜食玉米和鲜食大豆价格不仅取决于果穗和荚果的商品性，而且不同上市时间其价格有很大的变化。对鲜食玉米和鲜食大豆间作各个处理的产量进行产值估测，结果表明，春季间作产值均值为 6.932 万元 /hm²，较清种鲜食玉米和鲜食大豆分别增值 1.108 万元 /hm² 和 1.696 万元 /hm²，主要增值的原因是间作玉米的果穗商品性优于对照，有更高的市场价格。秋季间作产值平均为 5.488 万元 /hm²，比清种鲜食玉米和鲜食大豆分别增值 0.745 万元 /hm² 和 1.266 万元 /hm²。秋季鲜食玉米的商品性仍较对照好，有一定的价格优势。大豆价格相对平稳。

通过对鲜食玉米和鲜食大豆的植株性状和产量相关性状的考察表明，间作鲜食玉米在春秋两季商品性好的原因主要是果穗大，秃尖少。另外，间作也有其缺点，主要是玉米秆高，对鲜食大豆植株产生了一定的影响，表现为株高增加，有类似徒长的现象，提高倒伏风险，减小了单株荚果数量和多粒荚果的比例，增高了单粒荚果的比例，影响了鲜食大豆荚果的产量和商品性。因此，需要对间作选用的鲜食大豆品种进行筛选，选择耐阴性比较好，品质较优的品种进行间作栽培。

# 第十四节　优质甜玉米促早高效栽培技术

甜玉米风味独特，营养丰富，是"粮、经、饲、蔬"四位一体的重要作物，随着人们生活水平的提高，甜玉米种植面积逐年扩大，但甜玉米货架期短，品质下降快，采收后不及时销售或加工品质下降快。目前浙江地区甜玉米主要集中在 3 月底至 4 月初播种，导致 6—7 月集中大量上市，供过于求，价格低廉，种植户效益低下。针对甜玉米上市期过于集中、效益不稳等问题，开展促早栽培研究具有重要意义。促早栽培就是在外界气温还未达到播种要求时，采用地膜、小拱棚和大棚等保温设施，来满足甜玉米播种发芽所需的基本温度要求。促早栽培能够使甜玉米提早在 5 月中旬至 6 月初上市，从而错开销售高峰，供应春夏淡季市场。2015—2017 年采用大棚 + 小拱棚和地膜覆盖，1 月 20—25 日播种，5 月 18 日前后上市，$667m^2$ 产量达到 800kg 以上，销售单价 12 ～ 15 元 /kg，亩产值超万元，取得较好的经济效益。结合多年生产实践，现将甜玉米春季促早高效栽培关键技术进行总结。

## 一、选用优质早熟品种

一般要选用甜度高，皮薄渣少，果穗大小均匀一致，植株高度适中，生育期在 75 ～ 80d，品质好，且适应当地消费习惯的优良品种。推荐黄白双色甜玉米品种"金银 208"和白色品种"雪甜 7401"，两品种均具有爽脆性好、甜度高、皮薄无渣、汁多、口感极好、生育期的特点。

## 二、育苗

### 1. 播种前准备

早春甜玉米促早生产，多采用基质穴盘育苗方式。选择保温性能好的温室（大棚）作为育苗场所，提前整平土地建好苗床，准备好育苗基质和穴盘。

### 2. 种子晾晒

播种前 1 ～ 2d，选择晴天晾晒种子 2 ～ 3h，可增强酶的活力，显著提高发芽率，提早 1 ～ 2d 出苗。

### 3. 适时播种

优质早熟甜玉米，多为温带型品种，耐高温能力差，宜选保护地促早栽培。浙江省内大棚 + 小拱棚和地膜覆盖促早栽培在 1 月中旬至 2 月上旬播种，小拱棚 + 地膜覆盖栽培 2 月中下旬播种，仅地膜覆盖栽培在 3 月上旬播种。可采用分批播种，以延长供应期。

### 4. 穴盘育苗

应选择疏松、保肥水的蔬菜专用育苗基质，或采用泥炭土和珍珠岩按3:1体积配比的基质，选用50孔或72孔的塑料穴盘，将基质洒水后混匀，装盘压实刮平，松紧度适宜，采用人工播种，每穴播1粒，上面覆盖基质0.5～1.0cm厚，浇透水。

### 5. 苗床管理

当苗床温度低于10℃时，在大棚内宜搭小拱棚或在大棚膜外覆盖保温材料，当苗床5cm深地温低于8℃时，应用电热辅助增温；当棚内温度高于30℃时需揭膜通风，先打开大棚前后膜和侧膜，后揭小拱棚侧膜，最后整个小拱棚撤膜；移栽前3～4d，白天揭开前后膜和侧膜，晚上盖上，通风炼苗。苗床内水分采取前促后控，前期保持基质湿润，出苗后适当控水，当表层基质发白时，选择晴天上午进行反复喷淋浇水。

## 三、移栽

### 1. 整地施肥

整地前667m$^2$撒施商品有机肥1 000～2 000kg，深耕20～25cm、细耙，起畦，畦宽100～120cm，沟宽20～30cm，在畦中间开沟每 667m$^2$施三元复合肥（N：P：K为16：16：16，下同）50kg，并盖好地膜。

### 2. 适时移栽

当苗龄22～25d、三叶一心时，选择晴天移栽，每畦2行，大棚促早栽培每667m$^2$移栽2 800～3 200株，其他栽培方式每667m$^2$种植3 200～3 500株。移栽后浇定植水，定植水不可浇多。

## 四、田间管理

### 1. 浇施苗肥

移栽的苗成活后，苗龄在4～5叶时每 667m$^2$用5kg尿素溶于水浇施苗肥。

### 2. 去除分蘖

优质甜玉米具有分蘖特性，在6～8叶时，及时去除所有分蘖。

### 3. 早施穗肥

穗肥在8～10叶（喇叭口期）每667m$^2$施用20～25kg尿素，地膜覆盖的田块施肥时，在株间打洞，施肥后覆土。

#### 4. 辅助授粉

促早大棚栽培由于棚内通风不良且无昆虫自然传粉，吐丝阶段需在9：00—11：00进行人工辅助授粉，以提高果穗商品品质和产量。两个人在大棚的两头沿甜玉米垄间拉一根绳子，绳子在植株的开花部分摇动植株，使得花粉飞扬，促进授粉。

#### 5. 病虫害防治

春季促早栽培病虫害发生较轻，主要病虫害为玉米纹枯病、小斑病、玉米螟和蚜虫等，应预防为主，综合防治。在6～8叶期视病虫害发生情况可喷施25%嘧菌酯悬浮液1 500倍液和和20%氯虫苯甲酰胺悬浮剂3 000倍液防治玉米螟、小斑病及纹枯病，大棚栽培易发生蚜虫，在蚜虫发生初期应及时喷施25%噻虫嗪5 000倍液防治蚜虫。甜玉米吐丝至采收时间较短，吐丝后严禁用药，以确保鲜果穗质量和食用安全。

### 五、适时采收

在吐丝后20～25d采收，应结合外观做到分批采收。此时果穗花丝变深褐色，籽粒充分膨大饱满、色泽鲜亮，压挤时呈乳浆。采收时应连苞叶一起采收，采收后宜摊放在阴凉通风处，尽快上市，以保证果穗品质和口感。

## 第十五节　水果甜玉米"雪甜7401"绿色高效栽培技术

水果甜玉米是指乳熟期采收的鲜果穗皮薄、渣少、爽脆而甜度极高，可直接生吃的一种超甜玉米的商业性名称，该类型的品种具有丰富营养，生吃熟吃都特别甜、特别脆，像水果一样。随着居民消费升级，人们对合理膳食、均衡营养、健康食品的追求越来越高，近几年水果甜玉米在浙江省种植面积逐年增大，年种植面积超过1 000hm²。"雪甜7401"于2016—2017年在浙江省玉米品种区域试验平均鲜穗每667m²产量611.1kg，比对照"超甜4号"减产21.5%；2017年省生产试验平均鲜穗每667m²产量673.5kg，比对照减产18.1%。经农业农村部农产品质量监督检验测试中心（杭州）检测，可溶性总糖含量44.4%；感官品质、蒸煮品质综合评分88.7分，比对照高3.7分。2018年通过浙江省农作物品种审定，其审定编号为浙审玉2018003。

该品种被市场公认为高品质的水果甜玉米的代表，亦被称为"牛奶玉米"。其生育期较短，生育期（出苗至采收鲜穗）78.8d，比对照"超甜4号"短3.5d；植株高度中等，穗位较低，苞叶绿、旗叶多；单穗鲜重202.7g，果穗长筒形，籽粒乳白色，排列整齐；感官品质、蒸煮品质优，口感品质好，甜度一般超过18℃，比西瓜还甜（西瓜甜度一般在10°～13°），皮薄汁多，且没有生玉米的青草味和腥味，深受消费者喜欢。在江浙一带，早春上市的"雪甜7401"果穗，每根售价5～8元，种植户取得较好的经济效益，但该品种属于温带血缘，苗期长势弱，抗病性差，栽培管理难度大，导致没有经验的种植户效益难以稳定。因而，研究集成一套"雪甜7401"绿色高效栽培技术，对加快该品种的推广应用，使消费者吃到美味、营养、安全健康的水果甜玉米具有重要意义。

## 一、科学选地，注意隔离

"雪甜7401"需肥量大，应当选择地势平坦、土质疏松通透性好、肥力高而保肥保水能力较强、排灌方便的壤土或砂壤土，有条件的地方最好早春种植在设施大棚或小拱棚内。"雪甜7401"是纯白色甜玉米品种，为避免玉米品种间串粉，影响果穗外观商品性和品质，必须与其他玉米隔离种植，采用空间隔离的至少相距300m，采用时间隔离时品种间开花散粉期相差15d以上。

## 二、适期播种，催芽育苗

"雪甜7401"耐高温能力差，开花散粉期要避开高温，在浙江省内大棚等设施栽培春季在1月中旬至2月底播种，露地或地膜覆盖的在3月中旬，春季一般建议在3月底前播种结束。由于甜玉米种子内含物少，发芽率低，芽势弱，种子价格高，往往采用育苗移栽而确保全苗。育苗时采用营养杯或塑料穴盘育苗。播种前1～2d对种子进行晾晒2～3h，采用种子一半重量的35℃温水拌种，直至温水吸干，在透气容器中堆成2～3cm厚并覆盖透气湿布保湿，放入发芽箱恒温25℃催芽，每天查看种子保持湿润，至种子发芽刚露白即可播种。以疏松、保肥水的蔬菜育苗基质或泥炭土与珍珠岩按3:1体积配比的基质，制作营养杯或选择50孔、72孔的穴盘，将催芽后露白的种子每穴播种1粒，上面覆盖基质0.5～1cm厚的基质，并浇透水。

当育苗棚内温度低于10℃时，苗床应采用小拱棚覆盖或电炉丝加热等措施增温；当育苗棚内温度超过30℃时，应揭开大棚通风降温，甚至小拱棚去膜。当育苗基质发白时，选择晴天进行反复喷淋浇水。育苗棚内湿度太大时，注意通风降湿，对幼苗喷洒广谱性杀菌剂，预防苗期病害发生。移栽前3～4d，适当通风炼苗。

### 三、精细耕地，施足基肥

在移栽前对畦进行深耕细耙，如有大的土块进行人工碎土，浙江春季雨水较多，一般起畦种植，畦宽 130 ～ 150cm（含沟宽 20 ～ 30cm），在畦中间开沟施优质农家肥或商品有机肥 1 000 ～ 2 000kg/667m²，三元复合肥（氮：磷：钾 = 15：15：15）50kg/667m²，并盖好地膜。地膜可以采用透明膜、黑色膜或银灰色膜。为了提高"雪甜 7401"的甜度和风味，建议增施有机肥，少施化学肥料。

### 四、合理密植，定向移栽

为保证果穗外观漂亮，进行适当疏植有利于培育大果穗和促进籽粒发育，减少果穗秃尖，根据土壤肥力和栽培条件，密度一般在 2 800 ～ 3 500 株 /667m²。当幼苗生长至 2 叶 1 心到 3 叶 1 心时，即苗龄不超过 25d 时，每畦 2 行定向移栽，即第一片子叶与行向垂直，然后覆土压实，移栽后浇定植水。为保证田间整齐度，大小基本一致的秧苗在一起。秧苗成活后，苗龄在 4 ～ 5 叶时，用 5kg/667m² 尿素溶于水（配成 1.5% ～ 2% 的尿素水）浇施长苗肥。去除分蘖，早施穗肥。

"雪甜 7401"具有分蘖较强的特性，分蘖一般不结穗，在 6 ～ 8 叶期需彻底去除分蘖，以促壮苗。"雪甜 7401"生育期较短，应提早追穗肥，在 8 ～ 10 叶期结合中耕培土用 20 ～ 25kg/667m² 尿素穴施穗肥。对于大棚等设施栽培，开花散粉期建议在 9：00 ～ 10：00 进行人工辅助授粉，2 人在大棚的两头沿畦方向拉一根长绳，摇动玉米植株，促进花粉飘落。授粉期间棚内温度在 35 ℃以上时要及时通风降温，以免影响结实率。

### 五、预防为主，综合防控

"雪甜 7401"甜度高，小斑病和纹枯病病抗性较差，易感染病虫害，严重影响果穗的商品质量和销售。因此，对病虫害应预防为主、综合防控，尽量采用农业防治和生物防治，化学防治应使用高效低毒低残留的农药，不可使用高毒高残留的农药，在采收前 15d 禁止用药，以确保果穗质量和食用安全。采用简化施药技术，在喇叭口期（8 ～ 10 叶期），将 1 ～ 2 种杀虫剂（氯虫苯甲酰胺、氟苯虫酰胺、甲维盐、虫酰肼等为主要成分药剂）和杀菌剂（嘧菌酯、苯醚甲环唑、吡唑醚菌酯、丙环唑为主要成分药剂）混合起来喷施，以达到预防玉米螟、大小斑病和纹枯病的目的，在整个生育也可以采用频振灯、黄板、性诱剂或糖醋液进行诱杀害虫。

## 六、及时采收，创新销售

在玉米植株授粉 20～25d 后，花丝枯萎变黑、穗顶端籽粒乳白色且饱满，则可采收。过早或过晚采收均影响果穗商品性和产量。早晨或傍晚采收后，切除鲜果穗的穗柄和顶端的花丝，简易包装后进入超市、水果店或蔬菜批发市场进行销售，或采用电商销售平台（淘宝、微信、微店等），当日下单，次日早晨采摘，下午包装发货，江浙沪皖第 2 天到达。

# 第十六节　早熟优质甜玉米一次性施肥技术试验

随着鲜食玉米产业的发展，优质早熟甜玉米新品种越来越受到市场的欢迎，其种植模式也由普通的大田露地栽培转变成了早播育苗大棚地膜移栽等促早种植模式，在此条件下，对肥料的施用量及高效轻简施用方法均提出了新的要求。缓释肥作为一次性施肥技术中的核心技术，已经在普通玉米种植中取得了较大进展，陈旭等综述了我国长效缓释肥的发展进程和今后的发展方向，张孝琼等研究了缓释肥在玉米种植及节肥要求的应用，此外，缓释肥在普通玉米和糯玉米种植上也均有研究表明能更好地适应玉米种植的需肥要求，在省工节本的同时提高产量和品质。而对于甜玉米，尤其是优质早熟甜玉米新品种的一次性施肥技术方面研究较少，本试验结合玉米专用缓释肥及普通化肥沟施模式探索在优质早熟甜玉米促早栽培模式下可行的一次性施肥技术方法。

试验采用随机完全区组设计，试验品种为早熟优质甜玉米新品种"雪甜7401"，采用育苗移栽，地膜覆盖方式起垄种植，垄宽 1.3m，每垄种植 2 行，设 2 个施肥处理和 1 个对照，3 次重复，各处理施氮量一致，小区长 18.2m，宽 8m，小区面积 145.6m$^2$。处理 1：玉米专用缓释肥（N：P：K＝28：11：12）825kg/hm$^2$，移栽前一次性沟施；处理 2：复合肥（N：P：K＝16：16：16）600kg/hm$^2$＋尿素 300kg/hm$^2$，移栽前一次性沟施；对照 CK：复合肥（N：P：K＝16：16：16）600kg/hm$^2$，移栽前一次性沟施，尿素 300kg/hm$^2$，大喇叭口期追施。在玉米乳熟期收获计产，每个小区选取对角线 3 个取样点，每个样点取连续 10 株，共 30 穗进行测产、拷种。

各处理均于 3 月 8 日育苗，4 月 5 日移栽，5 月 16 日吐丝散粉，6 月 8 日收获测产。测产结果如表 2-54 所示，方差分析结果表明，处理 1、2 和对照间产量差异未达到显著性水平，约 15 000kg/hm$^2$。

表 2-54 产量结果

| | 小区产量 /kg | | | | 产量 / (kg/hm²) |
|---|---|---|---|---|---|
| | 1 | 2 | 3 | 平均 | |
| 处理 1 | 210.7 | 227.5 | 213.3 | 217.2 | 14 916 a |
| 处理 2 | 241.3 | 228.8 | 235.9 | 235.3 | 16 164 a |
| 对照 CK | 213.5 | 218.6 | 224.0 | 218.7 | 15 021 a |

注：产量为鲜穗带苞重；同一列中相同字母表示在 5% 概率水平的差异不显著。

处理间果穗性状比较结果如表 2-55 所示，方差分析结果表明，处理 1、2 和对照相比，净穗率、单穗去苞重、穗长、穗粗、秃尖长、行数、粒数均未达差异显著性水平。

表 2-55 果穗性状比较

| | 净穗率 /% | 单穗去苞重 /g | 穗长 /cm | 穗粗 /cm | 秃尖长 / cm | 行数 | 粒数 |
|---|---|---|---|---|---|---|---|
| 处理 1 | 71.0 a | 241.1 a | 19.4 a | 5.0 a | 2.0 a | 14.5 a | 35.3 a |
| 处理 2 | 70.3 a | 250.8 a | 19.3 a | 5.1 a | 1.7 a | 14.9 a | 34.0 a |
| 对照 CK | 71.0 a | 238.1 a | 19.1 a | 5.0 a | 1.7 a | 14.6 a | 32.7 a |

注：同一列中相同字母表示在 5% 概率水平的差异不显著。

本试验结果显示，处理 1：玉米专用缓释肥（$N:P:K = 28:11:12$）一次性施入，处理 2：复合肥 + 尿素一次性施入，和常规"一基一追"施肥模式相比，产量结果没有显著差异，均达到 15 000kg/hm² 左右，果穗性状也相似。表明基于本试验种植品种生育期短，移栽后前期需肥量大的特点，普通大田生产施肥总量已基本能满足该品种生长要求，并且在此条件下可以选择类似的玉米专用缓释肥或者复合肥 + 尿素进行一次性沟施，均能解决地膜种植追肥困难的问题，同时免去追肥的人力投入。

# 第十七节　玉米苗龄对垄上栽植机的适应性

玉米育苗移栽技术在我国已经研究多年，对于移栽时苗龄的大小也有不少研究，普遍的结论主要为苗龄在 2 叶 1 心至 3 叶 1 心的玉米苗适宜移栽，活棵快，增产效果好。随着玉米产业的发展，目前普通玉米栽培已经实现了机械化精量直播并得到大面积推广应用，而对于鲜食玉米尤其是甜玉米，栽培还未能实现高效的机械化直播种植。对于甜玉米尤其是高品质甜玉米，育苗移栽种植仍是其主要的栽培模式。本试验结合使用垄上栽植机进行甜玉米育苗移栽，为实现机械化种植做初步的实践和探索。

试验地位于浙江省东阳市城东街道塘西，东阳玉米研究所试验基地，总面积 600m²（含育苗地）。前茬水稻，冬闲，壤土偏黏性，土壤肥力中等。

移栽机械型号：井关 2ZY-2A 垄上栽植机；甜玉米品系：甜 318；育苗采用蔬菜用育苗基质和 128 孔蔬菜育苗盘。

设 4 个苗龄处理和 1 个人工栽苗对照，均于 2016 年 3 月 30 日育苗。4 个处理分别为苗龄 1 叶 1 心，2 叶 1 心，3 叶 1 心，4 叶 1 心，适时进行移栽，对照为 2 叶 1 心叶期移栽。由于机器在田间操作时不方便小面积栽苗，所以设计为大区比对，不设重复，每个区 100m²，起垄种植，垄宽 1.3m，每垄 2 行，种植密度为 3 500 株 /667m²。肥水管理：分两次施肥，每 667m² 施复合肥 40kg 作底肥，拔节孕穗期每 667m² 补施尿素 20kg 作穗肥，本年度水分条件较好，未补灌水。

植株性状：栽植后第 2 天和 7 天后观察栽植苗和成苗情况，每个区选取 3 个点，每点 10 米长的行，统计缺苗数，统计完成后补齐缺苗并做标记，补的苗不进行后续考察；吐丝散粉后，每个区取 3 点，每点 10 株量取株高、穗位高，同时观察倒伏、倒折情况。产量性状：乳熟期收获计产，每个区 3 个点，每点取 20m² 收获果穗称取带苞重折算产量，同时每点考察 10 穗的果穗性状进行统计分析。

用 Excel 软件进行数据整理，SPSS 软件进行方差分析，用 LSD 法和 SNK 法进行多重比较。

机栽苗情况和植株性状情况见表 2-56，机栽苗栽苗后 1d 观察漏苗率为 5.6%～11.3%，7d 后观察成苗率为 88.6%～96.3%，其中 4 叶 1 心苗的成苗率最低。品种生育期、倒伏率各苗龄处理间、处理和对照相比均没有差异，株高和穗位高 4 叶 1 心苗龄处理稍低，但并未达到显著水平。

结果表明，1～3 叶期的玉米苗机栽效果较好，成苗率均达到 90% 以上。不同苗龄机栽苗后期植株均生长较好，和人工栽苗相比未有明显差异。

表 2-56　机栽苗情况和植株性状情况

| 苗龄处理 | 栽后 1d 漏苗率 /% | 栽后 7d 成苗率 /% | 生育期 /d | 株高 /cm | 穗位高 /cm | 倒伏率 /% |
|---|---|---|---|---|---|---|
| 1 叶 1 心 | 5.6 | 96.3 | 83 | 223.5 a | 82.3 a | 0 |
| 2 叶 1 心 | 8.3 | 92.3 | 83 | 235.2 a | 84.1 a | 0 |
| 3 叶 1 心 | 6.3 | 93.6 | 82 | 228.4 a | 80.1 a | 0 |
| 4 叶 1 心 | 11.3 | 88.6 | 82 | 219.2 a | 78.5 a | 0 |
| 对照区 | — | — | 83 | 234.4 a | 85.9 a | 0 |

注：同一列中相同字母表示在 5% 概率水平的差异不显著。

产量及果穗相关性状如表 2-57 所示，4 叶 1 心苗产量比对照及其他 3 个苗龄处理均低，且达到显著水平；单穗带苞重 4 叶 1 心苗龄处理比对照和 1 叶 1 心处理低，且达到显著水平；秃尖长除 3 叶 1 心苗龄处理外其他处理均比对照长，且达显著水平；穗粗、穗粗、穗行数和行粒数各处理间相比以及和对照相比均没有差异。各处理各指标间比较均未达到极显著水平。

结果表明，4～5 叶玉米苗机栽后产量和 1～3 叶苗以及对照相比下降显著，主要体现在单穗去苞重的显著降低，但并未体现在穗长或穗粗的减少上，可能与千粒重等其他指标有关。对照区果穗秃尖显著比机栽处理少，可能和田块基础肥力条件有关。

**表 2-57　产量及果穗相关性状情况**

| 苗龄处理 | 带苞产量 /（kg/667m²） | 单穗去苞重 /kg | 穗长 /cm | 穗粗 /cm | 秃尖长 /cm | 穗行数 | 行粒数 |
|---|---|---|---|---|---|---|---|
| 1 叶 1 心 | 1 105.0 a | 242.5 a | 20.3 a | 5.0 a | 5.2 a | 14.2 a | 27.7 a |
| 2 叶 1 心 | 1 082.2 a | 225.3 ab | 20.2 a | 5.1 a | 6.5 a | 13.8 a | 32.2 a |
| 3 叶 1 心 | 1 078.4 a | 230.2 ab | 21.1 a | 5.0 a | 4.3 ab | 14.0 a | 28.6 a |
| 4～5 叶 | 1 013.2 b | 221.1 b | 19.8 a | 4.8 a | 6.9 a | 14.2 a | 29.6 a |
| 对照区 | 1 120.1 a | 245.3 a | 21.6 a | 5.1 a | 3.2 b | 14.6 a | 30.4 a |

注：同一列中不同字母表示在 5% 概率水平的差异显著。

本试验结果表明，在本试验条件下 1～3 叶期的甜玉米苗均能够适应垄上栽植机进行机栽作业，成苗情况、植株生长情况以及最后的产量及果穗商品性均和一般人工栽植没有差异。4 叶后较大苗在栽植时比较容易造成漏苗，主要是成活情况较差和较易出现机械故障或损伤等原因。因此选用机栽苗时尽量保证苗龄少于 4 叶期，能够得到较好的机栽效果。

# 第三章 植物保护与绿色防控

## 第一节 鲜食玉米主要病害

南方鲜食玉米病害主要为苗枯病、小斑病、纹枯病和南方锈病。病害的发生与玉米生长期气候关系密切，尤其受降水和温度影响较大，是影响浙江省玉米生产的主要制约因素。

鲜食甜糯玉米由于自身特性和育种水平原因，抗性水平比普通玉米整体较低，造成病害为害比较严重。其中，小斑病、纹枯病为常发病害，苗枯病对春玉米影响逐渐加大，南方锈病已成为秋玉米灾害性病害，瘤黑粉病为新发病害，最初可能由种子带菌引起，近年来土壤菌量有所积累，秋玉米发生频率有所增加。苗期病害呈现多样化发展，春季玉米苗枯病为苗期主要病害，与以往相比呈现出发生范围和发生率同步上升的趋势。

随着玉米种植密度加大，氮肥施用量增加，种子跨地区调运和气候变化等影响，以高温高湿，阴雨寡照为基础发病条件的南方锈病和纹枯病从以前次要病害演变为主要病害。其中，纹枯病是春玉米主要病害，多年平均发病率超过95%；南方锈病是秋玉米主要病害，2015年秋季9月下旬至10月上旬在浙江省爆发，造成多地玉米绝产。

## 第二节 鲜食玉米主要虫害

南方鲜食玉米虫害以地下害虫、草地贪夜蛾、亚洲玉米螟和蚜虫为主。甜菜夜蛾、斜纹夜蛾、棉铃虫、桃蛀螟和大螟也是影响浙江省甜糯玉米生产的重要害虫，一般与玉米螟混合发生，不需要单独防治，但由于其主要蛀食嫩籽粒为害，易造成穗腐，可结合玉米螟同时防治。大螟主要在拔节期为害，在第3～5叶鞘上产卵，幼虫蛀食幼嫩茎秆，由于大螟在玉米上有转株为害习性，会造成田间植株片状枯死，及时拔除枯心苗可有效防治大螟为害。

## 第三节 鲜食玉米主要草害

杂草对农作物为害很大，可造成农作物减产，品质下降，严重时造成绝收。玉米田杂草种类多，数量大，可造成玉米减产20%～30%，严重的高达40%。南方鲜食玉米田主要阔叶杂草为蓼科、苋科、马齿苋科、石竹科、大戟科等，禾本科杂草主要有看麦娘、早熟禾、马唐、牛筋草和稗草等，莎草科杂草时有发生，不同地块杂草种类差异较大。

目前，使用化学除草剂仍是最快捷、最高效的除草方法，一般采用播后苗前封闭和苗期选择性除草相结合方法，但是，化学除草剂的大量使用，尤其是单一除草剂或作用机制相同除草剂的长期使用，会对环境造成严重的负面影响，不仅使杂草产生抗性，影响除草效率，也会对土壤结构产生影响，对后茬作物造成药害。

# 第四节　玉米苗枯病

## 一、症状

玉米苗枯病一般叶尖最先发病，严重时心叶变黄枯萎，由于主根坏死，茎部维管束发生病变，导致病株生长缓慢，形成弱株，严重时可造成死苗。

## 二、病原

玉米苗枯病主要由串珠镰孢（*Fusarium moniliforme*）中间变种和拟轮枝镰孢（*Fusarium verticillioide*）引起。

## 三、病害发生规律

浙江省玉米苗枯病在20世纪90年代曾大面积流行，在玉米出苗至拔节初期均可发病，一般在玉米2叶1心时显症。种子和土壤是病原菌越冬的主要场所，出苗后种子携带的病菌直接侵染幼苗，土壤中的病原菌也可以直接侵染根系，进而通过维管束系统传导到植株上部。玉米苗期低温多雨，土壤湿度大，利于病原菌侵染，易造成苗枯病发生，秋季发生相对较轻。

## 四、防治

苗枯病的防治主要采用种子包衣，生产上可采用6%戊唑醇悬浮种衣剂或5.5%氟虫腈·戊唑醇悬浮种衣剂进行包衣，在显著提高出苗率的同时，有效防治苗枯病的发生（表3-1）。

表3-1　浙甜6号种子包衣处理对苗枯病的防治效果

| 处理 | 出苗率 /% | 苗枯病为害率 /% | 相对防效 /% |
|---|---|---|---|
| 5.5% 氟虫腈·戊唑醇 FS | 74.36±3.91 a | 1.39±1.92 b | 82.02 |
| 60 g/L 立克秀 FS | 79.82±6.88 a | 0.50±1.76 b | 93.53 |
| CK（清水） | 61.30±3.07 b | 7.73±5.53 a | — |

注：同一列中不同字母表示达到5%概率水平的差异显著。

# 第五节　玉米小斑病

## 一、症状

玉米小斑病（图3-1）常和其他叶部斑病混合发生，主要为害玉米叶片，也为害苞叶和叶鞘。发病初期，在叶片上出现分散的、半透明水渍状黄褐色小斑点或退绿斑，后扩大为椭圆形褐色小型病斑，边缘赤褐色，对光轮廓线清楚，有明显同心轮纹。病斑发生后期，中心变黑褐色，组织坏死；天气潮湿时，病斑上生出暗黑色霉层。病斑受叶脉限制一般不跨叶脉，呈现圆形、椭圆形、或近似长方形，也有跨叶脉病斑。小斑病病斑形状与品种抗性密切相关，抗病品种病斑多为点状或细线状，感病品种则呈现较大的条状病斑；小斑病主要使叶片光合机能受损，导致减产。

图 3-1　玉米小斑病

## 二、病原

玉米小斑病有性态为异旋腔孢菌（*Cochliobolus heterostrophus*），无性态为玉蜀黍平脐蠕孢（*Bipolaris maydis*）。

## 三、病害发生规律

小斑病是我国玉米生产中重要病害之一，在大部分玉米产区普遍严重发生，对玉米产量影响较大。浙江省以甜糯玉米种植为主，品种较多，抗性水平差异较大，温暖湿润的气候使得小斑病常年严重发生。小斑病一般在玉米拔节时始发，最先发病为下部1～3片叶片，并逐渐向上蔓延，在病斑上不断形成分生孢子，形成持续的侵染源，抽雄后发展加快，至乳熟期病情最重。

## 四、品种发病情况

调查显示，浙江省甜糯玉米品种对小斑病抗性总体较差。小斑病春季发病整体较轻（表3-2），相同品种秋季种植发病要普遍重于春季（表3-3），造成产量损失更大。小斑病的发生除与品种抗性有关外，与每年的气候条件也有较大关系，造成年际间小斑病发病整体差异很大（表3-4），在重发生年份需要进行药剂防治。

表3-2 不同年份甜玉米小斑病不同病级发病比例

| 年份 | 不同病级比例 /% | | | | |
|---|---|---|---|---|---|
| | 1 | 3 | 5 | 7 | 9 |
| 2010 春季（45 个品种） | 62.22 | 24.44 | 11.11 | 2.22 | 0 |
| 2011 春季（38 个品种） | 86.84 | 10.53 | 2.63 | 0 | 0 |
| 2012 春季（37 个品种） | 54.05 | 24.32 | 10.81 | 10.81 | 0 |
| 2013 春季（21 个品种） | 14.29 | 42.86 | 9.53 | 33.33 | 0 |
| 平均 | 54.35 | 25.54 | 8.52 | 11.59 | 0 |

表3-3 2010 年春秋相同品种小斑病病级

| 品种 | 病级 | | 品种 | 病级 | | 品种 | 病级 | |
|---|---|---|---|---|---|---|---|---|
| | 春季 | 秋季 | | 春季 | 秋季 | | 春季 | 秋季 |
| "农友华珍" | 1 | 3 | "超甜 4 号" | 1 | 7 | "美玉 3 号" | 1 | 5 |
| "超甜 135" | 3 | 3 | "浙甜 6 号" | 3 | 7 | "苏玉糯 11" | 1 | 7 |
| "浙甜 8 号" | 1 | 3 | "浙甜 9 号" | 1 | 9 | "凤糯 2146" | 1 | 7 |
| "金银蜜脆" | 1 | 3 | "浙凤甜 2 号" | 1 | 9 | "美玉 8 号" | 1 | 5 |
| "正甜 68" | 1 | 3 | "粤甜 3 号" | 1 | 5 | "渝糯 7 号" | 1 | 7 |
| "绿色超人" | 1 | 3 | "蜜玉 8 号" | 1 | 5 | "苏科花糯 2008" | 1 | 5 |

表3-4 相同甜、糯玉米品种在 2010—2013 年小斑病发病情况

| 甜玉米 | 病级 | | | | 糯玉米 | 病级 | | | |
|---|---|---|---|---|---|---|---|---|---|
| | 2010 年 | 2011 年 | 2012 年 | 2013 年 | | 2010 年 | 2011 年 | 2012 年 | 2013 年 |
| "农友华珍" | 1 | 1 | 3 | 3 | "燕禾金 2005" | 3 | 1 | 5 | 5 |
| "超甜 4 号" | 3 | 1 | 3 | 7 | "苏玉糯 2 号" | 1 | 1 | 3 | 1 |
| "浙甜 6 号" | 5 | 3 | 1 | 5 | "渝糯 7 号" | 1 | 1 | 5 | 1 |
| "超甜 135" | 3 | 3 | 3 | 7 | "美玉 8 号" | 1 | 1 | 3 | 3 |
| "先甜 5 号" | 1 | 1 | 1 | 3 | "美玉 7 号" | 3 | 1 | 1 | 3 |
| "绿色超人" | 1 | 1 | 3 | 3 | "浙糯玉 4 号" | 1 | 1 | 3 | 1 |
| "正甜 68" | 1 | 1 | 3 | 3 | "浙凤糯 2 号" | 1 | 1 | 5 | 3 |
| "晶甜 3 号" | 1 | 1 | 3 | 1 | "苏科花糯 2008" | 1 | 1 | 3 | 1 |
| "金银 818" | 3 | 1 | 7 | 5 | "沪玉糯 3 号" | 3 | 1 | 3 | 3 |
| "金凤甜 5 号" | 1 | 1 | 1 | 1 | "京科糯 2000" | 3 | 1 | 5 | 3 |

7 年间鉴定品种中甜、糯玉米均有高抗品种，且高抗和抗性品种比例近 3 年总体有上升趋势，感病和高感品种比例有下降趋势。糯玉米组抗小斑病水平总体高于甜玉米组（表 3-5）。

表 3-5　2010—2017 年浙江省区域试验甜、糯玉米品种对小斑病不同抗性水平比例

| 年份 | 甜玉米抗感水平百分率 /% | | | | | 糯玉米抗感水平百分率 /% | | | | |
|---|---|---|---|---|---|---|---|---|---|---|
| | HR | R | MR | S | HS | HR | R | MR | S | HS |
| 2010 | 0 | 22.22 | 55.56 | 22.22 | 0 | 0 | 50.00 | 41.67 | 8.33 | 0 |
| 2011 | 0 | 15.39 | 30.77 | 46.15 | 7.69 | 0 | 5.56 | 22.22 | 33.33 | 38.89 |
| 2012 | 0 | 6.67 | 6.67 | 33.33 | 53.33 | 0 | 0 | 14.29 | 0 | 85.71 |
| 2013 | 0 | 61.54 | 23.08 | 15.38 | 0 | 5.26 | 73.69 | 10.53 | 5.26 | 5.26 |
| 2014 | 10.00 | 20.00 | 30.00 | 20.00 | 20.00 | 20.00 | 40.00 | 13.33 | 0.20 | 6.67 |
| 2015 | 30.77 | 30.77 | 15.38 | 7.69 | 15.39 | 28.57 | 42.86 | 14.29 | 14.28 | 0 |
| 2016 | 0 | 27.27 | 36.36 | 9.09 | 27.27 | 16.67 | 33.33 | 25.00 | 25.00 | 0 |
| 平均 | 5.82 | 26.27 | 28.26 | 21.98 | 17.67 | 10.07 | 35.06 | 20.19 | 12.34 | 19.50 |

## 五、防治

小斑病的防治应以抗病品种和农业防治为主，采用前移化学防治，预防后期发生。

种植抗性品种是最有效防治小斑病的措施。品种审定过程中均进行病害的抗性评价，依据种子包装上的抗性信息选择品种，避免在病害流行时的生产损失。

农业防治以减少田间菌源、增强通风和合理控制田间湿度为主。

前移化学防治试验表明，使用 3 种药剂在心叶期叶片喷雾，对乳熟期小斑病均有显著防效，防效均在 70% 左右（表 3-6），其中，扬彩（18.7% 丙环醚菌酯悬乳剂）的防效最高为 77.13%，其次为阿米西达（25% 嘧菌酯悬浮剂）防效为 75.04%，爱苗（300g/L 苯甲·丙环唑乳油）防效为 67.81%。对收获时鲜穗测产结果表明，药剂防治对甜玉米增产显著，其中，扬彩处理的增产幅度最大，达 17.73%；其次为爱苗处理 9.33%；阿米西达处理增产幅度为 7.45%。

表 3-6　不同处理对"浙糯玉 7 号"小斑病防效

| 处理 | 小斑病病情指数 | 防效 /% | 折合亩产（去苞）/kg | 增产幅度 /% |
|---|---|---|---|---|
| 阿西米达 | 13.7±0.79 | 75.04 | 778.05±21.96 | 7.45 |
| 爱苗 | 17.93±1.54 | 67.81 | 791.70±24.63 | 9.33 |
| 扬彩 | 12.74±0.64 | 77.13 | 822.6±26.63 | 13.60 |
| CK | 55.7±4.27 | — | 724.15±29.93 | — |

## 第六节 玉米纹枯病

### 一、症状

玉米纹枯病（图 3-2）在玉米的各个生育期均可发病，初发病时，可在植株叶鞘和叶片基部形成不规则的水渍状板块，病斑边缘呈浅褐色，病斑会合后形成大片的云纹状病斑，最终导致叶鞘死亡并造成叶片干枯。病菌主要为害叶鞘和叶片，很少侵染茎秆，茎秆被侵染后造成内部组织解体，只剩纤维束，植株遇风时易倒伏。发病严重时病斑会为害果穗苞叶，同样形成云纹状病斑，并最终造成果穗腐烂。发病组织表面、叶鞘与茎秆之间以及苞叶外部等部位在发病后期会形成大小不等的菌核，菌核初出现时为白色，再逐渐转化为褐色或黑褐色。

图 3-2 玉米纹枯病

### 二、病原

玉米纹枯病主要由立枯丝核菌（*Rhizoctonia solani*）引起，其次为玉蜀黍丝核菌（*Rhizoctonia zeae*）和禾谷丝核菌（*Rhizoctonia cerealis*）。

通过对浙江省 8 个县市采集到的 75 份玉米纹枯病样品分离得到的 65 株丝核菌进行融合群分析，鉴定出 AG1-IA 和 AG5 共 2 个融合群（表 3-7）。融合群菌株地域分布无显著规律，其中，AG1-IA 融合群为浙江省优势菌群，各县市均有分布，共 62 份占 95.38%；3 个菌株属 AG5 融合群，占 4.62%，只在磐安、淳安和缙云等地样品中鉴定到，未发现其他融合群菌株。

在 62 个属于 AG1-IA 融合群中选出 10 个生长旺盛的菌株和 3 株 AG5 菌株对浙糯玉 7 号接种结果表明（表 3-8），所有接种玉米植株几乎 100% 发病，但 AG1-IA 融合群菌株致病力显著高于 AG5 融合群菌株，AG1-IA 融合群中不同菌株之间的致病力也有一定差异，致病力最高的为 PA1408 菌株，平均病指达到 79.17。

表 3-7　不同取样地点丝核菌融合群数量

| 取样地点 | 各融合菌株数量 | |
|---|---|---|
| | AG1-IA | AG5 |
| 东阳 | 14 | 0 |
| 磐安 | 8 | 1 |
| 诸暨 | 10 | 0 |
| 淳安 | 12 | 1 |
| 缙云 | 8 | 1 |
| 建德 | 10 | 0 |

表 3-8　不同菌株对"浙糯玉 7 号"的致病性

| 融合群 | 典型菌株 | 发病率 /% | 病情指数 | | | |
|---|---|---|---|---|---|---|
| | | | 重复 1 | 重复 2 | 重复 3 | 平均 |
| AG1-IA | DY1301 | 100.00 | 57.50 | 65.50 | 58.50 | 60.50 |
| | DY1405 | 100.00 | 67.50 | 66.50 | 59.00 | 64.33 |
| | PA1406 | 100.00 | 57.50 | 60.50 | 62.50 | 60.17 |
| | PA1408 | 100.00 | 82.50 | 75.00 | 80.00 | 79.17 |
| | ZJ1405 | 100.00 | 57.50 | 61.00 | 65.00 | 61.17 |
| | ZJ1409 | 100.00 | 77.50 | 69.50 | 65.50 | 70.83 |
| | CA1305 | 100.00 | 65.00 | 60.50 | 68.00 | 64.50 |
| | CA1307 | 100.00 | 50.00 | 55.00 | 58.00 | 54.33 |
| | JY1402 | 100.00 | 62.50 | 65.00 | 60.50 | 62.67 |
| | JD1405 | 100.00 | 60.00 | 65.50 | 65.00 | 63.50 |
| AG5 | PA1403 | 96.67 | 47.50 | 50.50 | 52.50 | 50.17 |
| | CA1308 | 100.00 | 30.00 | 45.50 | 43.50 | 39.67 |
| | JY1409 | 93.33 | 37.50 | 42.50 | 38.00 | 39.33 |
| CK | 不接种 | 63.33 | 15.00 | 15.00 | 17.50 | 15.83 |

## 三、病害发生规律

玉米纹枯病（*Rhizoctonia solani*）是世界上玉米产区广泛发生、为害严重的世界性病害之一。20 世纪 70 年代以后，随着玉米面积的扩大，杂交种的推广应用，施肥量及种植密度的提高，玉米纹枯病在我国的发生发展日趋严重，现已成为我国玉米产区的主要病害之一，尤其在我国西南和南方玉米种植区，由于玉米生长期气温高、湿度大，纹枯病已成为玉米第一大病害。

近几年来，浙江省鲜食玉米面积不断扩大，玉米纹枯病的发生也渐趋严重，春季玉米从玉米拔节期开始，尤其是进入梅雨季节以后，由于田间气温高，湿度大，玉米纹枯病发生严重，一般情况下发病株占全部植株的 50% 以上，严重田块甚至达到 100%。为害叶鞘，造成底部叶片过早枯死，部分品种由于本身不抗病且穗位较低，纹枯病可直接为害果穗，形成穗腐，造成严重的产量损失。

玉米纹枯病菌以菌丝体和菌核的形式在病残体或土壤中越冬，作为第 2 年侵染玉米的初侵染源。在环境适宜时，玉米纹枯病从苗期到穗期均可发生，但一般前期发病较轻。春玉米初始发病时期为大喇叭口期到抽雄期。

玉米纹枯病发病的影响因素很多，温度和湿度是主要影响因素。25～30℃的气温、90% 以上的相对湿度是玉米纹枯病发生发展的适宜气候条件。在雨期长、雨日多、湿度大的年份，玉米纹枯病往往发生较为严重。玉米连茬种植田块由于土壤中积累了较多的菌源，发病情况也往往较为严重。肥水较好的田块玉米生长旺盛，加之玉米种植较密，增加了田间湿度，透风透光不良，容易诱发病害。低洼排水不良地块发病也较重。此外，田间杂草较多、玉米生育期长和易倒伏等原因也容易导致玉米纹枯病的发生。

## 四、防治

纹枯病的防治应以抗病品种和农业防治为主，以生物防治为辅，采用化学防治预防。

目前生产上推广品种基本无对纹枯病高抗品种，对 2010—2015 年浙江省区域试验鲜食玉米品种连续纹枯病调查结果显示，纹枯病发病率超过 95%，其中，感病级别以上的品种占 26.05%，抗病品种的比例仅占 4.55%。鉴于品种现状，生产上应以改进栽培措施，减轻病害发生为主要防治策略。首先应减少土壤中的菌源积累，及时清理并销毁病残体；均衡施肥，防止后期脱肥，避免偏施氮肥，适量增施钾肥，增强玉米的抗病性；适时深翻，清洁田园，及时清除田间杂草，避免积水；适时早播，避开高温多雨，实行间作、轮作等；还可以在玉米心叶期与心叶末期 2 次摘除病叶，切断纹枯病的再次侵染源。多种真菌可以有效抑制玉米纹枯病菌的生长，如黄绿木霉、绿色木霉、产几丁质木霉等，一些枯草芽孢杆菌菌株也可以用于玉米纹枯病的生物防治。在拔节期喷施井冈霉素、嘧菌酯或丙环唑等药剂进行下部茎秆喷雾可有效减轻穗期纹枯病的发生。

在糯玉米"浙糯玉 7 号"大喇叭口期，选用表 3-9 中 5 种药剂进行前移防治，施药时着重喷施下部茎秆，用药 1 次。在玉米乳熟期调查纹枯病病害，按照纹枯病抗性鉴定标准分株定 % 级，计算病情指数，并测产。结果表明，大喇叭口期用药 1 次，乳熟期纹枯病可显著降低，其中扬彩的防效最佳，为 75.58%，井冈霉素有 42.73% 的防效。所有处理比对照均显著增产，且增产幅度均超过 10%。

表 3-9　不同药剂前移防治纹枯病的防效

| 处理 | 纹枯病病情指数 | 防效 /% | 折合亩产（去苞）/kg | 增产幅度 /% |
|---|---|---|---|---|
| 阿西米达 | 21.73±2.11 | 58.68 | 917.58 | 16.69 |
| 爱苗 | 30.62±1.08 | 41.78 | 875.00 | 11.28 |
| 扬彩 | 12.84±0.49 | 75.58 | 966.00 | 22.85 |
| 满穗 | 21.98±0.49 | 58.20 | 896.00 | 13.95 |
| 井冈霉素 | 30.12±3.15 | 42.73 | 890.75 | 13.28 |
| CK | 52.59±2.38 | — | 786.33 | — |

# 第七节　玉米南方锈病

## 一、症状

玉米南方锈病（图 3-3）主要为害叶片，引起中下部叶片大面积干枯死亡。除叶片外，南方锈病还可以侵染玉米的叶鞘、苞叶等所有地上绿色组织。病菌侵染后在发病初期出现一些分散的褪绿斑点，斑点逐渐从叶片表面隆起，突破表皮组织外露干裂，形成单个圆形的小型夏孢子堆，孢子堆破裂会散发出大量的黄色夏孢子。叶片上产生大量孢子堆后，可引起叶片部分枯死。玉米品种对南方锈病的抗感水平差异显著，抗性品种的孢子对少而小，甚至只有一些不规则的退绿斑，不会形成孢子堆，叶片保持绿色；感病品种叶片侵染后迅速布满孢子堆继而引起叶片枯死。

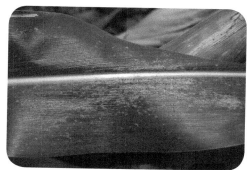

图 3-3　玉米南方锈病

## 二、病原

南方锈病的病原为多堆柄锈菌（*Puccinia polysora*），夏孢子椭圆或圆形，单胞，淡黄色至金黄色。

## 三、病害发生规律

玉米南方锈病在我国多个省份均有发生，年度间发生的区域和程度均不相同。由于南方锈病的夏孢子不能越冬，大多数发生区域均不产生可以抵抗逆境的冬孢子，因此病害的发病地区基本不能完成年度间的循环。研究表明，我国多数南方锈病的病原菌是由热带地区的南方锈病常发区经台风携带而来。南方锈病完成一个侵染循环仅需数天时间，因此一旦发病，遇到合适天气，田间传播迅速，暴发概率大，防治十分困难。

## 四、防治

南方锈病具有突发性和暴发性特征，因此抗病品种是首选防治措施。通过对 2019—2020 年国家东南区和浙江省区域试验等品种的抗病性鉴定发现，占比最大为高感或感病品种，高抗品种比例小于 5%，生产上推观品种对南方锈病抗性水平一般为感或高感，缺乏抗性品种，因此化学农药是防治南方锈病的主要措施。

表3-10　2019—2020年区域试验品种对南方锈病的抗感比例

| 年份 | 甜玉米 /% | | | | | 糯玉米 /% | | | | |
|---|---|---|---|---|---|---|---|---|---|---|
| | 高感 | 感 | 中抗 | 抗 | 高抗 | 高感 | 感 | 中抗 | 抗 | 高抗 |
| 2019 | 10.64 | 47.87 | 27.66 | 13.83 | 0 | 10.61 | 19.70 | 33.33 | 36.36 | 0 |
| 2020 | 25.00 | 29.69 | 20.31 | 20.31 | 4.69 | 35.04 | 29.91 | 22.22 | 10.26 | 2.56 |

　　在南方锈病常发区，在玉米大喇叭口期，如有经中国台湾的台风过境，应加强南方锈病的预防性防治，防治可选用18.7%丙环醚菌酯悬乳剂、25%丙环唑乳油、25%嘧菌酯悬浮剂、25%吡唑醚菌酯乳油或20%三唑酮乳油等进行喷雾，在发病初期间隔5～7d防治3次。使用扬彩在大喇叭口期防治1次，在乳熟期对南方锈病的防效可达71.38%，起到显著的保绿作用（表3-11）。

表3-11　扬彩前移防治玉米后期病害效果

| 处理 | 小斑病病情指数 | 防效 /% | 南方锈病病指 | 防效 /% | 产量 /kg | 增产 /% |
|---|---|---|---|---|---|---|
| 扬彩 50mL/667m² | 15.55±1.05  b | 56.62 | 13.96±0.65  b | 71.38 | 1 024.67±54.41  ab | 5.82 |
| CK | 35.85±0.76  a | — | 48.57±2.98  a | — | 968.33±32.98  b | — |

注：同一列中不同字母表示在5%概率水平下差异显著。

# 第八节　玉米细菌性茎腐病

## 一、症状

　　玉米茎腐病主要发生在玉米灌浆期，在拔节期也有发生，根据病原物不同可分为真菌性茎腐病和细菌性茎腐病，南方鲜食玉米玉米由于在乳熟期采收，发生茎腐病以细菌性茎腐病为主。

　　细菌性茎腐病（图3-4）在拔节期叶片基部出现腐烂，病斑呈黄褐色，腐烂部位呈水渍状，产生大量黏液，同时伴有恶臭，严重时心叶可从中间腐烂处拉出。在吐丝灌浆期，首先在穗位下方的叶鞘表面出现水渍状不规则病斑，边缘呈红褐色，并伴有腐烂，发病节位以上叶面失水呈现灰绿色萎蔫，病害进一步发展会造成病健组织交界处折断，茎秆倒折。

图 3-4　玉米细菌性茎腐病

## 二、病原

细菌性茎腐病主要由玉米迪基氏菌（*Dickeya zeae*）引起。玉米迪基氏菌是一种革兰氏阴性细菌，在 KB 培养基上菌落呈白色、黏稠和光滑的菌落形态。

## 三、病害发生规律

玉米细菌性茎腐病菌可在土壤中存活，存活时长受温度和含水量的影响。玉米细菌性茎腐病菌主要在田间病残体上越冬，次年从植物伤口和叶鞘间隙侵染寄主。玉米细菌性茎腐病菌还可以在种子中存活，并通过种子携带的方式传播病害。温度和土壤条件会影响玉米细菌性茎腐病的流行，玉米细菌性茎腐病最适发病温度是35℃，最适相对湿度为70%。

## 四、防治

玉米细菌性茎腐病可以通过选育抗性品种、加强栽培管理、生物防治和化学防治等方法进行防治。生产中应淘汰易感品种，选择田间抗性强的品种，栽培上应避免田间湿度过高，及时排水，生物制剂如木霉菌、枯草芽孢杆菌和假单胞菌已在试验中表现出预防的优势。在病害发生初期可通过在茎秆发病节喷施链霉素、4% 嘧啶核苷类抗菌素水剂进行杀菌处理，控制病害的发展。对严重发病植株，应及时拔出田外处理。

# 第九节　玉米粗缩病

## 一、症状

玉米粗缩病（图 3-5）是一种由带毒灰飞虱（图 3-6）传播的病毒性病害。主要表现为节间缩短，叶片僵化变硬。幼苗阶段是玉米粗缩病侵染高峰，在5～6叶期即可明显显症。侵染初期心叶基部叶脉出现透明褪绿条斑，称为"明脉"，后期在成熟叶片上转化为粗糙的白色突起，成为脉突，脉突也可在叶鞘和苞叶上形成，触摸有明显粗糙感。病株由于茎节严重缩短，叶鞘聚缩，导致叶片叠加，叶片变短，宽厚，叶色浓绿，严重发病植株高度不足50cm，后期逐渐枯死。粗缩病株根系发育不良，重症植株不抽雄，轻症植株即使抽雄也常伴随雄穗发育不良，不产生或较少花粉，结实较差。

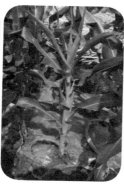

图3-5　玉米粗缩病

图3-6　灰飞虱

## 二、病原

玉米粗缩病毒（maize rough dwarf virus，MRDV）、（malde rio cuarto virus，MRCV）和水稻黑条矮缩病毒（rice black-streaked dwarf virus，RBSDV）是迄今为止报道的引起玉米粗缩病的3种病原。过去我国学者认为我国玉米粗缩病的病原是MRDV，1981年龚祖埙通过电镜对病毒粒子形态学和数量进行观察，发现河北省保定玉米粗缩病的病原为RBSDV。2000年起我国学者先后对山东、河北、江苏和山西玉米粗缩病分离物基因组 S3、S7、S9 和 S10 进行序列测定，结果表明其病原为 RBSDV。张恒木等对浙江省水稻黑条矮缩病和河北省黑条矮缩病的病毒分离物通过 RT-PCR 和序列比分析得出，我国北方玉米粗缩病病原是 RBSDV。2003 年王朝晖等完成了 RBSDV 湖北省玉米分离物的基因组全序列测定和功能预测分析，进一步证明我国玉米粗缩病和水稻黑条矮缩病病原同为 RBSDV。

### 三、病害发生规律

玉米粗缩病是一种世界性玉米病毒病害，早期主要发生在欧洲，20 世纪 50 年代传入我国新疆、甘肃等地，并于 20 世纪 70 年代和 90 年代在华北、西北等地区流行成灾，对我国玉米生产造成了重大损失。随着气候变化和种植结构调整，该病在中国发生呈上升趋势，华北地区、江苏沿海地区为害较为严重。最近一轮爆发在 2008—2015 年，在黄淮海地区和江浙沿海地区发生较为严重，造成了严重的经济损失。

玉米整个生育期内都可能被 RBSDV 侵染发病，苗期受害最为严重，尤其是春玉米和制种田发生严重，发病越早，病情越重，9 叶后发病症状显著减轻，发病叶龄与玉米粗缩病的严重度密切相关。RBSDV 通过灰飞虱［*Laodelphax striatellus*（Fallén）］和白背飞虱［*Sogatella furcifera*（Horváth）］传播，但白背飞虱传毒效率低，灰飞虱传毒效率高。灰飞虱主要在麦类作物及禾本科杂草上越冬，春季带毒的灰飞虱把病毒传播到返青的小麦上，使小麦绿矮，成为侵染玉米的主要毒源。5—6 月气温上升，适合灰飞虱活动，田间灰飞虱种群急剧增加，随着小麦成熟收割，带毒灰飞虱迁移到附近玉米田传毒为害，此时玉米正处于苗期，易感染病毒，致使此间播种的玉米粗缩病发病率最高。玉米作为 RBSDV 的良好寄主，却不是 RBSDV 介体灰飞虱的良好寄主，所以发病玉米不能成为后茬冬小麦的有效侵染源，田间禾本科杂草，尤其是马唐和稗草可自然感染，成为秋播小麦苗期感染的主要侵染源。冬小麦出苗后，带毒灰飞虱迁移至小麦田，完成 RBSDV 的周年循环。

玉米苗期田间灰飞虱虫量和带毒率是影响粗缩病发生的两个重要因素，试验结果表明，随着虫口密度的增加，玉米粗缩病的发生呈显著的上升趋势。但是不同接虫方式及虫源不同会造成发病率的显著差异，室内网箱接毒移栽的发病率要显著高于室外网棚接种，相同数量玉米植株情况下相对虫口密度较大，引起粗缩病发病较重。2011 年和 2010 年灰飞虱带毒率差异也造成接毒效果差异较大，不同批次处理的灰飞虱带毒率不同导致相同虫口密度处理粗缩病发病率差异较大（表 3-12）。

表 3-12　不同虫口密度处理粗缩病的发病率

| 处理 | 2010 年 | | | 2011 年 | | |
|---|---|---|---|---|---|---|
| | 总株数 | 发病株数 | 发病率 /% | 总株数 | 发病株数 | 发病率 /% |
| 0 头 / 株（CK） | 75 | 0 | 0 | 43 | 0 | 0 |
| 0.5 头 / 株 | 84 | 22 | 26.49 | — | — | — |
| 1 头 / 株 | 72 | 26 | 38.42 | 42 | 5 | 11.90 |
| 2 头 / 株 | 51 | 24 | 48.49 | 33 | 8 | 24.24 |
| 3 头 / 株 | — | — | — | 37 | 10 | 27.02 |
| 4 头 / 株 | — | — | — | 42 | 14 | 33.33 |

随着发病程度加重，果穗明显缩小，穗粒数显著减少，籽粒产量显著降低，3 级和 4 级病株不能形成正常果穗，1 级和 2 级病株与健株相比穗长缩短 43.86%、53.51%，穗粗缩小 42.42%、51.51%，果穗粒重下降 65.15%、86.86%，百粒重降低 7.18%、17.55%（表 3-13）。

表 3-13　玉米粗缩病不同发病植株产量性状的比较

| 病级 | 穗长 /cm | 穗粗 /cm | 单穗粒重 /g | 百粒重 /g |
|---|---|---|---|---|
| 健株 | 22.8 | 4.6 | 241.6 | 38.2 |
| 1 | 12.8 | 3.8 | 82.4 | 35.25 |
| 2 | 10.6 | 3.2 | 31.76 | 31.53 |
| 3 | 0 | 0 | 0 | 0 |
| 4 | 0 | 0 | 0 | 0 |

## 四、防治

### 1. 调整播期

粗缩病病毒侵染与玉米的生育期密切相关，播期对玉米粗缩病的发生至关重要。由于我国纬度跨度较大，种植模式不同，所以不同地区避开粗缩病的安全播期也不一致。研究表明，苏北沿海地区春玉米的合理播期在 4 月 10—15 日，夏玉米在 6 月 10—15 日；山西省春玉米 5 月 5—15 日播种，玉米粗缩病发生严重，播期应选在 5 月 5 日前或 5 月 15 日以后。在河北省灰飞虱的常发生年份，6 月 15 日后为夏玉米的安全播期，而在灰飞虱的大发生年份，以 6 月 15 日以后播种为好。山东省试验表明，春玉米应在 4 月 30 日之前播种应实行保护地栽培，夏玉米应推迟到 6 月 10 日以后播种，与河北省安全播期相当。由于浙江省玉米一年可以两熟，因此，春季播种应在 5 月 1 日之前播种，而在其他一年一熟地区，随着纬度北移，夏玉米播种时间应有所推迟，以避开灰飞虱。图 3-7 是 2011 年浙江东阳玉米田间灰飞虱消长的动态，表 3-14 是 2011 年浙江东阳不同播期玉米粗缩病发生的情况，我们可以根据图表中的具体情况，有效避开灰飞虱时期和粗缩病发病时期，合理种植，有效提高玉米产量。

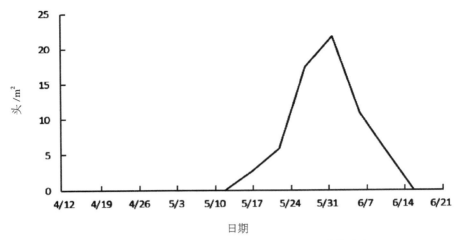

图 3-7 2011 年浙江东阳玉米田间灰飞虱消长动态

表 3-14 2011 年浙江东阳不同播期玉米粗缩病发生情况

| 播种日期（月－日） | 病株率 /% | 病情指数 |
|---|---|---|
| 04-02 | 0 | 0 |
| 04-12 | 0 | 0 |
| 04-22 | 0 | 0 |
| 05-02 | 1.00 | 0.50 |
| 05-09 | 6.00 | 3.25 |
| 05-16 | 4.00 | 2.63 |
| 05-24 | 1.00 | 0.50 |
| 06-01 | 0.50 | 0.13 |
| 06-08 | 0 | 0 |
| 06-15 | 0 | 0 |

**2. 品种抗性**

从 2008—2009 年试验结果来看，玉米自交系粗缩病发病率显著较高，平均达 42.28%，而品种的发病率较低。2008 年 7 个普通玉米品种平均发病率 0.59%，而 2009 年 5 个品种中只有"蠡玉 35"发病，且发病率仅有 0.93%，不同年度间差异较大。2009 年甜玉米品种平均发病率为 0.81%，低于糯玉米的 1.31%。

玉米粗缩病在不同地区发生程度不同。由表 3-15 可以看出，在山东济宁和浙江温岭，"农甜 3 号"的抗性表现都是最好，但在山东济宁粗缩病严重发生地区只表现为感，而在温岭发生相对较轻地区表现为抗，在山东济宁其他 29 个品种均表现为高感，而相同品种在浙江温岭有"丹玉 86""丹玉 603""浙凤糯 2 号""苏科花糯 2008""燕禾金 2000""珠甜 1 号""超甜 4 号""绿色超人"和"农友华珍"9 个品种表现为中抗，14 个品种表现为感，只有 6 个品种表现为高感。在浙江东阳，所有试验植株均未发病。由此结果可以看出，玉米粗缩病的发生不仅与品种有关，还与试验地当年当地粗缩病发生情况密切相关，影响了同一品种在不同地区的抗性级别评价。

表 3-15　不同玉米品种对粗缩病抗性情况

| 品种 | 山东济宁 | | | 浙江温岭 | | |
|---|---|---|---|---|---|---|
| | 株发病率 /% | 病情指数 | 抗性级别 | 株发病率 /% | 病情指数 | 抗性级别 |
| "浙单 724" | 100.00 | 100.00 | HS | 43.56 | 43.56 | HS |
| "丹玉 13" | 100.00 | 100.00 | HS | 41.05 | 41.05 | HS |
| "丹玉 39" | 100.00 | 100.00 | HS | 29.70 | 29.70 | S |
| "丹玉 26" | 100.00 | 75.00 | HS | 29.57 | 22.17 | S |
| "丹玉 86" | 98.39 | 98.39 | HS | 16.3 | 16.30 | MR |
| "丹玉 603" | 100.00 | 100.00 | HS | 15.73 | 15.73 | MR |
| "中单 4" | 100.00 | 75.00 | HS | 40.00 | 30.00 | S |
| "济单 7 号" | 100.00 | 75.00 | HS | 35.24 | 26.43 | S |
| "农大 108" | 98.11 | 73.58 | HS | 40.26 | 30.19 | S |
| "郑单 958" | 100.00 | 100.00 | HS | 39.64 | 39.64 | S |
| "浙糯玉 4 号" | 100.00 | 75.00 | HS | 37.33 | 28.00 | S |
| "浙凤糯 2 号" | 92.16 | 69.12 | HS | 23.81 | 17.86 | MR |
| "苏玉糯 2 号" | 100.00 | 75.00 | HS | 60.98 | 45.73 | HS |
| "苏玉糯 14" | 100.00 | 75.00 | HS | 57.14 | 42.86 | HS |
| "苏玉糯 638" | 100.00 | 100.00 | HS | 25.00 | 62.50 | HS |
| "苏科花糯 2008" | 100.00 | 100.00 | HS | 17.33 | 17.33 | MR |
| "京紫糯 218" | 100.00 | 100.00 | HS | 42.37 | 42.37 | HS |
| "燕禾金 2000" | 100.00 | 100.00 | HS | 18.97 | 18.97 | MR |
| "燕禾金 2005" | 100.00 | 75.00 | HS | 34.69 | 26.02 | S |
| "美玉 8 号" | 100.00 | 100.00 | HS | 20.59 | 20.59 | S |
| "珠甜 1 号" | 100.00 | 75.00 | HS | 16.25 | 12.19 | MR |
| "金银 818" | 100.00 | 50.00 | HS | 73.91 | 36.96 | S |
| "超甜 4 号" | 100.00 | 100.00 | HS | 19.44 | 19.44 | MR |
| "超甜 135" | 100.00 | 100.00 | HS | 27.66 | 27.66 | S |

续表

| 品种 | 山东济宁 | | | 浙江温岭 | | |
|---|---|---|---|---|---|---|
| | 株发病率 /% | 病情指数 | 抗性级别 | 株发病率 /% | 病情指数 | 抗性级别 |
| "浙凤甜 2 号" | 96.61 | 92.44 | HS | 27.59 | 27.59 | S |
| "绿色超人" | 100.00 | 50.00 | HS | 21.31 | 10.66 | MR |
| "农甜 3 号" | 100.00 | 25.00 | S | 26.14 | 6.53 | R |
| "农友华珍" | 100.00 | 50.00 | HS | 39.53 | 19.77 | MR |
| "浙甜 6 号" | 100.00 | 100.00 | HS | 34.88 | 34.88 | S |
| "正甜 613" | 100.00 | 100.00 | HS | 24.04 | 24.04 | S |

从 2010 年普通、甜和糯 3 种类型玉米各品种病情指数方差分析结果可以看出，尽管甜玉米对粗缩病相对抗性较好，但是 3 种玉米类型对粗缩病的抗性没有显著差异（表 3-16）。

表 3-16　不同玉米类型病情指数比较

| 玉米类型 | 病情指数（平均值 ± 标准差） |
|---|---|
| 糯玉米 | 32.22±15.31 a |
| 普通玉米 | 29.48±9.78 a |
| 甜玉米 | 21.97±10.18 a |

注：同一列中相同字母表示在 5% 概率水平下差异不显著。

### 3. 灰飞虱的防治

对传毒媒介灰飞虱的控制是防治玉米粗缩病的重点，灰飞虱一旦被控制，就切断了病毒侵染的传播，在春季麦田中使用药剂控制灰飞虱种群至关重要，可选用 25% 吡蚜酮悬浮剂进行喷雾（表 3-17）。

表 3-17　大田小区药剂防治试验结果

| 试验处理 | 2010 年 | | 2011 年 | | |
|---|---|---|---|---|---|
| | 发病率 | 病情指数 | 发病率 | 病情指数 | 小区产量 /kg |
| 对照 | 0 | 0 | 4.43±0.45 a | 2.99±0.11 a | 28.55±1.23 a |
| 吡蚜酮处理 | 0 | 0 | 1.56±0.75 b | 0.65±0.30 b | 30.29±1.97 a |

注：同一列中不同字母表示在 5% 概率水平下差异显著。

# 第十节　玉米地下害虫

## 一、种类

南方鲜食玉米地下害虫主要有小地老虎、蛴螬和蝼蛄等（图 3-8 至图 3-10）。

图 3-8　小地老虎为害症状

图 3-9　蛴螬为害症状

图 3-10　蝼蛄为害症状

## 二、为害特点

### 1. 小地老虎

小地老虎低龄幼虫可取食玉米心叶,造成小的空洞,3龄以上咬断玉米苗茎基部,使幼苗死亡,并将幼苗拖入洞穴中取食,造成缺苗断垄,严重时造成毁种。每头小地老虎可为害多株玉米,从玉米出苗到拔节初期均可为害。

### 2. 蛴螬

蛴螬是金龟子幼虫的通称,是地下害虫种类最多、分布最广的一大类群,为害南方玉米主要有暗黑鳃金龟和铜绿丽金龟等。蛴螬主要以幼虫为害,在土壤中取食萌发种子,造成出苗不整齐,或在出苗后将茎基部或根系咬断,使植株枯死,且伤口容易被病菌侵入,造成幼苗腐烂。成虫金龟子也可为害玉米灌浆籽粒。

### 3. 蝼蛄

蝼蛄是蝼蛄科昆虫的统称,南方主要为东方蝼蛄,华北蝼蛄也有发生。蝼蛄是杂食性害虫,其成虫和幼虫喜欢在地表下活动,将表土钻成许多"隧道",不仅取食种子和嫩芽,也取食幼苗嫩茎,由于前足为开掘足,受害的根茎部呈乱麻状,由于在表土下或从造成的"隧道",部分幼苗会因根部脱离土壤而干枯死亡,严重时造成缺苗断垄甚至毁种。

## 三、防治

地下害虫防治采用农业防治、物理防治和化学防治相结合。在秋末冬初深翻土壤,防治小地老虎成虫产卵,也可将土壤中蛴螬和蝼蛄翻出减少越冬虫源,耕地前撒施辛硫磷颗粒剂杀灭土壤中地下害虫;合理水旱轮作,杀灭土壤中地下害虫。采用杀虫灯诱杀小地老虎、蛴螬和蝼蛄的成虫,利用50%辛硫磷乳油1kg稀释5倍与50kg炒香的麦麸或米糠等制成毒饵,放置于垄间毒杀蛴螬和蝼蛄幼虫,或使用40%第4批乳油稀释1 000倍液灌根防治小地老虎。利用40%溴酰·噻虫嗪种子处理悬浮剂种子包衣防治蛴螬和小地老虎。

# 第十一节　亚洲玉米螟

## 一、生物学特征

亚洲玉米螟俗称钻心虫,是我国玉米最重要害虫,也是南方鲜食玉米的重要害虫。亚洲玉米螟卵椭圆形,常15～60粒产在一起,排列成鱼鳞状卵块,多产于叶片背面靠叶脉位置，出产卵块乳白色，渐变黄白色，孵化前卵粒中心呈现黑点，称黑头卵。幼虫共5龄，初孵幼虫头壳呈黑色，体色乳白色半透明，老熟幼虫头壳呈深棕色，体灰褐色。雄蛾呈淡黄褐色，雌蛾体型大于雄蛾，体色略淡（图3-11至图3-14）。

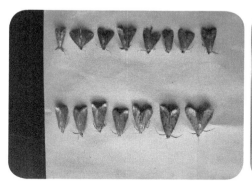
图 3-11　亚洲玉米螟蛾

图 3-12　亚洲玉米螟幼虫

图 3-13　玉米螟为害症状

图 3-14　玉米螟啃食玉米

## 二、为害规律

亚洲玉米螟为钻蛀性害虫，在玉米心叶期，初孵幼虫嵌入心叶中，取食心叶，造成花叶 3 龄以上蛀入未展开心叶，待心叶展开后出现"排孔"，玉米进入吐丝灌浆期后，开始由花丝通道或直接蛀穿苞叶取食籽粒、穗轴和穗柄，此外幼虫还会蛀入雌穗着生节附近茎秆，茎秆被蛀后影响甚至终止雌穗灌浆发育，遇风极易造成倒折。亚洲玉米名蛀食雌穗造成灌浆缓慢，影响产量，由于蛀食造成伤口，常诱发玉米穗腐病，产生的真菌毒素极大影响玉米的品质。

## 三、亚洲玉米螟成虫种群监测

### 1. 灯光诱控监测

通过 2019—2020 年虫情测报灯监测的结果表明，亚洲玉米螟在 6 月上中旬和 7 月中下旬有较显著 2 个高峰，其中 7 月中下旬为全年峰值最高、持续时间最长高峰，其他时间田间都有亚洲玉米螟成虫活动，但无显著峰值。2020 年高空测报灯显示出 4 个峰值，出现在 4 月中下旬、5 月下旬、7 月上旬和 8 月中下旬，比虫情测报灯增加了越冬代和最后一代的高峰，且 4 个峰值均比虫情测报灯的峰值显著较高，两个测报灯的监测结果总体差异较大。

### 2. 性诱监测

对亚洲玉米螟两年的性诱监测结果表明，2019 年全年可见 4 次高峰，分别为 5 月上旬、6 月中下旬、8 月上旬和 9 月上中旬；2020 年全年可见 4 个高峰，分别出现在 5 月中旬、6 月下旬、8 月中旬和 8 月下旬至 10 月中旬。年度间种群变化趋势基本符合，但 2019 年越冬代成虫高峰比 2020 年提早 2 周左右，且蛾量显著高于 2020 年，2020 年 8 月下旬至 9 月初成虫高峰显著高于 2019 年同期，且在 9 月下旬和 10 月中旬有两个蛾峰，2019 年在 9 月下旬以后，亚洲玉米螟成虫迅速减少，2020 年成虫活跃时间较 2019 年延后 20d 左右，至 11 月初田间仍有成虫活动。

## 四、防治

田间试验结果表明（表 3-18、表 3-19），在大喇叭口期施用药剂可有效控制甜玉米穗期玉米螟的为害，减少产量损失。不同药剂对玉米螟为害雌穗和钻蛀茎秆的防效有差异，康宽、福戈、福先安和垄歌效果均较好，且防效稳定，紫丹和阿维菌素的防效稍差，并且药剂防治可显著减少蛀孔数和蛀孔长度，起到一定的增产作用。

表 3-18 不同药剂在"超甜 201"上防治亚洲玉米螟效果（春季）

| 处理 | 雌穗为害率/% | 防效/% | 百穗活虫数/头 | 活虫减退率/% | 百株虫孔数个 | 虫孔减退率/% | 百株虫孔长度/cm | 百株活虫数头 | 活虫减退率/% | 去苞产量/kg | 增产幅度/% |
|---|---|---|---|---|---|---|---|---|---|---|---|
| 福先安 | 1.75±2.89 c | 95.63 | 0.00±0.00 b | 100.00 | 26.67±11.55 b | 88.09 | 66.67±30.55 b | 12.39±11.55 b | 89.68 | 774.74 | 10.81 |
| 垄歌 | 8.33±2.88 b | 79.18 | 3.33±2.89 b | 90.47 | 20.00±20.00 b | 85.71 | 106.67±92.38 b | 6.67±5.34 b | 94.44 | 758.62 | 8.51 |
| 康宽 | 5.33±3.68 bc | 86.68 | 3.56±2.96 b | 89.32 | 11.35±8.59 b | 91.89 | 35.36±28.67 b | 15.67±12.35 b | 86.94 | 786.14 | 12.45 |
| 紫丹 | 1.67±2.88 c | 95.83 | 1.67±2.89 b | 95.24 | 13.33±12.21 b | 90.48 | 73.33±64.29 b | 13.33±11.55 b | 88.89 | 729.94 | 4.41 |
| 阿维菌素 | 6.67±2.89 bc | 83.33 | 3.33±2.89 b | 89.68 | 46.67±30.55 b | 66.67 | 166.67±94.52 b | 26.67±23.09 b | 77.78 | — | — |
| CK | 40.00±5.00 a | — | 33.33±2.89 a | — | 140.00±87.18 a | — | 606.67±257.16 a | 120.00±52.92 a | — | 699.13 | — |

注：同一列中不同字母表示在 5% 概率水平下差异显著。

表 3-19 不同药剂在"浙甜 6 号"上防治亚洲玉米螟效果（秋季）

| 处理 | 雌穗为害率/% | 防效/% | 百穗活虫数/头 | 活虫减退率/% | 百株虫孔数个 | 虫孔减退率/% | 百株虫孔长度/cm | 百株活虫数头 | 活虫减退率/% | 去苞产量/kg | 增产幅度/% |
|---|---|---|---|---|---|---|---|---|---|---|---|
| 福先安 | 3.33±1.66 c | 89.09 | 0.00±0.00 c | 100.00 | 10.00±5.77 cd | 86.96 | 73.33±3.33 b | 13.33±5.77 cd | 87.10 | 743.65 | 8.52 |
| 垄歌 | 5.00±2.88 c | 84.85 | 1.65±1.67 c | 94.50 | 6.67±6.67 d | 91.30 | 33.33±13.33 b | 3.33±2.31 b | 96.78 | 736.35 | 7.75 |
| 康宽 | 5.12±2.88c | 84.48 | 0.00±0.00 c | 100.00 | 10.00±5.77 cd | 86.96 | 50.00±25.16 b | 6.67±2.89 b | 93.54 | 746.00 | 9.16 |
| 紫丹 | 17.00±3.61 b | 48.48 | 13.35±1.67 b | 55.50 | 40.00±5.77 b | 40.00 | 266.67±40.96 ab | 30.00±10.00 b | 70.97 | 727.19 | 6.41 |
| 阿维菌素 | 16.67±2.73 b | 51.00 | 16.65±4.41 b | 44.50 | 33.33±8.82 bc | 56.53 | 243.33±67.66 ab | 23.33±11.55 bc | 77.42 | 731.66 | 7.06 |
| CK | 33.00±3.33 a | — | 30.00±2.89 a | — | 76.67±12.02 a | — | 423.33±173.43 a | 103.33±15.27 a | — | 683.40 | — |

注：同一列中不同字母表示在 5% 概率水平下差异显著。

# 第十二节 草地贪夜蛾

## 一、生物学特征

草地贪夜蛾［*Spodoptera frugiperda*（J. E. Smith）］属鳞翅目夜蛾科灰翅夜蛾属，是一种原产于美洲热带和亚热带地区的杂食性害虫，具有寄主范围宽、适生区

147

域广、增殖倍数高、迁飞能力强、扩散速度快和突发为害重等特点。其幼虫能取食353种寄主植物，包括禾本科，菊科和豆科等，但主要为害玉米、水稻、高粱、棉花和甘蔗。2016年，草地贪夜蛾入侵非洲，并迅速扩散至撒哈拉以南全部非洲，造成玉米减产22%～67%，在防治缺失的情况下，每年造成非洲玉米830万～2 060万吨的产量损失。2018年5月草地贪夜蛾入侵印度，2019年1月入侵我国云南，至2019年10月8日，草地贪夜蛾在我国26个省份的1 538个县（市、区）见成虫，发生面积108万 hm²，最北已到达河北、宁夏和甘肃，其中玉米为害面积106.5万 hm²。截至2020年9月10日，草地贪夜蛾在全国27个省1 388个县发生116.6万 hm²，与2019年同期相比，见虫北界北扩1.3个纬度，发生面积增加11.8%，但发生县数减少6.2%。

　　草地贪夜蛾幼虫（图3-15）分6龄，1龄幼虫特色为黄色或绿色，头部青黑色；2龄幼虫头部变成橙黄色，身体的背面逐渐变成褐色；从3龄开始，第8腹节背面的斑点显著大于其他各节斑点，4个斑点呈正方形排列，同时头部蜕裂线与前胸盾板中央的条纹一起形成白色或浅黄色的"Y"形纹，虫龄越高，正方形4个斑点和"Y"形纹越明显。高龄幼虫体色和体长多变，体色有淡黄色、绿色、棕色、暗褐色等（见图3-16）。

图3-15　草地贪夜蛾幼虫　　　　　　图3-16　草地贪夜蛾为害症状

　　草地贪夜蛾成虫体色多变，从淡黄褐色到暗灰色均有，雄蛾长16～18mm，雌蛾长18～20mm，个体稍大，雄蛾前翅灰棕色，翅面上有淡黄色椭圆形的环形斑，环形斑下边有一个白色楔形纹，翅外缘有一明显的近三角形白斑。雌虫前翅多为灰褐色和棕色的杂色，环形斑依稀可辨。雌蛾和雄蛾的后翅都为银白色，有闪光，边缘有窄褐色带。另外雌雄蛾的前足离身体一端着生大量绒毛（图3-17）。

图 3-17　草地贪夜蛾咬穿玉米

## 二、成虫产卵习性

草地贪夜蛾成虫白天多栖息于玉米心叶中、叶腋、雄穗分枝等隐蔽处。在玉米苗期到拔节期，卵块多产于上部新抽出叶片上，部分会产在下部叶片叶腋等处，卵多产于叶片正面，约占 80%，产于背面的不到 20%。抽雄后多产于上部第 1 或第 2 片叶片。大部分卵块被鳞毛，少数卵块裸露。草地贪夜蛾成虫产卵有显著的趋嫩习性，在同一区域，不同叶龄玉米植株上着卵量有显著差异，玉米叶龄越低着卵量越高。

## 三、幼虫为害习性

初孵幼虫大部分停留在产卵株上为害，部分爬行到叶片边缘吐丝下垂借助风力转移到周围植株，1～3 龄幼虫均可吐丝，也可通过叶片搭桥爬到相邻植株。1～6 龄均可转移。田间为害率较低时有明显的成行成片现象，3 龄以前可在单株上聚集为害，4 龄后具有相互残杀习性，一般 1 株玉米只有 1 头幼虫，但在少数食物特别丰富的部位（如幼嫩雄穗）也偶见 2 头或多头高龄幼虫。

幼虫 1～2 龄时多聚集在幼苗心叶内为害，取食未抽出的嫩叶，叶片正面和背面均可取食，但一般不能咬穿叶片，留下透明的表皮呈天窗状。3 龄后开始咬穿叶片，被害心叶抽出后出现明显孔洞，4～6 龄取食量巨大，可将未抽出心叶大部分取食，留下大量虫粪，虫粪颗粒较大。幼虫往下取食到坚硬茎秆组织时一般会停止取食，转移到临近植株为害。玉米在 5 叶以前抗取食能力较差，被害会导致生长滞缓，甚至死苗，进入拔节期后，随着玉米生长速度加快，为害可造成严重花叶枯萎，但对植株长势不会产生太大影响。

在抽雄期，幼虫为害部位由心叶转到雄穗，幼虫会在未完全抽出的雄穗上聚集为害，此时雄穗由最上面 2 片叶片包裹，幼虫隐蔽环境较好，单个雄穗上幼虫数量可达到几十头，高龄幼虫也可同时存在多头。低龄幼虫会造成颖花被害，高龄幼虫会直接咬断雄穗侧枝和主轴。雄穗抽出散粉后，失去隐蔽环境，幼虫转移。雌穗吐丝后，幼虫会为害花丝，将花丝部分或全部咬断，并随花丝通道进入穗尖，取食籽粒，也可直接蛀穿苞叶取食籽粒。草地贪夜蛾田间世代重叠十分严重，同一时间存在卵、不同龄期的幼虫和成虫。

## 四、玉米品种被害差异

通过对 80 个鲜食甜糯玉米品种草地贪夜蛾被害株率初步调查，不同品种被害株率差异较大，甜玉米品种被害株率最高的为斯达甜 221，达到 28.41%；糯玉米品种被害株率最高的为京科糯 2016，达到 42.50%。甜玉米群体和糯玉米群体被害率无显著差异（图 3-18）。

## 五、种群监测

采用灯诱和性诱的方法进行草地贪夜蛾成虫种群的监测。

### 1. 灯诱监测

2019 年 5 月 9 日田间首次发现草地贪夜蛾幼虫为害后开始灯诱监测，虫情测报灯首次发现成虫在 5 月 22 日，在 6 月下旬、7 月下旬、8 月下旬各有 1 个成虫小高峰，9 月中旬至 10 月上旬出现全年最高峰，峰期长，成虫量大；至 11 月初，田间成虫逐渐归零。2020 年虫情测报灯 5 月 1 日首次发现成虫，高空测报灯在 5 月 7 日首次发现成虫，两个测报灯均显示在 6 月中旬、7 月中旬和 8 月中旬各有 1 个成虫小高峰，比 2019 年前 3 个小高峰均提前 10d 左右，除 6 月中旬峰值较高，显著高于 2019 年同期外，其他 2 个小高峰峰值与 2019 年同期基本持平。2020 年 9 月上旬至中旬出现全年最后一个高峰，与 2019 年相比，峰值显著降低，高峰蛾量仅为 2019 年同期的 1/3，且峰期持续时间较短，9 月 16 日后峰值急速下降，10 月上旬蛾量仅为去年同期的 1/6 或更少。另外，2020 年两种灯在 9 月上旬以前的种群消长基本吻合，但虫情测报灯的峰值比高空测报灯峰值稍早 1 周左右；9 月中旬以后差异较大，高空测报灯虫量下降较虫情测报灯显著较慢，但 10 月中下旬虫情测报灯有一个小高峰，高空测报灯同期峰值不显著。

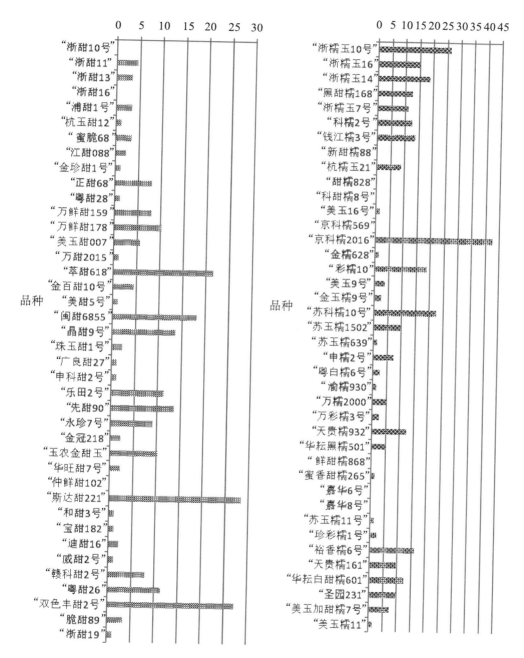

图 3-18　草地贪夜蛾对不同甜、糯玉米品种为害率差异

### 2. 性诱监测

通过性诱监测，2019 年 5 月 21 日首次诱到草地贪夜蛾成虫，在 6 月中旬、8 月中旬各有 1 个小高峰，相比灯诱监测，7 月中旬高峰不明显，9 月上旬至 10 月中旬为全年持续时间和峰值最高的 1 段高峰期，与灯诱结果基本相符。2020 年在 3 月 30 日首次诱到草地贪夜蛾成虫，直到 4 月 27 日第 2 次发现，此后持续发现。在 5 月中旬、6 月下旬、7 月下旬各有 1 次不显著高峰，8 月中旬至 9 月中旬为全年峰值最高，9 月下旬成虫数量急剧下降，在 10 月中旬出现最后一个高峰，性诱结果与灯诱结果整体基本相符，但也存在部分差异，尤其最后一个高峰与高空测报灯结果差异较大。

性诱仅需要诱捕器和诱芯，相比数万元的灯具，灯诱能显著降低监测成本；其次，由于诱芯的高度专一性，害虫数量调查时易做到方便准确计数，灯诱无选择性，诱集到的昆虫需要具有专业能力人员进行分离计数，且分类工作需要大量精力；另外，性诱的稳定性更强，年际间种群峰谷相对一致，不易受温度降水等气候条件变化干扰，虫情测报灯在雨天关闭，低温对成虫扑灯能力影响较大。因此综合来说性诱比灯诱在成虫监测中更具优势。

## 六、防治

### 1. 苗期种衣剂防治

通过种子包衣的方式研究不同种衣剂对苗期草地贪夜蛾的防治效果，结果显示播后 28d 时，路明卫、福亮和捕卡威均有一定的防治效果，其中，路名卫的持效期最长，相对防效最好，在出苗后 14～21d 能对幼苗起到一定保护作用，出苗后 28d 时，所有种衣剂处理与对照的为害率无差异（图 3-19）。

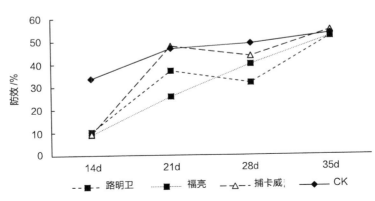

图 3-19 种子包衣对草地贪夜蛾的防治效果

**2. 化学防治**

药效试验结果表明，3% 甲维盐水分散粒剂和 50 g/L 虱螨脲乳油 2 个单剂，以及含有甲维盐、虱螨脲、甲氧虫酰肼、茚虫威、虫螨腈、丙溴磷和灭多威成分的复配制剂对草地贪夜蛾均具有较好的杀虫活性，药后第 3d 虫口减退率分别为 87.61% ～ 98.99%；乙基多杀菌素与甲氧虫酰肼、氟啶虫胺腈复配制剂药后 3d 虫口减退率分别为 94.94% 和 98.49%，甘蓝夜蛾核型多角体病毒和苦皮藤素等生物源制剂杀虫活性也较好，药后第 3d 虫口减退率分别为 95.83% 和 89.48%，激素类药剂灭幼脲处理的药后第 3d 虫口减退率为 75.62%。氟氯氰菊酯、金龟子绿僵菌和苏云金杆菌的田间杀虫活性较差，药后第 3d 虫口减退率仅在 30% 左右。通过对新生叶片被害率的调查，8% 甲维·虱螨脲悬浮剂 50 g/L 虱螨脲乳油、34% 乙多·甲氧虫悬浮剂、9% 阿维·茚虫威悬浮剂、40% 氟虫·乙多素水分散粒剂、9% 阿维·茚虫威悬浮剂、6% 甲维·虫螨腈微乳剂、1% 苦皮藤素乳油和甘蓝夜蛾核型多角体病毒悬浮剂的持效期在 7 ～ 10d；3% 甲维盐水分散粒剂和 25% 丙溴·灭多威乳油持效期低于 7d（表 3-20）。

表 3-20 不同药剂处理对鲜食玉米田间草地贪夜蛾的虫口减退率与持效期

| 药剂 | 药后第 3d 虫口减退率 /% | 药后第 7d 新叶被害率 /% | 药后第 10d 新叶被害率 /% | 持效期 /d |
|---|---|---|---|---|
| 3% 甲维盐水分散粒剂 | 93.24±0.127 ab | 35.46 | — | <7 |
| 50 g/L 虱螨脲乳油 | 87.61±10.53 ab | 18.36 | 35.78 | 7 ～ 10 |
| 20% 灭幼脲悬浮剂 | 75.62±8.34 cde | — | — | |
| 5.7% 氟氯氰菊酯水乳剂 | 25.68±5.67 f | — | — | |
| 34% 乙多·甲氧虫悬浮剂 | 94.94±1.50 ab | 15.63 | 38.67 | 7 ～ 10 |
| 40% 氟虫·乙多素水分散粒剂 4 | 98.49±1.51 a | 13.64 | 35.21 | 7 ～ 10 |
| 8% 甲维·虱螨脲悬浮剂 8 | 92.75±4.63 ab | 14.52 | 31.23 | 7 ～ 10 |
| 9% 阿维·茚虫威悬浮剂 | 85.71±3.25 bcd | 19.35 | 46.34 | 7 ～ 10 |
| 6% 甲维·虫螨腈微乳剂 | 98.99±1.01 a | 15.63 | 39.67 | 7 ～ 10 |
| 25% 丙溴·灭多威乳油 | 92.42±4.87 ab | 22.92 | — | <7 |
| 440 g/L 氯氰·丙溴磷乳油 | 72.47±2.99 de | — | — | |
| 14% 阿维·虫螨腈悬浮剂 | 65.71±5.36 e | — | — | |
| 30 亿 PIB/mL 甘蓝夜蛾核型多角体病毒悬浮剂 | 95.83±4.17 ab | 17.36 | 36.87 | 7 ～ 10 |
| 80 亿孢子 /mL 金龟子绿僵菌可分散油悬浮剂 | 28.98±3.56 f | — | — | |
| 1% 苦皮藤素乳油 | 89.48±2.80 bc | 18.55 | 42.76 | 7 ～ 10 |
| 10 万 OB/mg 稻纵卷叶螟颗粒体病毒 + 苏云金杆菌 16 000IU/mg | 33.93±10.46 f | — | — | |

## 第十三节　植保器械对病虫害的防治影响

鲜食玉米病虫害基本在中后期发生，对玉米的产量和品质带来很大影响。在目前农村劳动力老年化和科技兴农背景下，寻求一种高效施药的方法显得尤为重要。植保无人机是近年来快速发展的一种施药技术，具有作业效率高、喷洒药液量少、劳动强度低、智能化程度高等特点，在水稻、玉米、小麦、棉花等作物上已经得到大量应用。

鲜食玉米后期植株高大，不利于人工施药，利用无人机可显著降低劳动强度。但施药器械的雾滴大小、均匀度、雾滴沉积密度、气象环境等一系列条件直接影响田间防治效果。为了研究不同植保器械对甜玉米中后期病虫害的防治效果，进行了植保无人机、电动喷雾器及热力烟雾机田间比较试验。

结果表明，植保无人机和热力烟雾机的施药效率分别是电动喷雾器的 32.5 倍和 5.6 倍。在使用 200g/L 氯虫苯甲酰胺乳油和 18.7% 嘧菌酯·丙环唑悬浮剂为病虫防治药剂的条件下，植保无人机和电动喷雾器施药后 14d 对玉米螟的校正防效为90% 左右，收获期果穗相对防效超过 75%，热力烟雾机防效均低于 60%；电动喷雾器和植保无人机施药对乳熟期小斑病的防效达到 56.62% 和 58.69%，对南方锈病的防效达到 71.38% 和 61.17%，均显著高于热力烟雾机；测产结果表明植保无人机的增产效果最好，达 10.93%。试验表明植保无人机可用于甜玉米中后期病虫害的防治，施药效率和防治效果均优于人工喷雾器喷洒，热力烟雾机的防效相对较差（表3-21）。

表3-21　不同施药器械对玉米螟、小斑病和南方锈病防治效果及产量比较

| 处理 | 药前花叶率 /% | 药后 14d 花叶率 /% | 校正防效 /% | 收获期果穗为害率 /% | 相对防效 /% | 小斑病病指 | 相对防效 /% | 南方锈病病指 | 相对防效 /% | 产量 /kg | 增产率 /% |
|---|---|---|---|---|---|---|---|---|---|---|---|
| 植保无人机 | 9.31± 0.95 a | 10.14± 0.62 b | 90.60 a | 2.56± 3.32 b | 79.25 b | 14.81± 0.84 b | 58.69 a | 18.86± 2.41 bc | 61.17 ab | 1 074.17± 35.83 a | 10.93 a |
| 热力烟雾机 | 6.46± 1.17 a | 9.57± 0.62 b | 48.79 b | 5.33± 1.10 b | 56.81 b | 20.00± 0.47 c | 44.21 b | 24.70± 2.85 c | 49.15 a | 1 041.67± 19.68 a | 7.57 a |
| 电动喷雾器 | 8.76± 0.39 a | 9.87± 0.41 b | 88.90 a | 2.85± 1.37 b | 76.90 b | 15.55± 1.05 b | 56.62 a | 13.96± 0.65 b | 71.38 a | 1 024.67± 54.41 ab | 5.82 a |
| CK | 7.42± 1.07 a | 14.35± 0.53 a | — | 12.34± 2.56 a | — | 35.85± 0.76 a | — | 48.57± 2.98 a | — | 968.33± 32.98 b | — |

# 第十四节 化学除草和除草剂减量使用

对 1 种苗前土壤处理除草剂和 2 种苗后茎叶处理除草剂减药助剂在鲜食糯玉米田的除草效果和安全性进行评价。

试验田主要杂草为酸模叶蓼，其次为看麦娘、马唐、水稻自生苗，繁缕、通泉草、牛筋草、喜旱莲子草、香附子等时有发生，但数量不多。由表 3-22 可知，播后苗前除草剂施用 20d 后，各处理较对照总草株数均显著降低。960g/L 精异丙甲草胺 EC 对马唐的防效最好，3 个处理防效几乎均为 100%，但对发生量最大的酸模叶蓼封闭效果差，对看麦娘和水稻自生苗的防效也较差，总草株防效仅为 62.38%。由表 3-23 可知，施药 35d 后，960 g/L 精异丙甲草胺 EC 对马唐、水稻自生苗和看麦娘的封闭作用下降，总草株防效和鲜重防效仅为 50% 左右。药后 20d 和 35d，随着用药量的减少，总草株防效和鲜重防效均有下降趋势，但处理间差异不显著。

**表 3-22　播后苗前除草剂对主要杂草药后 20d 相对株防效**

| 处理 | 酸模叶蓼 | | 马唐 | | 看麦娘 | | 水稻自生苗 | | 其他 | | 总草 | |
|---|---|---|---|---|---|---|---|---|---|---|---|---|
| | 株数 | 株防效 /% | 株数 | 株防效 /% | 株数 | 株防效 /% | 株数 | 株防效 /% | 株数 | 株防效 /% | 株数 | 株防效 /% |
| T1 | 24.67 a | 45.19 a | 0 b | 100.00 a | 7.00 b | 70.00 a | 5.67 a | 43.33 a | 2.33 a | 53.40 a | 40.00 b | 62.38 a |
| T2 | 32.00 a | 28.89 a | 0 b | 100.00 a | 10.33 b | 55.71 a | 3.33 a | 66.67 a | 2.66 a | 46.80 a | 48.67 b | 54.23 a |
| T3 | 31.00 a | 31.11 a | 0.33 b | 98.51 a | 12.00 ab | 48.57 ab | 9.00 a | 10.00 a | 3.00 a | 40.00 a | 55.33 b | 47.96 a |
| CK1 | 45.00 a | — | 22.33 a | — | 23.33 a | — | 10.00 a | — | 5.00 a | — | 106.33 a | — |

注：同列不同字母表示差异显著（$P<0.05$）。

表 3-23　不同播后苗前除草剂处理对主要杂草药后 35d 的相对株防效和鲜重防效

| 处理 | 酸模叶蓼 | | 马唐 | | 看麦娘 | | 水稻自生苗 | | 其他 | | 总草 | | | |
|---|---|---|---|---|---|---|---|---|---|---|---|---|---|---|
| | 株数 | 株防效/% | 株数 | 株防效/% | 株数 | 株防效/% | 株数 | 株防效/% | 株数 | 株防效/% | 株数 | 株防效/% | 鲜重/g | 鲜重防效/% |
| T1 | 44.00 b | 51.11 a | 0.67 a | 93.10 a | 5.00 a | 6.25 a | 3.00 b | 50.00 a | 1.67 a | 64.82 a | 54.33 b | 53.03 a | 448.33 b | 52.30 a |
| T2 | 46.67 b | 48.15 a | 2.67 b | 72.41 a | 4.33 a | 18.75 a | 3.67 ab | 38.89 ab | 2.00 b | 57.14 b | 59.33 b | 48.70 a | 503.37 b | 46.44 a |
| T3 | 40.00 b | 55.56 a | 4.33 b | 55.17 a | 4.67 a | 12.50 a | 5.33 a | 11.11 b | 1.00 b | 78.57 a | 60.33 b | 47.84 a | 549.20 b | 41.57 a |
| CK1 | 90.00 a | — | 9.67 a | — | 5.33 a | — | 6.00 ab | — | 4.67 a | — | 115.67 a | — | 939.90 a | — |

注：同列不同字母表示差异显著（$P<0.05$）。

不同苗期除草剂处理对杂草的防治效果：10% 硝磺草酮悬浮剂 1 500mL/hm$^2$ 药后 15d 除草效果好，对看麦娘、酸模叶蓼、繁缕、通泉草和香附子的校正株防效均接近 100%，总草防效为 98.19%，田间几乎无杂草；减量 30% 处理的总草防效和杂草覆盖度与不减量处理均无显著差异；减量 30% 加激健处理除了增强对马唐的防效外，与其他两个处理无显著性差异。3 个处理药后 35d 总草鲜重防效均超过 90%，无显著性差异。30% 苯唑草酮悬浮剂 90mL/hm$^2$ 施药 15d 后除草效果不佳，田间杂草覆盖度超过 30%，总草相对株防效为 53.51%，主要表现在对牛筋草和香附子的防效较差。用药 35d 后，鲜重防效仅为 35.21%，田间基本被酸模叶蓼覆盖，减量 30% 对看麦娘、酸模叶蓼和牛筋草的防效进一步降低，增加激健对总草株防效和鲜重防效均无显著性影响（图 3-24）。

不同处理对糯玉米的安全性：在使用除草剂后，对各小区玉米观察结果表明，960g/L 精异丙甲草胺 EC、10% 硝磺草 SC 和 30% 苯唑草酮 SC3 种药剂不同用量及助剂处理对玉米的株高、叶色、长势等指标与对照相比均无显著性差异。由表 3-25 乳熟期测产结果表明，苗前除草剂不同浓度处理和苗后 2 种除草剂不同浓度和助剂处理对乳熟期鲜穗产量均无显著影响。说明各除草剂及助剂处理对浙糯玉 14 均是安全的。

表 3-24　不同苗期除草剂处理对主要杂草 15d 株防效和 35d 鲜重防效

| 处理 | 药后 15d 校正株防效 /% | | | | | | | | | 杂草覆盖度 /% | 药后 35d | |
| | 看麦娘 | 酸模叶蓼 | 繁缕 | 马唐 | 通泉草 | 香附子 | 牛筋草 | 其他 | 总草 | | 总草鲜重 /g | 鲜重防效 /% |
|---|---|---|---|---|---|---|---|---|---|---|---|---|
| TX1 | 100.00 a | 99.41 a | 100.00 a | 87.14 ab | 100.00 a | 100.00 a | 74.51 ab | 100.00 a | 98.19 a | 2.00 e | 88.00 d | 93.34 a |
| TX2 | 100.00 a | 98.77 a | 100.00 a | 85.94 ab | 100.00 a | 100.00 a | 100.00 a | 100.00 a | 98.01 a | 1.33 e | 103.00 d | 92.20 a |
| TX3 | 100.00 a | 100.00 a | 100.00 a | 100.00 a | 100.00 a | 100.00 a | 94.54 ab | 100.00 a | 96.19 a | 5.33 e | 88.67 d | 93.29 a |
| TB1 | 90.59 ab | 98.50 b | 100.00 a | 82.50 b | 100.00 a | 56.07 c | 75.85 ab | 100.00 a | 53.51 b | 33.33 cd | 855.88 bc | 35.21 b |
| TB2 | 78.99 ab | 60.62 b | 100.00 a | 79.23 ab | 95.24 a | 52.99 bc | 34.45 d | 100.00 a | 54.64 b | 43.33 b | 984.41 b | 25.48 c |
| TB3 | 58.33 c | 58.67 b | 76.00 b | 83.75 ab | 100.00 a | 63.64 b | 49.02 cd | 100.00 a | 54.88 b | 53.33 b | 885.07 bc | 33.00 bc |
| CK2 | — | — | — | — | — | — | — | — | — | 100.00 a | 1 321.00 a | — |

注：同列不同字母表示差异显著（P<0.05）。

表 3-25　不同除草剂处理乳熟期鲜穗产量

| 处理 | 鲜穗亩产 /kg | 处理 | 鲜穗亩产 /kg |
|---|---|---|---|
| T1 | 1 013.83±38.53 a | TX1 | 1 088.50±65.95 a |
| T2 | 1 117.08±67.22 a | TX2 | 1 053.50±17.50 a |
| T3 | 1 109.50±8.27 a | TX3 | 1 068.08±75.04 a |
| CK1 | 1 025.50±10.10 a | TB1 | 984.67±37.89 a |
| — | — | TB2 | 1 020.83±70.23 a |
| — | — | TB3 | 1 042.42±65.18 a |
| — | — | CK2 | 1 017.33±76.62 a |

注：同列相同字母表示差异不显著（P<0.05）。

# 第十五节　2002—2010 年品种抗病虫性的鉴定与评价

浙江省的甜糯玉米生产起步早、发展快，在 20 世纪 80 年代初就开始进行甜糯玉米新品种引种和示范，同时开展新品种的自选工作。但浙江省地形复杂，雨量充沛，空气湿润，雨热季节变化同步，气象灾害繁多，且玉米种植类型多样，既有春、夏、秋玉米，又有间套和平播玉米，还有旱地和水田玉米，因此，一些主栽品种的抗病虫性水平对玉米生产具有重要的影响。为明确新选育的甜糯玉米新品种对不同病虫害的抗性情况，以制订病虫害综合防治措施，从 2002—2010 年连续 9 年时间，选用 250 个新品种对大斑病、小斑病、茎腐病和亚洲玉米螟进行了抗性鉴定和评价，以便为鲜食玉米的抗病育种工作提供切实可行的依据。

## 一、供试品种

历年供试的甜糯玉米新品种种子均由浙江省种子总站提供，共计 250 个品种，其中甜玉米品种 118 个，糯玉米品种 132 个。并以自交系"获白""罗 31""掖 478"和"自 330"分别为大斑病、小斑病、茎腐病和玉米螟的感性材料对照。

## 二、试验方法

### 1. 鉴定圃设计

鉴定圃设置在浙江省东阳玉米研究所试验基地，每小区长 5.0m，行距 0.67m，每品种播 2 行，顺序排列，不设重复。每年 4 月上旬播种，种植密度为 4 000 株 / 亩，土壤肥力水平和耕作管理与大田生产相同。

### 2. 玉米大、小斑病的抗性鉴定

玉米大、小斑病病原菌由本研究所分离纯化经致病性测定后保存，采用混合菌株进行接种鉴定。首先制备高粱粒培养基：高粱粒经煮 30min 后，装入三角瓶中，于 121℃下灭菌 1h，冷却后备用。将纯化的病原菌接种于经高压灭菌的高粱粒上，25℃条件下进行黑暗培养。镜检确认产生大量分生孢子后，直接用水淘洗高粱粒，配制接种悬浮液，将悬浮液中分生孢子浓度调至 $1×10^6$ 个 /mL。于玉米小喇叭口期采用喷雾法进行接种，接种量为 5mL/ 株。于玉米乳熟后期进行发病调查，目测每份材料群体发病状况，按 NY/T 1248.1 2006《玉米抗大斑病鉴定技术规范》和 NY/T 1248.2 2006《玉米抗小斑病鉴定技术规范》记载发病级别和抗性评价。

### 3. 茎腐病的抗性鉴定

本研究中玉米茎腐病的病原菌为当地主要致病菌肿囊腐霉（*Pythium inflatum*

*Matthes*）。根据金加同的方法将纯化保存的病菌接种于玉米粒培养基上进行扩繁，置于 28℃恒温箱内培养 5 ～ 6d，诱导产生大量分生孢子后，于玉米撒粉初期按行均匀接种病原菌于根部附近，埋土覆盖。接种后如遇干旱，则需灌溉以保持土壤湿度，确保充分发病，并于玉米乳熟末期调查发病情况。乳熟后期调查发病株数，发病株率 = 发病株 / 调查总株数 ×100%。病情级别划分标准：1 级，发病株率 0 ～ 5.0%；3 级，发病株率 5.1% ～ 10.0%；5 级，发病株率 10.1% ～ 30.0%；7 级，发病株率 30.1% ～ 40.0%；9 级，发病株率 40.1% ～ 100.0%。

### 4. 亚洲玉米螟的抗性鉴定

将产在蜡纸上的玉米螟卵块依卵粒密集程度剪成每块含约 30 粒卵的小片。当卵发育至黑头卵阶段，在每株玉米心叶中接上即将孵化黑头卵 2 块，约 60 粒卵。于玉米抽雄初期进行调查，目测每份材料群体被害状况，按 NY/T 1248.5 2006《玉米抗玉米螟鉴定技术规范》记载食叶级别。

### 5. 病虫害抗性统计分析

抗性评价标准：当病虫害级别为 1 级时，该品种表现为高抗（HR）；当病虫害级别为 3 级时，该品种表现为抗（R）；当病虫害级别为 5 级时，该品种表现为中抗（MR）；当病虫害级别为 7 级时，该品种表现为感（S）；当病虫害级别为 9 级时，该品种表现为高感（HS）。当设置的感病对照达到高感标准时，该鉴定试验视为有效。

## 三、抗病性分析

### 1. 对大斑病的抗性分析

九年来的试验结果表明，各年份的大斑病病害级别存在显著差异（表 3-26），2002 年和 2003 年的大斑病病害平均级别明显低于其他年份，分别是 2.83 和 2.72，而 2005 年、2007 年和 2008 年的大斑病病害平均级别明显高于其他年份，分别是 5.12、5.59 和 5.55。由表 3-27 可以看出，2002 年的玉米品种占高抗比例高于其他年份，达 29.2%。而 2006 年和 2007 年分别有 1 个品种表现为高感，当年所占比例均为 2.9%，其余年份未有高感品种。所有 250 个品种中，对大斑病表现为中抗的品种比例最高，达 40%，表现为中抗及以上的品种高达 80%。

### 2. 对小斑病的抗性分析

经统计分析发现，各年份的小斑病病害平均级别差异非常显著，2003 年病害级别最低，为 3.55，而 2006 年的小斑病病害平均级别高达 6.31（表 3-26）。而从

表3-27可以看出,所有年份中,对小斑病表现为高抗的品种比例在2009年达到最高,为10.0%,2002年和2003年其次,分别为4.2%和3.4%。而对小斑病表现为高感的品种比例在2008年达最高,为9.1%,2006年为2.9%,其余年份未有高感品种。所有250个品种中,对小斑病表现为HR、R、MR、S和HS的数量分别占总数的1.6%、28.4%、46.4%、22.4%和1.2%,其中表现为中抗及以上的比例为76.4%,略低于对大斑病的抗性比例。

### 3. 对茎腐病的抗性分析

从发病株率来看,各年份之间的发病情况变化不大(表3-26),仅2006年与2009年之间存在显著差异,其平均病株率分别为23.17%和10.11%。而从表3-28可以看出,250个品种中,对茎腐病表现为高抗的数量占16.0%,达40个品种之多,而表现为高感的品种占8.0%,表明有20个品种对茎腐病易感病。对比可以发现对茎腐病表现为高抗和高感的品种均多于大、小斑病,而中抗及以上占77.2%,说明各玉米品种对茎腐病的抗性水平分布比较均匀。

### 4. 对玉米螟的抗性分析

本试验2002年未进行玉米螟的抗性鉴定,因此只评价了226个品种的玉米螟抗性。由表3-27可以看出,各年份之间的玉米螟平均食叶级别没有显著差异,且食叶级别均在7级以上,可见大多数品种对玉米螟比较敏感。由表3-27可以看出,对玉米螟表现为感及高感的比例分别为46.9%和47.3%,这226个品种中,对玉米螟表现为高抗及抗的品种为0,而表现为中抗的仅占5.8%,换言之,只有13个品种对玉米螟表现为中抗。其中2009年和2010年的中抗比例有所提高,分别占当年品种的20.0%和17.4%。

### 5. 对4种病虫害的综合抗性分析

从试验年份来看,2006年和2007年这两年的大斑病、小斑病以及茎腐病发生都比较严重,其病害级别和病害发生率基本上显著高于其他年份(表3-26)。从表3-27可以看出,这两年对3种病害的高感品种普遍比较多,这可能是与当年的气候有关。从玉米类型来看,甜玉米的综合抗性高于糯玉米,甜玉米中对大斑病、小斑病、茎腐病和玉米螟表现为中抗及以上的比例分别为85.6%、78.8%、82.8%及6.7%,而糯玉米对大斑病、小斑病、茎腐病和玉米螟表现为中抗及以上的比例分别为76.3%、77.1%、75%及4.9%。从参试品种来看,很少有同一个品种对4种病虫害都表现抗性,而甜玉米"蜜脆678""华珍""绿色超人"等12个品种以及糯玉米"浙糯玉4号""京甜紫花糯"等10个品种的综合抗性较佳,表现出较强的耐病虫性（表 3-28）。

**表 3-26 各年份玉米品种对主要病虫害的抗性评价**

| 年份 | 不同玉米品种的病虫害抗性评价指标平均值 | | | |
|------|------|------|------|------|
|      | 大斑病病害级别 | 小斑病病害级别 | 茎腐病病株率 /% | 玉米螟虫害级别 |
| 2002 | 2.83±0.41 a | 3.75±0.38 a | 13.72±3.99 ab | — |
| 2003 | 2.72±0.39 a | 3.55±0.37 a | 13.49±3.82 ab | 7.48±0.32 a |
| 2004 | 3.93±0.39 b | 4.67±0.36 ab | 18.85±3.80 ab | 8.13±0.32 a |
| 2005 | 5.12±0.3 8c | 5.79±0.36 cd | 13.99±3.71 ab | 8.21±0.31 a |
| 2006 | 4.94±0.38 bc | 6.31±0.35 d | 23.17±3.67 b | 8.03±0.31 a |
| 2007 | 5.59±0.38 c | 4.94±0.36 bc | 19.21±3.69 ab | 7.88±0.31 a |
| 2008 | 5.55±0.42 c | 5.36±0.39 bcd | 14.18±4.08 ab | 7.73±0.34 a |
| 2009 | 4.60±0.43 bc | 4.40±0.40 ab | 10.11±4.18 a | 7.50±0.35 a |
| 2010 | 4.83±0.43 bc | 4.48±0.38 ab | 20.56±3.99 ab | 7.35±0.31 a |

注：表中数据为平均值 ± 标准差，同一列数据后字母不同表示差异显著（$P<0.05$）。

**表 3-27 各年份玉米品种对 4 种病虫害的抗性水平分布情况**

| 病虫害类型 | 抗性水平 | 各年份玉米品种的抗性水平分布比例 /% | | | | | | | | |
|------|------|------|------|------|------|------|------|------|------|------|
|      |      | 2002 年 | 2003 年 | 2004 年 | 2005 年 | 2006 年 | 2007 年 | 2008 年 | 2009 年 | 2010 年 |
| 大斑病 | 高抗 HR | 29.2 | 13.8 | 0 | 0 | 0 | 0 | 0 | 10.0 | 8.7 |
|      | 抗 R | 50.0 | 86.2 | 56.7 | 18.2 | 31.4 | 11.8 | 4.6 | 25.0 | 17.4 |
|      | 中抗 MR | 20.8 | 0 | 40.0 | 57.6 | 42.8 | 47.1 | 63.6 | 40.0 | 47.8 |
|      | 感 S | 0 | 0 | 3.3 | 24.2 | 22.9 | 38.2 | 31.8 | 25.0 | 26.1 |
|      | 高感 HS | 0 | 0 | 0 | 0 | 2.9 | 2.9 | 0 | 0 | 0 |
| 小斑病 | 高抗 HR | 4.2 | 3.4 | 0 | 0 | 0 | 0 | 0 | 10.0 | 0 |
|      | 抗 R | 58.3 | 65.5 | 30.0 | 0 | 2.9 | 20.6 | 27.3 | 30.0 | 39.1 |
|      | 中抗 MR | 33.3 | 31.1 | 66.7 | 60.6 | 31.4 | 61.8 | 36.3 | 40.0 | 47.8 |
|      | 感 S | 4.2 | 0 | 3.3 | 39.4 | 62.8 | 17.6 | 27.3 | 20.0 | 13.1 |
|      | 高感 HS | 0 | 0 | 0 | 0 | 2.9 | 0 | 9.1 | 0 | 0 |
| 茎腐病 | 高抗 HR | 33.3 | 41.4 | 16.7 | 0 | 0 | 0 | 9.1 | 40.0 | 21.7 |
|      | 抗 R | 33.3 | 13.8 | 13.3 | 33.3 | 31.4 | 29.4 | 41.0 | 15.0 | 0 |
|      | 中抗 MR | 16.7 | 31.1 | 36.7 | 48.5 | 37.2 | 41.2 | 22.7 | 45.0 | 52.3 |
|      | 感 S | 4.2 | 10.3 | 26.6 | 18.2 | 17.1 | 14.7 | 22.7 | 0 | 13.0 |
|      | 高感 HS | 12.5 | 3.4 | 6.7 | 0 | 14.3 | 14.7 | 4.5 | 0 | 13.0 |
| 玉米螟 | 高抗 HR | — | 0 | 0 | 0 | 0 | 0 | 0 | 0 | 0 |
|      | 抗 R | — | 0 | 0 | 0 | 0 | 0 | 0 | 0 | 0 |
|      | 中抗 MR | — | 6.9 | 6.7 | 0 | 2.9 | 0 | 0 | 20.0 | 17.4 |
|      | 感 S | — | 48.3 | 30.0 | 42.4 | 42.8 | 55.9 | 63.6 | 55.0 | 43.5 |
|      | 高感 HS | — | 44.8 | 63.3 | 57.6 | 54.3 | 44.1 | 36.4 | 25.0 | 39.1 |

表 3-28　综合抗性表现较好的甜糯玉米品种

| 品种名称 | | 抗性水平 | | | |
|---|---|---|---|---|---|
| | | 大斑病 | 小斑病 | 茎腐病 | 玉米螟 |
| 甜玉米 | "蜜脆 68" | MR | MR | HR | MR |
| | "华珍" | HR | HR | HR | S |
| | "绿色超人" | R | R | HR | S |
| | "超甜 135" | R | R | R | S |
| | "浙大特甜 2 号" | MR | R | R | S |
| | "科甜 2 号" | MR | MR | R | S |
| | "浙甜 7 号" | R | R | HR | S |
| | "特甜 2 号" | HR | R | HR | S |
| | "浙甜 9 号" | R | MR | R | S |
| | "嵊科甜 208" | R | MR | R | HS |
| | "蜜玉 1 号" | R | MR | MR | S |
| | "正甜 68" | R | MR | MR | MR |
| 糯玉米 | "浙糯玉 4 号" | R | R | MR | S |
| | "京甜紫花糯" | R | R | MR | S |
| | "丰糯 2 号" | R | R | HR | S |
| | "水晶糯 9 号" | R | R | HR | HS |
| | "东糯 4 号" | R | R | HR | HS |
| | "珍糯 2 号" | R | R | MR | HS |
| | "白甜糯 1 号" | MR | MR | R | HS |
| | "澳玉糯 3 号" | R | MR | HR | S |
| | "水晶糯 1 号" | R | MR | R | HS |
| | "苏玉糯 202" | MR | MR | R | S |

通过对玉米病虫害发生状况和品种抗性水平的分析，可以初步预测未来玉米病害的发生趋势，因此本研究连续 9 年利用不同甜糯玉米新品种对 4 种主要病虫害进行了抗性鉴定和评价。2002 年和 2003 年这两年的病虫害发生情况相对不严重，表现为中抗及以上的品种比例较高，但是各品种的综合抗性不佳，这可能是由于全国甜糯玉米新品种选育的整体水平不高，区域试验起步不久，综合抗性的种质资源较少，因此只能对单一病害或虫害具有抗性。而 2006 年和 2007 年这两年对 3 种病害的高感品种较多，而玉米螟的高感品种却未见明显增多，这可能与当年的恶劣天气有关，因为病害对气候状况更为敏感，导致这两年的病害发生非常严重。由于抗病虫种质资源的推广和种子包衣技术的应用，从 2009 年开始，各品种对病虫害的综合抗性明显提高，因此要趁势深入研究，广泛征集和利用综合抗性较好的种质资源，

以选育出抗病高产优质的鲜食甜糯玉米新品种。

从鉴定结果看，对 3 种病害的高抗系分别占总数的 6%、1.6% 及 16%，说明抗源相对比较匮乏，而玉米螟的高抗系及抗系均为零，证明目前抗螟性的品种极其稀少。Bolin 等报道利用抗虫品种辅以 Bt 防治可杀死甜玉米穗上 95% 以上的欧洲玉米螟幼虫，因此，可以在抗病虫品种的基础上，与其他生物防治方法协调使用，这将成为鲜食甜糯玉米无农药防治体系的首选方法。

抗病虫性鉴定试验易受环境、接种量、病情调查时间和统计方法等多个因素的影响，其结果可能会产生不稳定现象。因此，需要对本研究中综合抗性较好的品种进行连年抗性重复鉴定，以获得准确的结果，为将来生产上大面积推广提供可靠的理论依据。

# 第十六节  2011—2016 年品种抗病虫性的鉴定与评价

鲜食玉米包括甜玉米和糯玉米，随着国民经济的快速发展，鲜食玉米产业迅速发展，已经成为农业产业结构调整的重要内容之一。国家及各省开展的玉米新品种区域试验是品种评价和审定的重要手段，对加快良种推广，提高玉米种植效益具有重要作用。玉米病虫害是影响鲜食玉米产量和品质的重要因素，区域试验抗病虫鉴定是评价品种抗性的重要方式。浙江省是全国鲜食玉米重要产区，本文通过对 2010—2016 年浙江省鲜食甜、糯玉米区域试验参试品种抗病进行人工接种鉴定，分析参试品种的抗病性水平及总体变化情况，为今后的鲜食玉米抗性鉴定和新品种选育提供科学依据。

## 一、试验材料与方法

试验时间自 2010—2016 年，地点在浙江省东阳玉米研究所城东试验基地。所有品种种子均由浙江省种子总站提供，合计甜玉米品种 84 个，糯玉米品种 105 个。

## 二、鉴定病虫害和病原

2010—2015 年鉴定对象包括玉米螟、大斑病、小斑病、茎腐病，2015 年起增加纹枯病，2016 年起取消玉米螟。供述玉米螟卵由中国农业科学院植物保护研究所提供，供试真菌包括玉蜀黍平脐蠕孢、大斑凸脐蠕孢、腐霉菌和立枯丝核菌 AG1-IA 融合群，菌株部分为当地采集分离鉴定，部分为中国农业科学院作物科学研究所及河北省农林科学院植物保护研究所提供，接种时均采用不同来源菌株分别扩繁后混合接种。

### 三、鉴定方法

按照中华人民共和国行业标准 NY/T 1428.8 2006 玉米抗病虫性鉴定技术规范进行鉴定。其中玉米螟采用喇叭口期人工接种 2 块玉米螟黑头卵块，新叶默末期调查食叶级别；大、小斑病采用病原菌孢子液喷雾法在大喇叭口期接种，在乳熟期进行病级调查；茎腐病用玉米籽粒培养腐霉菌根部接菌方式进行，与散粉期接种，乳熟后期调查；纹枯病以高粱粒培养物接种玉米基部叶鞘法接种，乳熟期调查病级。各病虫害病级均按照国家玉米区域试验品种抗病虫鉴定和田间调查标准调查。

### 四、抗病性鉴定结果与分析

#### 1. 对玉米螟的抗性

从表 3-29 可以看出，浙江省区域试验甜、糯玉米品种对玉米螟整体抗性较差，6 年间无对玉米螟高抗品种，甜玉米抗性品种平均比例为 12.52%，糯玉米抗性品种的平均比例为 4.37%，甜玉米组和糯玉米组感和高感比例均超过 60%，甜玉米组在 2014 年和 2015 年对玉米螟抗性品种比例较高，糯玉米组在 2012—2014 年有抗性品种，甜玉米组总体抗玉米螟水平比糯玉米组较高，但多年总体抗性比例无显著升高。

表 3-29　2010—2015 年浙江省区域试验甜、糯玉米品种对玉米螟不同抗性水平比例

| 年份 | 甜玉米抗感水平百分率 /% | | | | | 糯玉米抗感水平百分率 /% | | | | |
|------|------|------|------|------|------|------|------|------|------|------|
|      | HR | R | MR | S | HS | HR | R | MR | S | HS |
| 2010 | 0 | 0 | 22.22 | 66.67 | 11.11 | 0 | 0 | 8.33 | 33.33 | 58.34 |
| 2011 | 0 | 0 | 30.77 | 61.54 | 7.69 | 0 | 0 | 11.11 | 16.67 | 72.22 |
| 2012 | 0 | 6.67 | 33.33 | 40.00 | 20.00 | 0 | 14.29 | 21.43 | 35.71 | 28.57 |
| 2013 | 0 | 0 | 15.38 | 30.77 | 53.85 | 0 | 5.26 | 10.53 | 15.79 | 68.42 |
| 2014 | 0 | 30.00 | 30.00 | 20.00 | 20.00 | 0 | 6.67 | 40.00 | 33.33 | 20.00 |
| 2015 | 0 | 38.46 | 30.77 | 23.08 | 7.69 | 0 | 0 | 28.57 | 28.57 | 42.86 |
| 平均 | 0 | 12.52 | 27.08 | 40.34 | 20.06 | 0 | 4.37 | 20.00 | 27.23 | 48.10 |

#### 2. 对小斑病抗性

从表 3-30 可以看出，7 年间鉴定品种中甜、糯玉米均有高抗品种，且高抗和抗性品种比例近 3 年总体有上升趋势，感病和高感品种比例有下降趋势。糯玉米组抗小斑病水平总体高于甜玉米组。

表 3-30　2010—2016 年浙江省区域试验甜、糯玉米品种对小斑病不同抗性水平比例

| 年份 | 甜玉米抗感水平百分率 /% | | | | | 糯玉米抗感水平百分率 /% | | | | |
|------|-------|-------|-------|-------|-------|-------|-------|-------|-------|-------|
|      | HR    | R     | MR    | S     | HS    | HR    | R     | MR    | S     | HS    |
| 2010 | 0     | 22.22 | 55.56 | 22.22 | 0     | 0     | 50.00 | 41.67 | 8.33  | 0     |
| 2011 | 0     | 15.39 | 30.77 | 46.15 | 7.69  | 0     | 5.56  | 22.22 | 33.33 | 38.89 |
| 2012 | 0     | 6.67  | 6.67  | 33.33 | 53.33 | 0     | 0     | 14.29 | 0     | 85.71 |
| 2013 | 0     | 61.54 | 23.08 | 15.38 | 0     | 5.26  | 73.69 | 10.53 | 5.26  | 5.26  |
| 2014 | 10.00 | 20.00 | 30.00 | 20.00 | 20.00 | 20.00 | 40.00 | 13.33 | 0.20  | 6.67  |
| 2015 | 30.77 | 30.77 | 15.38 | 7.69  | 15.39 | 28.57 | 42.86 | 14.29 | 14.28 | 0     |
| 2016 | 0     | 27.27 | 36.36 | 9.09  | 27.27 | 16.67 | 33.33 | 25.00 | 25.00 | 0     |
| 平均 | 5.82  | 26.27 | 28.26 | 21.98 | 17.67 | 10.07 | 35.06 | 20.19 | 12.34 | 19.50 |

### 3. 对大斑病抗性

从表 3-31 可以看出，7 年间区域试验甜糯玉米品种对大斑病抗性水平总体较好，甜玉米抗和高抗品种平均比例将近 40%，而糯玉米组抗和高抗品种平均比例超过 50%，而高感品种平均比例均为 10% 左右，年际间抗感比例变化较大，无显著规律。

表 3-31　2010—2017 年浙江省区域试验甜、糯玉米品种对大斑病不同抗性水平比例

| 年份 | 甜玉米抗感水平百分率 /% | | | | | 糯玉米抗感水平百分率 /% | | | | |
|------|-------|-------|-------|-------|-------|-------|-------|-------|-------|-------|
|      | HR    | R     | MR    | S     | HS    | HR    | R     | MR    | S     | HS    |
| 2010 | 0     | 22.22 | 33.34 | 44.44 | 0     | 16.67 | 16.67 | 58.33 | 8.33  | 0     |
| 2011 | 7.69  | 30.77 | 30.77 | 23.08 | 7.69  | 0     | 44.44 | 38.89 | 16.67 | 0     |
| 2012 | 0     | 20.00 | 20.00 | 20.00 | 40.00 | 0     | 0     | 14.29 | 7.14  | 78.57 |
| 2013 | 0     | 61.54 | 23.08 | 15.38 | 0     | 5.26  | 73.68 | 10.54 | 5.26  | 5.26  |
| 2014 | 10.00 | 40.00 | 20.00 | 10.00 | 20.00 | 20.00 | 33.33 | 33.33 | 13.34 | 0     |
| 2015 | 7.70  | 38.46 | 15.38 | 38.46 | 0     | 35.71 | 50.00 | 0.00  | 14.29 | 0     |
| 2016 | 0     | 36.36 | 63.64 | 0     | 0     | 0     | 66.67 | 33.33 | 0     | 0     |
| 平均 | 3.63  | 35.62 | 29.46 | 21.62 | 11.28 | 11.09 | 40.68 | 26.96 | 9.29  | 11.98 |

### 4. 对纹枯病抗性

从表 3-32 可以看出，2015 年和 2016 年均无对纹枯病高抗品种，表现达到抗性水平的平均比例低于 10%，甜玉米组和糯玉米组均有 50% 左右品种表现为感病，高感品种比例分别达到 12.24% 和 16.07%，两年间不同抗性水平比例基本一致，说明浙江省区域试验品种对纹枯病抗性水平整体不高。

表 3-32　2015—2016 年浙江省区域试验甜、糯玉米品种对纹枯病不同抗性水平比例

| 年份 | 甜玉米抗感水平百分率 /% | | | | | 糯玉米抗感水平百分率 /% | | | | |
|---|---|---|---|---|---|---|---|---|---|---|
| | HR | R | MR | S | HS | HR | R | MR | S | HS |
| 2015 | 0 | 15.38 | 23.08 | 46.16 | 15.38 | 0 | 14.29 | 21.43 | 57.14 | 7.14 |
| 2016 | 0 | 0 | 36.36 | 54.55 | 9.09 | 0 | 0 | 25.00 | 50.00 | 25.00 |
| 平均 | 0 | 7.69 | 29.72 | 50.36 | 12.24 | 0 | 7.15 | 23.22 | 53.57 | 16.07 |

## 5. 对茎腐病抗性

从表 3-33 可以看出，7 年间区域试验甜糯玉米品种对茎腐病抗性水平总体较好，茎腐病抗性抗性品种比例有上升趋势，其中甜玉米组 7 年间表现高抗和抗的平均比例超过 70%，糯玉米组超过 40%，感病和高感平均比例之和甜玉米组仅为 7.30%，糯玉米组为 27.69%。

表 3-33　2010—2016 年浙江省区域试验甜、糯玉米品种对茎腐病不同抗性水平比例

| 年份 | 甜玉米抗感水平百分率 /% | | | | | 糯玉米抗感水平百分率 /% | | | | |
|---|---|---|---|---|---|---|---|---|---|---|
| | HR | R | MR | S | HS | HR | R | MR | S | HS |
| 2010 | 55.56 | 44.44 | 0 | 0 | 0 | 0 | 0 | 50.00 | 25.00 | 25 |
| 2011 | 23.08 | 46.15 | 30.77 | 0 | 0 | 11.11 | 11.11 | 44.44 | 16.67 | 16.67 |
| 2012 | 66.67 | 13.33 | 13.33 | 6.67 | 0 | 21.43 | 14.29 | 42.86 | 0 | 21.42 |
| 2013 | 45.45 | 18.18 | 27.27 | 9.10 | 0 | 52.63 | 15.79 | 26.32 | 0 | 5.26 |
| 2014 | 30.00 | 20.00 | 30.00 | 0 | 20.00 | 20.00 | 20.00 | 33.33 | 6.67 | 20.00 |
| 2015 | 46.15 | 7.69 | 30.78 | 0 | 15.38 | 14.29 | 7.14 | 21.43 | 28.57 | 28.57 |
| 2016 | 63.63 | 9.10 | 27.27 | 0 | 0 | 63.64 | 36.36 | 0 | 0 | 0 |
| 平均 | 47.22 | 22.70 | 22.77 | 2.25 | 5.05 | 26.16 | 14.96 | 31.20 | 10.99 | 16.70 |

## 6. 多抗品种

从 7 年鉴定品种中，以所鉴定病虫害均为中抗以上为标准筛选出 16 个多抗品种，占所有鉴定品种的 8.47%，其中甜玉米品种 9 个，糯玉米品种 7 个，比例较低（表 3-34）。

表 3-34　多抗品种

| 品种 | 小斑病 | 大斑病 | 茎腐病 | 玉米螟 | 纹枯病 |
|---|---|---|---|---|---|
| "正甜 68" | MR | R | MR | MR | — |
| "浦甜 1 号" | MR | R | HR | MR | — |
| "杭玉甜 1 号" | R | R | HR | MR | — |
| "浙甜 1301" | HR | R | R | R | — |
| "浙甜 1303" | R | HR | MR | R | — |
| "金珍甜 1 号" | HR | HR | HR | R | R |
| "蜜脆 68" | MR | R | HR | — | MR |

| 品种 | 小斑病 | 大斑病 | 茎腐病 | 玉米螟 | 纹枯病 |
|---|---|---|---|---|---|
| "科甜 15" | R | MR | HR | — | MR |
| "浙甜 16" | R | R | HR | — | MR |
| "科甜糯 2 号" | R | R | HS | MR | — |
| "黑糯 181" | R | R | HR | R | — |
| "新甜糯 88" | R | HR | HR | R | — |
| "安农甜糯 1 号" | R | R | MR | MR | R |
| "浙糯玉 16" | MR | R | HR | — | MR |
| "三北白糯 4 号" | R | R | MR | MR | — |
| "浙黑糯 6631" | R | R | MR | MR | — |

玉米品种区域试验是品种审定的重要依据，通过对鲜食玉米品种产量、品质和抗性进行综合评价，选择出优良品种在浙江省内推广。从 2010—2016 年参试品种 154 个，通过审定的品种 38 个。对照品种的产量高低和品质的优劣决定了新品种选育方向，通过对浙江省鲜食玉米 7 年的区域试验资料分析表明，2010 年甜玉米对照品种"超甜 3 号"和糯玉米对照品种"苏玉糯 2 号"表现为产量低和品质差，不能满足鲜食玉米生产的需要，省种子管理总站在 2011 年分别引入了甜、糯玉米第二对照品种"超甜 4 号""美玉 8 号"，引领了浙江省鲜食玉米育种向优质、高产方向转变。鲜食玉米品质性状的变异系数相对较小，主要由于专家品尝鉴定打分将对照品种的评分实行标准分 85 分，参试品种评分严格参照对照进行，分为与优于对照、与对照相当和劣于对照，评分相对集中。浙江省鲜食玉米区域试验中品种产量比国内先进省份差别不大，大部分在 10 000kg/hm$^2$ 以上，但品质极优的品种（总评分 >88 分）较少，反映了当前优质育种水平还有待提高。

区域试验中的品种必须对在未来可能推广区域中的重要病虫害的抗性进行鉴定和评价，以期客观地掌握品种的抗病虫水平，避免生产中因感病、感虫品种的推广而致病虫害的突然爆发，造成巨大的生产损失。目前浙江省鲜食玉米生产中主要病虫害为小斑病、纹枯病和玉米螟，从 2010—2016 年区域试验品种对大斑病、小斑病、茎腐病、玉米螟和纹枯病的抗性鉴定结果来看，品种的抗性水平不高，尤其对小斑病和纹枯病的抗性较差，与 2002—2010 年相比总体抗性水平差异较小，因此育种时应加强对抗性材料的选育和利用。

目前鲜食玉米的审定标准从以前的单一强调产量已经向轻产量重品质转变，甜玉米品质指标一般有水溶性总糖，果皮厚度、品尝品质等，研究表明甜玉米皮厚薄、感官品质、气味风味和甜度的提高显著有利于品尝品质调优，糯玉米皮渣率、皮厚薄与品尝品质总分显著负相关，而果皮薄、甜度高，品尝分高的品种抗病虫水平会显著下降，尤其会加重玉米螟等虫害的发生。因此，鲜食玉米尤其是甜玉米优质和高抗病虫性两种性状需要在育种中找到一个合理的平衡，对于一些品质极好但抗性较差品种，生产上应配合栽培和植保措施，合理防治病虫害。

随着生态条件和耕作方式的改变，生产中主要病虫害种类会发生改变，因此要根据生产需要，及时调整抗病虫鉴定的内容。玉米螟是鲜食玉米生产的最重要虫害，鉴定结果也表明鲜食玉米对玉米螟抗性普遍较差，但目前采用高效药剂防治已经可以解决生产上玉米螟为害的问题，因此取消玉米螟抗性鉴定对生产的影响较小。大斑病在浙江省只在部分高山玉米上少量发生，接种鉴定时期气温显著高于大斑病发生所需温度，鉴定结果准确性较低。茎腐病多在玉米乳熟后期发生，是普通玉米的主要病害，而鲜食玉米在乳熟末期已采收，除极少数细菌性茎腐病对玉米生长中期造成为害外，腐霉菌和镰孢菌引起的茎腐病与鲜食玉米生产关系较小，因此可以考虑在适当的时候取消大斑病和腐霉茎腐病鉴定。瘤黑粉病近年来在浙江省上升较快，对生产影响较大，目前还没有对瘤黑粉病抗性进行鉴定，今后可增加鉴定。

病害的发生除与品种本身抗性水平有关外，还与气候条件密切有关。人工接种鉴定可保证病原菌在适宜的生育期接种到植株上，也可通过灌水等措施使田间小气候向利于病害发生的方向发展，但田间鉴定对大环境的高温、干旱、多雨等气候无法干涉，因此年际间气候变化对接种鉴定影响较大，需要多年多点试验才能对品种抗性水平做出准确评价。南方锈病已经成为浙江省秋季鲜食玉米生产的主要病害，但由于南方锈病病原菌无法实验室保存扩繁，无法开展人工接种鉴定。分子标记技术的快速发展使得利用新技术鉴定玉米中的抗性基因成为现实，应逐渐构建一个抗性表现性和基因型的鉴定体系，使得两种鉴定体系实现优势互补，科学准确地鉴定品种的抗性。

## 第十七节　主要病虫害绿色综合防控

鲜食玉米生育期短，授粉后 20～22d 即可采收上市，且均以鲜穗销售，对农药残留的要求高，因此对水果玉米病虫害绿色防控应以农业防治预防为主，生物制剂和物理防控为辅，尽量不使用化学农药。

## 一、农业防治

### 1. 促早栽培

亚洲玉米螟第一代幼虫为害时间在 5 月中旬，草地贪夜蛾自 2019 年 5 月初入侵浙江省，2020 年成虫始现期在 5 月上旬，主要为害心叶和果穗。目前鲜食玉米部分采用大棚促早栽培，种植方式为育苗移栽，育苗时间多为 2 月上旬，3 月上旬移栽，5 月中旬即可上市，此时亚洲玉米螟和草地贪夜蛾刚进入发生期，此时上市的鲜食玉米不需要对亚洲玉米螟和草地贪夜蛾进行防治。小斑病和纹枯病的发病时期一般在 6 月初以后，促早栽培由于气候条件不适宜病害发生，且避开梅雨期，至采收时田间小斑病和纹枯病基本无发生。因此促早栽培可有效避免病虫害对鲜食玉米的影响，提高产量和品质，并且能显著降低生产成本，从而有效增加种植水果玉米的经济效益。

### 2. 水旱轮作

采用鲜食玉米—单季稻的水旱轮作模式，避免长时间单一玉米连续种植，可有效减轻玉米病虫草害的发生，如镰刀菌引起的苗枯病、茎腐病，由于水田和旱地杂草的生态习性不同，水旱轮作能明显降低田间杂草密度，有效防治杂草的疯长，减少人工除草或除草剂的使用。

### 3. 加强栽培管理

合理密植，采用宽窄行种植，一般品种栽培密度控制在 3 000 株 /667m$^2$ 为宜。鲜食玉米苗期苗情一般较弱，在移栽返青后应及时追施苗肥培育壮苗，苗期忌长时间淹水，发现田间有细菌性茎腐病株应及时拔除带出田外，及时中耕除草，促进田间通风，减少病虫寄主，减轻为害。

## 二、理化诱控

理化诱控主要对象为亚洲玉米螟和草地贪夜蛾，可通过性诱和灯诱防控。对亚洲玉米螟可采用中国科学院动物所或北京中捷四方科技有限公司生产的性诱芯配套船型或飞蛾诱捕器，设置密度为 15 ～ 30 套 /hm$^2$，大面积使用可有效诱杀亚洲玉米螟雄蛾，降低被害株率。对草地贪夜蛾可采用深圳百乐宝生物农业科技有限公司、宁波纽康生物技术有限公司或南京新安中绿生物科技有限公司生产的性诱芯配套百乐宝草地贪夜蛾专用诱捕器，设置密度为 15 套 /hm$^2$。灯诱可采用频振式杀虫灯或风吸式杀虫灯，对亚洲玉米螟、草地贪夜蛾、斜纹夜蛾、甜菜夜蛾、黏虫、小地老虎、蝼蛄等玉米害虫均有诱杀作用，可有效降低田间害虫基数，单灯控制面积 1 ~ 1.5hm$^2$。

### 三、生物防控

生物防控包括使用生物源制剂和天敌生物。生物源制剂如苏云金芽孢杆菌、甘蓝夜蛾核型多角体病毒，金龟子绿僵菌、苦皮腾素、除虫菊素等。在玉米拔节期使用苏云金芽孢杆菌对亚洲玉米螟防效可达 90%，甘蓝夜蛾核型多角体病毒作为防治草地贪夜蛾首推生物药剂，同时对亚洲玉米螟、棉铃虫、斜纹夜蛾和甜菜夜蛾的防效达 74% ~ 94%。天敌生物包括赤眼蜂和瓢虫等，目前赤眼蜂筛选结果表明松毛虫赤眼蜂对草地贪夜蛾卵的寄生能力最强，同时松毛虫赤眼蜂也是控制亚洲玉米螟的较优蜂种。

### 四、化学防控

化学防控具有防效好，见效快等优点，但也容易引起残留超标。由于鲜食玉米商品的特殊性，化学防治应作为最后备选项，且选用高效低毒低残留的药剂，鲜食玉米采收前 15d 禁止使用化学农药，以保证使用安全性。

针对鲜食玉米病虫害高发易发特点，采用种子处理加大喇叭口期前移防治技术有效控制苗期和后期病虫害发生，节约农资和人力成本，增加玉米产量和商品性。

种子处理技术：针对浙江省玉米苗期苗枯病和地下害虫发生情况，采用种衣剂包衣的方法，药剂可采用含戊唑醇、甲霜灵，种菌唑、咯菌腈等杀菌剂和噻虫嗪、吡虫啉、溴氰虫酰胺等杀虫剂成分的种衣剂。推荐药剂有拜耳公司的 600g/L 吡虫啉悬浮种衣剂、60g/L 戊唑醇种子处理悬浮剂，先正达公司的 30% 噻虫嗪悬浮种衣剂、62.5g/L 精甲·咯菌腈悬浮剂和 40% 溴酰·噻虫嗪种子处理悬浮剂等。

大喇叭口前移防治技术：在玉米大喇叭口期（9 ~ 10 叶期），将杀虫剂和杀菌剂一次性施入，达到控制玉米螟和前移防治后期病害的目的。

施药时期：玉米 9 ~ 10 叶期，田间出现玉米螟为害花叶时。

杀虫剂：主要害虫为玉米螟、草地贪夜蛾和蚜虫。可选择以氯虫苯甲酰胺、氟苯虫酰胺、甲维盐、虫酰肼、虱螨脲、茚虫威等为主要成分药剂，后期蚜虫发生较重区域可添加烯啶虫胺、吡蚜酮、吡虫啉等成分药剂，推荐药剂有 20% 氯虫苯甲酰胺 SC 10mL/667m$^2$，40% 氯虫·噻虫嗪 WDG 10g/667m$^2$，10% 氟苯虫酰胺 SC 20mL/667m$^2$，20% 氟苯虫酰胺 WDG 10g/667m$^2$，3% 甲维盐 WDG 20g/667m$^2$，60% 烯啶·吡蚜酮 WDG 10g/667m$^2$。

杀菌剂：后期病害主要有小斑病、纹枯病和南方锈病等。可选择含嘧菌酯、苯醚甲环唑、吡唑醚菌酯、丙环唑为主要成分药剂。推荐药剂先正达公司的 25% 嘧菌酯 SC 30mL/667m$^2$，32.5% 苯甲·嘧菌酯 SC 30mL/667m$^2$，18.7% 丙环·嘧菌酯 50mL/667m$^2$，25% 吡唑醚菌酯 SC 40mL/667m$^2$。在施药时添加芸苔素内酯溶液或激健 2 000 倍液可促进玉米生长，提高药剂防效，减少药剂用量 30%。

# 第四章　产业现状与发展趋势

## 第一节　浙江省甜玉米产业现状及发展对策

　　浙江省地处中国东南沿海长江三角洲南翼，东临东海，属于亚热带季风气候，气温适中，四季分明，光照充足，雨量丰沛，空气湿润，雨热季节变化同步。全省年平均降水量在 980 ～ 2 000mm，年平均日照时数 1 710 ～ 2 100h。浙江地形复杂，山地和丘陵占 70.4%，平原和盆地占 23.2%，河流和湖泊占 6.4%，地势由西南向东北倾斜，大致可分为浙北平原、浙西丘陵、浙东丘陵、中部金衢盆地、浙南山地、东南沿海平原及滨海岛屿 6 个地形区。如此丰富的雨热资源和复杂的地形，为各地因地制宜发展玉米生产提供了十分有利的气候和环境条件。

　　浙江省玉米育种和生产大致分为 3 个阶段。

　　第一阶段，20 世纪 60 年代和 70 年代秋玉米（普通玉米）杂交种的选育。浙江省玉米以水田"两旱一水"秋玉米为主，其面积约占玉米总面积的 2/3，其中 70% 的秋玉米面积在金华、杭州两地区。秋玉米水田生长期只有 3 个月左右，以早熟、矮秆、抗病抗倒、丰产性好作为育种的主要目标。这阶段育成的杂交种有"浙单 1 号""浙单 4 号""壳黄"等，这类杂交种 7 月底前播种，立秋前移栽，霜前均可安全成熟，一般产量达 4 500 ～ 5 250kg/hm²，是水田秋玉米的主栽品种。

　　第二阶段，20 世纪 80 年代和 90 年代春玉米（普通玉米）杂交种的选育为主。随着连作晚稻产量上升，全省秋玉米面积大幅度下降，在玉米主产区再也看不到连片种植的水田秋玉米，旱地由于以春玉米为主体的熟制改革成功，春玉米面积不断扩大，全省玉米的生产结构发生了很大的变化，从秋玉米为主体演变到以春玉米为主体，玉米的生育期从早中熟为主演变到以中晚熟为主。"七五"期间将选育高产、优质、抗病的中晚熟春玉米和秋玉米（旱地）兼用杂交种作为育种工作的主要目标。1989 年育成"浙单 9 号""浙单 10 号"，还育成了"53""双 9""155"等高配合力的自交系。

　　第三阶段，20 世纪 90 年代至今特用玉米的选育，主要是甜、糯玉米的选育为主。浙江的甜玉米生产起步较晚，但发展较快，在 20 世纪 80 年代初开始进行甜玉米新品种引进、试种、示范推广和种子生产。最早引进中国农业科学院的"甜玉 2 号"，而后相继引进中国农业大学的"甜单 1 号""甜单 3 号""甜单 5 号""甜单 8 号"等甜玉米。1989 年浙江省东阳玉米研究所育成浙江第一个超甜玉米杂交种"浙甜 1

号",1991 年育成"超甜 3 号",1994 年"超甜 3 号"被浙江省农业农村厅列为全省鲜食玉米的重点推广品种,2000 年通过了浙江省品种审定委员会的认定,成为浙江省第一个通过审定的鲜食型玉米品种。"超甜 3 号"作为浙江省的主栽品种,由于其产量高,易种植,抗性好,推广速度较快,至 1998 年该品种占全省甜玉米种植面积(春、秋两季)的 50%,近 700hm²。但近几年由于"超甜 3 号"皮较厚,口感差,随着人们消费的日益成熟,市场占有率逐年下降。

2006 年浙江甜玉米种植面积约为 1 万 hm²,种植面积较大的国内品种为:"浙甜 6 号""科甜 981""超甜 2018""超甜 4 号""超甜 204""苏甜 8 号""甜单 8 号"以及台湾农友公司的"华珍"及"超甜玉米王"等。国外主要品种为日本坂田公司的"金银甜"。由于国外甜玉米种子价格昂贵,进口甜玉米种在浙江省市场占的比例较小。由于国内育种水平的不断提高,品种品质大幅度提升,在浙江省选育的一些品种基本取代了过去国外引进品种而成为当前主栽品种。

糯玉米的引进,从 1980 年引进"烟单 5 号"开始,由于鲜销无市场,工作中止。1990 年以后市场有了变化,又重新起步,引进了中国农业大学、中国农业科学院、重庆市农业科学研究所、江苏沿江地区农业科学研究所、山东省农业科学院育成的糯玉米杂交种 20 多个,目前在生产上有一定面积的有"苏玉糯 1 号""白糯 1 号""白糯 2 号""鲁玉糯 1 号"等。糯玉米的育种略晚于甜玉米,于 1994 年育成"浙糯9401",品质与"苏玉糯 1 号"相近。

目前浙江甜、糯玉米种植采用一年两熟制,主要集中在杭州、宁波郊区、淳安、建德、仙居、东阳、江山、安吉等地区。浙江省内开展甜、糯玉米育种的单位有浙江省东阳玉米研究所、浙江省农业科学院作物与核技术利用研究所、浙江大学等科研单位和一些有实力的种子公司。浙江省东阳玉米研究所将 *sh2* 基因导入普通玉米骨干系,极大地拓宽了甜玉米的遗传基础,育出的品种"超甜 2018"通过了国家审定。历年来通过浙江省审定的甜、糯玉米品种(表 4-1)。

表 4-1 浙江省审(认)定的甜、糯玉米品种

| 类型 | 名称 | 选育单位 | 年份 |
|---|---|---|---|
| 甜玉米 | "超甜 3 号" | 浙江省东阳玉米研究所 | 2000 |
| 糯玉米 | "杭玉糯 1 号" | 杭州市良种引进公司 | 2001 |
| 糯玉米 | "黑珍珠糯玉米" | 杭州市良种引进公司引入 | 2001 |
| 糯玉米 | "科糯 986" | 浙江省农业新品种引进开发中心 | 2001 |
| 糯玉米 | "科糯 991" | 浙江省农业新品种引进开发中心 | 2001 |
| 糯玉米 | "浙凤糯 2 号" | 浙江省农业科学院作物与核技术利用研究所,浙江省农业农村厅农作物管理局 | 2001 |
| 糯玉米 | "金银糯" | 宁波市种子有限公司引入 | 2001 |
| 糯玉米 | "美晶" | 宁波市种子有限公司 | 2001 |

续表

| 类型 | 名称 | 选育单位 | 年份 |
|---|---|---|---|
| 糯玉米 | "浙糯2012" | 浙江省种子公司 | 2001 |
| 甜玉米 | "金利" | 宁波市种子有限公司 | 2001 |
| 甜玉米 | "超甜2018" | 浙江省种子公司，浙江省东阳玉米研究所 | 2001 |
| 甜玉米 | "超甜204" | 东阳市种子公司 | 2001 |
| 甜玉米 | "金银蜜脆" | 宁波市种子有限公司 | 2001 |
| 甜玉米 | "科甜98-1" | 浙江省农业新品种引进开发中心 | 2001 |
| 糯玉米 | "水晶糯1号" | 重庆安丰农业科技有限公司，浙江省种子管理站 | 2003 |
| 糯玉米 | "澳玉糯3号" | 杭州澳德种业有限公司 | 2004 |
| 糯玉米 | "东糯3号" | 东阳市种子公司 | 2004 |
| 糯玉米 | "苏玉糯9号" | 浙江省种子公司 | 2004 |
| 甜玉米 | "特甜2号" | 浙江省种子公司 | 2004 |
| 甜糯玉米 | "都市丽人" | 北京奥瑞金种业股份有限公司引入 | 2004 |
| 甜玉米 | "浙甜7号" | 浙江省东阳玉米研究所 | 2004 |
| 甜玉米 | "超甜135" | 浙江省东阳玉米研究所 | 2004 |
| 甜玉米 | "华珍" | 浙江省种子公司引入 | 2004 |
| 甜玉米 | "浙凤甜2号" | 浙江省农业科学院作物与核技术利用研究所，农业农村厅农作局，凤起农产品有限公司 | 2004 |
| 糯玉米 | "东糯4号" | 东阳市种子公司 | 2005 |
| 糯玉米 | "丰糯2号" | 重庆安丰农业科技有限公司 | 2005 |
| 糯玉米 | "水晶糯9号" | 重庆安丰农业科技有限公司 | 2005 |
| 糯玉米 | "瑶溪1号" | 浙江省三角种业有限公司 | 2005 |
| 甜糯玉米 | "美玉8号" | 海南绿川种苗有限公司 | 2005 |
| 甜玉米 | "超甜4号" | 浙江省东阳玉米研究所 | 2005 |
| 甜玉米 | "东甜206" | 东阳市种子公司 | 2005 |
| 甜玉米 | "黄金1号" | 温州东华农业有限公司 | 2005 |
| 甜玉米 | "金甜678" | 北京金农业科学种子科技有限公司 | 2005 |
| 甜玉米 | "浙甜6号" | 浙江省东阳玉米研究所 | 2006 |
| 糯玉米 | "美玉3号" | 浙江农业科学种业有限公司 | 2006 |
| 糯玉米 | "钱江糯1号" | 杭州市农业科学研究院 | 2006 |
| 糯玉米 | "燕禾金2005" | 北京燕禾金农业科技发展中心 | 2006 |
| 糯玉米 | "浙凤糯7号" | 浙江省农业科学院作物与核技术利用研究所，勿忘农集团有限公司 | 2006 |
| 糯玉米 | "珍糯2号" | 衢州市衢江区种子公司 | 2006 |
| 甜玉米 | "超甜15号" | 广州绿霸种苗有限公司 | 2006 |
| 甜玉米 | "翠甜1号" | 浙江之豇种业公司 | 2006 |

数据来源：浙江省种子管理总站。

## 一、产业化现状

　　甜、糯玉米营养丰富，口感好，栽培面积不断扩大，国际市场销售量甚大。随着城乡人民生活、消费水平的提高和种植业结构的调整，近几年浙江甜、糯玉米的种植面积大幅上升，种植甜、糯玉米经济效益高，甜玉米产量一般可达10 000kg/hm$^2$以上，按2.0元/kg计，产值可达20 000元/hm$^2$以上，如春、夏播两季，一般产量可达 16 000kg/hm$^2$ 以上，产值 32 000 元 /hm$^2$ 以上，特别是城郊种植甜玉米经济效益更高，一般每公顷土地种植甜玉米比种植其他粮食作物增收 8 250 元左右，因此，浙江省的甜、糯玉米生产虽起步较晚，但发展很快。

甜、糯玉米的利用大致有两个方面，一是供应鲜穗；二是产品加工销售。甜玉米的加工产品主要有甜玉米罐头，速冻甜、糯玉米，甜玉米粒和甜玉米汁等。浙江省的甜、糯玉米以鲜食为主，鲜食作物有它们的季节性和不耐贮藏性。目前虽然有杭州、宁波、金华等地有一些速冻甜玉米的厂家，但规模都较小，浙江省种子公司在千岛湖投资建立了一个甜、糯玉米系列产品的加工企业，主要开发甜玉米即食罐头籽粒，甜、糯玉米真空玉米棒，玉米饮料等。宁波有 4 家较大的食品加工企业主要从事甜、糯玉米产品的开发与销售，并不断开拓甜玉米消费市场，对产业具有明显的带动作用，如宁波的浙江海通集团公司拥有国内最先进速冻设备，加工能力大，仅 1d 就能加工甜玉米籽粒产品 200t，甜玉米穗棒产品 12 万棒。

## 二、育种中存在的问题

甜玉米种质资源主要来自美国、日本、泰国和中国台湾，通过二环系、回交转育、轮回选择和混合选择等方法，进行甜玉米自交系的研究利用，由于遗传基础狭窄，生态类型较为单一，使甜玉米种质资源奇缺。糯玉米种质资源主要来自农家品种和普通玉米回交转育，浙江省虽自选了一些优良的甜、糯玉米新品种与组合，但随着人们生活水平的提高，对品种的要求越来越高，尤其是品质方面我们的品种不如国外品种，主要表现在果皮偏厚，渣多，糯性差，不柔嫩，口感差，最佳采收期短。一些育种单位盲目的重产量、轻品质，很多好的种质资源遭淘汰。

目前，生产上利用的甜、糯玉米品种多、乱、杂，品种的血缘关系来源不清，同种异名，近亲配种的现象十分严重。缺乏适合加工、耐热或耐寒的专用型品种。甜玉米加工品种不多，浙江省种植的适于加工的甜品种仅有"超甜 2018"等少数几个品种。浙江省夏季高温高湿，很多自交系不适应生态区种植，反季节种植、大棚种植面积逐年增多，生产上需要耐热、耐寒品种和设施农业专用品种。许多育种单位有浮躁情绪，急功近利，急于求成，低代或不稳定组合侥幸通过了品种审定，但经不起不同生态条件或市场的考验，品种的生命周期短。

## 三、生产中存在的问题

### 1. 高产栽培技术不配套

有许多甜、糯玉米种植经营者由于没有掌握基本种植技术，不同品种由于种植太分散，很少隔离种植，导致相互串粉，降低了原有品种所具有的特殊风味和品质。

甜玉米种子活力低下、出苗差、种子价格昂贵，通过地膜覆盖、育苗移栽、适时播种等相关技术可解决出苗率低的问题。鲜食用甜玉米或者速冻甜玉米要求穗大小适中，与之配套的栽培技术是适当密植，提高商品穗率；加工专用甜玉米穗棒要求粗大，与之配套的栽培技术路线是稳密度、大穗夺高产，而高密度、多穗夺高产的技术路线行不通。因此，要进一步研究不同用途配套高产、无公害栽培技术。

### 2. 采后保鲜贮藏技术亟待改进

采后贮藏的问题主要体现在甜玉米上，甜玉米在乳熟期收获，采收期一般为3～7d，耐贮性差，收获后在室温下最多能存放2～3d，3d后其食用品质和外观色泽将迅速发生劣变，甜、香味迅速下降，失去利用价值。目前，贮藏方法仍然以冷藏为主，结合湿度调节，塑料保鲜袋等手段，但保鲜效果不明显，甜玉米的保鲜已经成为甜玉米产业发展的瓶颈，急需研究甜玉米有效保鲜贮藏技术。

### 3. 产业化程度低，规模化的加工企业少

甜、糯玉米加工附加值高，经济效益显著，如美国甜玉米产生附加值可以达到300%～400%，转化增值更高。近年来浙江省特用玉米市场发育良好，甜、糯玉米价格保持在相对较高水平，农民种植收益大大高于种粮食收益，但目前甜、糯玉米利用的仅为棒穗。甜、糯玉米由于采摘时间早，采收后茎叶营养丰富，可作为畜牧饲养业优质饲料，据报道用甜玉米茎叶饲喂奶牛比喂青草产奶量可提高10%以上。甜、糯玉米上规模的加工企业少，企业生产能力不足，加工效率低下，低下的生产加工能力导致成本相对增高，因此需要积极扩大生产规模，提高加工生产线运转负荷。甜、糯玉米产业扩大符合畜牧业发展对优质青饲料的需求以及农业产业结构调整的要求，也有利于浙江的甜、糯玉米种植产业向规模化方向发展。

## 四、发展对策

### 1. 重视育种的基础研究工作，加强品质育种

浙江省甜、糯玉米种质资源少，应尽快将国内外甜、糯玉米新品种、新材料大量引进，丰富种质资源，利用常规手段和分子标记技术对种质资源进行鉴定、分类，根据杂种优势模式分成不同的杂种优势群，如父本群（A群）、母本群（B群），提高育种效率。构建遗传基础复杂的综合品种或群体作为原始材料选育自交系，拓宽品种的遗传基础。转基因技术的发展，可以导入有利基因，更有效地改变和提高甜玉米的综合性状；分子标记技术用于辅助选择育种，可以加速甜玉米育种进程，提高选择效果；进行 QTLs 的研究，探明受多基因控制的甜、糯玉米产量性状和品

质性状的基因座位数目和效应，进行基因定位、克隆，最终破译甜玉米的遗传密码，为育种工作服务。选育优质、抗病、适应性广的甜玉米品种，在保证质量（品质）的前提下追求产量，优质和高产是一对矛盾，通常产量的提高伴随着品质的降低。甜玉米果皮厚度成了国内甜玉米品质的限制因子，在品质上要超越国外品种必须选育果皮较薄的品种。

### 2. 加强综合配套栽培技术的研究，搞好示范推广工作

浙江省地形复杂，研究不同地理环境条件下的高效栽培措施，充分发挥气候条件的优势，探索出早熟、中熟、晚熟不同生育期的品种在山区和平原上不同的高产栽培措施。良种配良法，才能确保丰产、优质，研究耕作制度、种植方式、塑膜覆盖、播种密度、施肥、保墒排水、除草、防倒、病虫害防治和采收等配套栽培技术。建立和健全无公害甜玉米生产技术标准的推广、示范体系，通过技术培训，促进产量和品质的提高，确保果穗的商品率。搞好新品种的推广工作，使优良品种尽快大面积种植，加速品种的更新换代，增加农民收入。

### 3. 加大宣传力度，开拓国内外市场

加大宣传力度，引导农民种植甜、糯玉米，适当食用甜、糯玉米。可以考虑在每个县、市以乡镇为单位建立2～3个甜、糯玉米生产基地，根据市场需求，逐步扩大甜玉米的生产与加工，形成较大的规模，确保产、销协调，理顺价格，做到产、销互利。目前，市场开发能力不足是制约我国甜、糯玉米产业发展的关键原因。我国甜、糯玉米加工产品主要投放于一些饭店、快餐店之中，还远远没有达到进入寻常百姓家的能力，消费者对甜、糯玉米也缺乏了解。由于规模和地域限制，甜、糯玉米企业没有能力进行大范围的市场宣传策划，还没有出现能够在市场中叫响的品牌。甜、糯玉米的出口量更是微乎其微，这与浙江经济强省和外贸大省的地位极不相称。因此，浙江省的甜、糯玉米加工企业需要加大市场营销力度，形成具有竞争力的市场品牌，推进甜、糯玉米产业的快速发展。

实施订单农业，可以有效解决生产与市场脱节的问题，有利于维护种植户利益，确保农民增收，订单农业要求做到"统一品种、统一密度、统一用药、统一施肥、统一收获"的五统一标准化管理。充分利用浙江省毗邻日本，处于长江三角洲经济圈及华东市场的区位优势和传统的外贸优势，大力推进甜、糯玉米产品进入国际市场。

### 4. 扶植龙头企业，搞好加工增值

开展鲜食玉米加工、保鲜技术的研究，提高生产与加工中的科技含量。龙头加

工企业是甜玉米生产、加工、销售产业链中重要的一环，目前的加工企业规模小，带动能力不强，缺乏抵御市场风险的能力。面对国内外市场激烈的竞争，必须扶植一批有新型设备、先进工艺、现代化管理的加工龙头企业，创立名牌产品，形成核心竞争力，为将甜玉米产业做大做强打下基础。甜玉米深加工企业是产业化的"火车头"，在产业化经营中担负着市场开拓、科技创新、带动农户和发展区域经济的重任，其经济实力的强弱和带动能力的大小，决定着产业化经营发展速度和规模效益。因此，培育农业龙头企业，开展甜、糯玉米深加工，是发展鲜食玉米产业化的必由之路。通过加工转化，延长农业产业链条，解决鲜食玉米鲜苞的季节性生产过剩，减轻市场压力，丰富食物品种，提高经济效益，实现农民增产增收，促进浙江甜、糯玉米产业的持续稳定发展。

## 第二节　糯玉米在浙江省的种植及利用

糯玉米又称蜡质型玉米，它是受隐性糯质基因（$WxWx$）控制的一个自发突变类型，其胚乳由角质层构成，表现为籽粒晦暗、不透明，坚硬平整无光泽。所含淀粉基本上由支链淀粉组成，遇 I2-KI 溶液呈棕红色反应；而普通玉米淀粉 3/4 是支链淀粉，1/4 是直链淀粉，遇 I2-KI 溶液呈蓝黑色反应。目前糯玉米仅美国种植面积就达 40 万 $hm^2$，年产量稳定在 3 500 万 t。我国虽具有丰富的糯玉米种质资源，但由于育种起步较晚，传统种植的农家品种果穗小、产量低，且成熟期迟，易感病导致种植面积少、产量也不高。随着科学技术和经济的发展，糯玉米作为特殊风味的食品和工业原料，需求量日渐增大。浙江省自 1991 年引进糯玉米杂交种试种示范以来，至 1996 年种植面积为 2 000 余公顷，约占玉米播种面积的 5%；据 1997 年统计，全省糯玉米种植面积达 5 000 ～ 7 000$hm^2$，占全省玉米栽培面积的 15% 左右。

### 一、糯玉米在浙江省试种表现

1991 年自浙江省引进糯玉米新品种试种以来，至今已从全国玉米育种单位引进糯玉米新品种（组合）10 多个，经多年多点试种示范，表现最好的为"苏玉糯 1 号"，其次为"白糯 1 号""白糯 2 号"等，而白雪糯等一些品种终因产量低、抗性差、适应性不强，并在 1997 年春、夏高温干旱气候条件下表现分蘖多、果穗生长异常等被淘汰。"苏玉糯 1 号"从 1991 年引进后在浙江省各地试种，均表现高产、优质、多抗、效益好。1992 年浙江省东阳玉米研究所春季鉴定每 667$m^2$ 产鲜穗 838kg；1993 年嘉善县对 17 户农户种植 1$hm^2$ 左右的"苏玉糯 1 号"，平均 667$m^2$ 产鲜果穗 817.5kg；1995 年诸暨市三都镇两农户种植 0.2hm²，平均 667m² 产果穗 830kg；1997 年春季浙江省东阳玉米研究所品比试验，667m² 产带苞鲜穗 1 154kg，去苞叶果穗 855kg；缙云县胡源乡山区旱地春玉米品种"苏玉糯 1 号"667m² 平均带苞产量 900kg，去苞叶产量也有 661kg。

## 二、糯玉米的主要高产栽培技术

### 1. 隔离种植

糯玉米是由隐性糯性基因控制的，与普通玉米混种易串粉，使其特有的淀粉性质丧失，所以隔离种植是糯玉米生产成败的关键。隔离方法可采用：①空间隔离，即在 300～400m 无普通玉米品种种植；②障碍隔离，利用村庄、房屋、树林等作为隔离带，③时间隔离，即可与普通玉米花期错开 20～30d。

### 2. 精细整地，适时早播

整地质量的好坏对出苗影响较大，冬闲春播地要求冬季深翻耕，使土壤松软，春播前浅耕浅耙，耙细整平，使成为土层深、表土松、面土细、无杂草肥沃良好的土壤状况。当土温稳定通过 12℃时即可播种，一般要求适时早播，特别是收鲜果穗上市销售的。播种方法可采用直接播种、催芽覆膜播种及育苗移栽等方法。浙江省春播采用育苗移栽的可于气温稳定在 10℃的 3 月中下旬薄膜覆盖育苗，4 月中旬 3 叶 1 心期移栽；露地直播要求在 3 月底至 4 月初播种，每穴播 2～3 粒。种植密度可根据土壤肥力程度及品种特性来确定，一般土壤肥沃、品种早熟矮小的可适当密些。目前浙江省试种示范的"苏玉糯 1 号"等为半紧凑型中早熟品种。种植密度掌握每公顷为 67 500 株左右；"白糯 1 号""白糯 2 号"等平展型中、迟熟品种种植密度则以 52 500 株 /hm² 为宜。

### 3. 田间管理

要求施足基肥，早施苗肥，重施穗肥，将全部 P、K 肥和 50% 的 N 肥作底肥一次性施入，其他 40% N 肥作穗肥，10% 作苗肥进行追施。底肥最好以优质腐熟有机肥或者复合肥，单用化肥效果较差。一般每 667m² 产鲜穗 700～800kg 的需肥量折纯 N 15kg，$P_2O_5$ 7kg，$K_2O$ 10kg。

田间管理还要注意及时防治病虫害。在心叶末期用高效低毒农药，如 Bt 乳剂、菊酯类农药等防治玉米螟。为了提高果穗的结实率，还可进行人工辅助授粉。

### 4. 适时采收

糯玉米过早或过晚采收都会影响其产量、品质和适口性等，适宜的采收期要根据其不同的用途来确定。若鲜果穗食用的一般在吐丝后 20 ～ 25d 为最佳采收期。做到当天采收当天上市；做罐头用的应在乳熟期采收；而生产淀粉的则要在完全成熟后才采收。

## 三、糯玉米的开发利用途径

糯玉米作为特用型玉米，以其独特的"色、香、味"赢得广大消费者的青睐。它的开发利用途径除鲜食外，还可生产工业淀粉、加工各种营养丰富的食品以及作为畜牧业的优质饲料。

### 1. 鲜食或速冻

鲜食是我国人民传统的食用习惯，即在蜡熟期（授粉后 20 ～ 25d）采收，直接上市；也可由专门工厂进行简单加工，速冻、冷藏，常年供应市场。贮藏以 -30℃ 左右低温为宜，保质期长达 5 ～ 6 个月，其黏度和香味不变；在 0 ～ 8℃ 下冷藏，保质期为 10 ～ 15d，其黏度和香味影响更小。

### 2. 生产淀粉

糯玉米一般含淀粉 60%，是生产淀粉的好原料。其淀粉具有较高的黏滞性和良好的适口性，加温处理后有高度的膨胀力和透明性，再经酸或碱处理，使之成为改性淀粉，提高其黏滞性、透明性和稳定性，增强其抗切割、抗震动、耐酸碱、耐冷冻等性能。作为食品工业的增稠剂、乳化剂、黏着剂、悬浮剂等而广泛应用于香肠、汤羹罐头、甜玉米糊状罐头、凉拌菜佐料汁、冷冻食品和各类快餐方便食品的加工。

### 3. 制作食品

糯玉米经湿润脱皮去胚后可湿磨或干磨成粉，其含蛋白质 8% ～ 9%，90% 左右的支链淀粉，性质与糯米粉相似，可作元宵、炸糕和花色繁多黏性小食品的原料。用糯玉米粉加工的各种食品，不但各项指标达到国家标准，营养成分好，且成本比糯米粉降低 3% ～ 20%。

### 4. 加工饲料

糯玉米与普通玉米相比，其粗蛋白、粗脂肪及赖氨酸含量都较高，所含淀粉又基本上为支链淀粉，消化率高，不失是一种高产、优质的饲料作物。

# 第三节　农作制度的创新

　　浙江省人多地少，素有"七山一水二分田"之说，耕地资源紧张，农业生产面临着农民种粮收益低和保障粮食安全、过分依赖农药化肥和保护生态环境的矛盾。近年来，为追求高效绿色农业发展，积极开展耕作制度改革创新，探索水果甜玉米—水稻轮作模式，在嵊州、建德、东阳、温州、嘉兴等地进行示范推广，面积超过3 000hm²。2019年嵊州市种植水果甜玉米的大户喜获丰收，每667m²收入超过1万元，玉米收获后秸秆全量还田种植水稻，明显改善土壤结构，减少水稻病虫害的发生，减少化肥农药施用量，利于提高水稻的产量和品质，玉米—水稻轮作经济生态和社会效益显著，实现了"亩产千斤粮万元钱"的目标。鲜食玉米—晚稻水旱轮作绿色高效栽培技术被浙江省农业农村厅列为2019年种植业主推技术，作为创新的农作制度向全省进行推广。2020年嵊州市过永华家庭农场种植水果甜玉米面积达7hm²，并带动周边专业大户80hm²水果玉米的发展。

## 一、应用效果

　　2018—2019年嵊州市过永华家庭农场水果甜玉米—晚稻种植情况和效益分析（表4-2）。2018年水果甜玉米播种期在1月1—30日，采用电炉丝加热，出苗期在1月中旬至2月上旬，1月下旬至2月下旬在塑料大棚和中拱棚中移栽，最早一批5月10日采摘，平均产量12 750kg/hm²，产值达到150 000元/hm²，晚稻产值24 570元/hm²，全年产值达到174 570元/hm²。由于气温的影响，2019年水果甜玉米播种期在1月下旬至2月底，出苗期在2月初至3月初，移栽期在2月15日至3月28日，最早一批在5月18日采收，平均产量13 230kg/hm²，产值达到154 500元/hm²，晚稻产值33 360元/hm²，全年产值187 860元/hm²。

表4-2　水果甜玉米—晚稻水旱轮作栽培模式产量和效益

| 年份 | 作物 | 种植面积/hm² | 移栽期 | 收获期 | 平均产量/(kg/hm²) | 产值/(元/hm²) | 净利润/(元/hm²) | 年度总利润/(元/hm²) |
|---|---|---|---|---|---|---|---|---|
| 2018 | 水果甜玉米 | 1.73 | 1下旬至2月下旬 | 5月中旬至6月上旬 | 12 750 | 150 000 | 69 000 | 74 550 |
| | 晚稻 | 1.73 | 5月28日 | 11月6日 | 8 190 | 24 570 | 5 550 | |
| 2019 | 水果甜玉米 | 7.00 | 2月15日至3月28日 | 5月中旬至6月底 | 13 230 | 154 500 | 93 000 | 99 300 |
| | 晚稻 | 7.00 | 6月30日 | 11月12日 | 10 425 | 33 360 | 6 300 | |

　　数据来源：嵊州市过永华家庭农场。

## 二、水果甜玉米绿色高值化栽培技术

### 1. 品种选择

选用品质好，植株高度适中，生育期短，可以生食的水果甜玉米品种，如"雪甜7401"（浙审玉2018003）"金银208"［沪审玉2015009，浙引种（2017）第001号］等（图4-1）。

"雪甜7401"　　　　　　　　　　"金银208"

图4-1　水果甜玉米品种

### 2. 适时播种，培育壮苗

一般在2月上中旬穴盘或营养钵育苗，若采用大、小拱棚等保温设施栽培，可适当提前育苗。加强苗床管理，注意冻害和高温烫伤苗，出苗前一定要保持苗床湿润，保证苗齐苗壮。出苗后控制浇水，防止徒长。苗龄在22～25d、3叶1心时进行移栽，移栽前3～5d进行揭膜炼苗（图4-2）。

### 3. 施足基肥，合理密植

整地前撒施农家有机肥15 000～30 000kg/hm$^2$或商品生物有机肥3 000～6 000kg/hm$^2$和三元复合肥（N：P：K为16：16：16，下同）600kg/hm$^2$，深耕起畦，并盖好地膜，有条件的地区采用可降解地膜。每畦种植两行，移栽密度种植45 000～50 000株/hm$^2$，移栽后浇定植水。

图 4-2　水果甜玉米育苗

### 4. 加强田间管理，做好病虫害防治

苗成活后，在 4～5 叶时用 75kg/hm² 尿素溶于水浇施苗肥，在大喇叭口期（8～10 叶）施用穗肥 300kg/hm² 尿素，施肥时可采用随水冲施的方法施入。视病虫害发生情况将杀虫剂（可选择氯虫苯甲酰胺，甲维盐，虫酰肼，虱螨脲，茚虫威，乙基多杀菌素和虫螨腈等为主要成分的药剂）和杀菌剂（可选择含嘧菌酯，苯醚甲环唑，

吡唑醚菌酯，丙环唑为主要成分的药剂）混合一次性喷施，达到控制玉米螟、草地贪夜蛾和前移防治后期小斑病、纹枯病和南方锈病等的目的，特别是要注意防治草地贪夜蛾。水果甜玉米容易发生分蘖，要去除所有分蘖，生产上一般 1 株保留 1 个果穗，吐丝时及时进行疏穗。

### 5. 适时采收

在吐丝后 20 ～ 25d 采收，应结合外观做到分批采收，此时果穗花丝变深褐色，籽粒充分膨大饱满、色泽鲜亮，压挤时呈乳浆，采收后宜摊放在阴凉通风处，尽快上市，以保证果穗品质和口感。

## 三、水稻绿色高值化栽培技术

### 1. 选用良种

宜选择穗型较大、分蘖力中等、抗倒性较强、米质优良的籼粳型或粳型水稻品种，如"甬优 1540""甬优 4550""甬优 7850""浙粳 96""嘉优中科 10 号"等。

### 2. 施足基肥和整地

鲜食玉米采收后，秸秆粉碎全量还田，减少化学肥料用量，可以施碳酸氢铵 $300 \sim 375kg/hm^2$、三元复合肥 $225kg/hm^2$，耕、耙、耖整平田面，要求田面整平，按畦宽 $3 \sim 4m$ 留好操作沟，开好田中"十"字形丰产沟和四周围沟。

### 3. 催芽播种

可以采用直播、抛秧或机插种植。为保证水稻安全齐穗，浙中地区一般应在 6 月 28 日前播种，播前最好将种子晒 $1 \sim 2d$，以提高发芽率，然后用泥水或盐水选种，去杂去秕。一般杂交稻本田用种量 $12 \sim 20kg/hm^2$，常规稻本田用种量 $60 \sim 90kg/hm^2$，采用 25% 氰烯菌酯（亮地）2 000 倍液或咪鲜胺（使百克）1 500 倍液浸种 $36 \sim 48h$，清水淘洗后好气催芽。播时芽谷用 35% 丁硫克百威 15g 加 10% 吡虫啉 20g 混合均匀拌种，拌后马上播种，防虫防鸟，播后用铁铲或扫帚塌谷，有条件的可覆盖菜壳或麦芒。

### 4. 苗期管理

直播稻从播种到现青，土壤保持湿润，3 叶前湿润管理，以旱为主，通气增氧促长根，3 叶后建立浅水层促分蘖发生。2 叶 1 心时，施好断奶肥，施尿素 $100 \sim 150kg/hm^2$，根据草害发生情况进行化学除草。在 $3 \sim 4$ 叶期及时做好人工匀苗和补缺。

5. 大田管理

按照浅水护苗促分蘖，适时多次轻搁田，6 叶前以浅水管理为主，促进分蘖早生快发。当田间苗数达到预期穗数的 80% 左右放水搁田（苗足时间早的要早搁），搁田采取多次搁的方法，并由轻到重搁，搁田程度以田边开细裂，田中不陷脚为度。在 5 ～ 6 叶期（分蘖）施复合肥 90 ～ 150kg/hm²；在圆秆拔节期（倒 3 叶抽出时）亩施尿素 75 ～ 120kg/hm² 加钾肥 120 ～ 150kg/hm² 作穗肥；在始穗、齐穗期结合防病治虫，施用"喷施宝"等叶面肥 1 ～ 2 次进行根外施肥。重点防治好二化螟、稻纵卷叶螟、稻飞虱、纹枯病和稻曲病，具体防治意见可参照当地病虫情报及时用药防治。齐穗后实行间歇灌溉保持田土湿润，以达到养根保叶，防止断水过早，收割前 1 周停止灌水。

6. 适时收获

当水稻 95% 以上谷粒黄熟时进行机械收割，切忌收获过早，以免影响结实率、千粒重和稻米品质。

## 四、水旱轮作技术推广应用前景及展望

1. 节本增收效果显著

水旱轮作是中国长江流域主要耕作制度之一，在作物持续增产、粮食供给保障方面发挥着重要的作用。元生朝研究认为，水旱轮作可以提高作物产量 5% ～ 8%，甚至高达 20% 以上。水旱轮作能够促进水稻根系的发育，利于对土壤中氮磷钾的吸收，轮作后水稻株高、穗粒数、千粒重、秸秆生物量与传统的连作相比，均有显著的提高。2019 年浙江省嵊州市过永华家庭农场水旱轮作的水果玉米减少化肥用量 16.5%，减少农药用量 10.7%，减少打药、除草等用工量 15 工 /hm²，轮作水稻后基本消除了下一季玉米的连作障碍，玉米季每公顷可节约人工成本 2 250 元、化肥农药成本 1 032.75 元。

2. 有利于培育健康土壤

健康土壤是培育高产优质作物的基础。为追求高产，农民对速效化肥的依赖度很高，造成土壤板结、酸化、土壤贫瘠、肥料利用率低等问题，不利于作物生长发育和环境安全。水旱轮作是用地养地相结合，是作物提高产量、改善品质的有效农业措施。大量的试验表明，水旱轮作能改善土壤理化特征，增加土壤的团粒结构，阻止土壤酸化和盐渍化，对土壤容重和土壤团聚体也有一定的影响，调

节土壤中氮磷钾和微量元素的含量，增加土壤养分，保持作物持续增产。在水旱轮作系统中，能改善土壤的通气性，有利于土壤中氨化细菌、硝化细菌和纤维素分解菌等数量的增加，改善微生物活性和群落结构，促进土壤的生化反应，从低肥的真菌型土壤向高肥的细菌型土壤转变，提高土壤酶活性，可以促进作物的生长和提高作物的产量。

### 3. 对病虫草害的防控效果明显

水田旱地轮作交替种植改善农田生态环境，改变土壤中病原菌生长所需要的田间小气候，可消灭病原和虫卵，是减轻农作物病虫草害的有效措施。水旱轮作特别对玉米茎腐病和纹枯病、水稻纹枯病、油菜菌核病和棉花枯黄萎病防治效果较为显著。常规连作与水旱轮作相比，番茄田的青枯病、枯萎病、根结线虫病发病率分别增加了12%、16%和8%。由于水田与旱地杂草的种类和生活习性不同，水旱轮作能显著减少田间杂草的种类，降低杂草密度，有效防止杂草疯长；王淑彬等研究发现连续3年水旱轮作中水稻杂草覆盖度减少80%，玉米田杂草覆盖度减少24%。

### 4. 应用前景及展望

水旱轮作技术是增加产量、改善品质，提高种植业经济效益和确保农业可持续发展的重要措施之一，具有良好的经济、社会和生态效益。水旱轮作技术在南方地区获得广泛应用。2016年浙江省菜—稻水旱轮作种植面积超过5.84万$hm^2$，约占全省粮食种植面积的4%、蔬菜种植面积的7%。在浙江省单季稻种植区推广鲜食水果甜玉米—晚稻水旱轮作种植模式，达到"千斤粮万元钱"，被浙江省农业农村厅列为浙江省种植业主推技术，种植面积逐年扩大，2019年鲜食玉米—水稻轮作应用面积约2 000$hm^2$。

农业生产是一个多因素综合的体系，水旱轮作技术要充分考虑水田和旱地的茬口安排、肥料运筹和操作的简化性，在生产中往往为追求高产，而重施化学肥料导致下茬作物营养生长过旺，影响产量或品质。鲜食玉米—水稻轮作中，玉米秸秆粉碎还田，要注意腐解秸秆需要补充部分氮肥及腐解过程中产生的有害物质对水稻苗期的影响。下一步应以玉米—水稻轮作体系氮磷钾养分循环为切入点，深入研究水旱轮作对提高土壤养分利用率、培育土壤地力及生态环境的影响，从生理层面解析作物产量和品质形成的机制，为推广应用水果玉米—水稻轮作技术提供理论支撑。

# 第四节 甜糯玉米品种 SSR 指纹库的建立及应用

简单重复序列（simple sequence repeat，SSR）是一种普遍存在于生物基因组中的 DNA 片段，并且在不同生物或者相同生物的不同亚种中存在多样性。SSR 在玉米基因组中也广泛存在，利用 SSR 两端的保守序列来设计引物，通过 PCR 扩增和电泳检测，可以将这种多样性用图谱的形式表现出来。SSR 指纹库是将玉米品种不同位点的 SSR 多样性数据整合、记录和编码，使之成为在一定程度上能够描述该品种遗传特性的数据库。

试验通过构建 10 个甜、糯玉米杂交品种的 $F_1$ 代及其亲本的 SSR 指纹库，探讨数据库构建的数据要素，分析数据库扩展及其在纯度分析、遗传相似性研究中的应用，演示说明其在甜、糯玉米种质资源遗传分析中的应用情况。

## 一、引物

参考不同引物在玉米指纹库构建、品种聚类分析中的应用情况及在使用中的表现情况综合选择了 40 对引物（均可在 www.MaizeGDB.com 上搜索到）作为 SSR 指纹库的建库引物（表 4-3）。

表 4-3　40 对适合信息库构建的 SSR 引物

| 引物名称 | 位点 | 多态性信息量 | 引物名称 | 位点 | 多态性信息量 |
|---|---|---|---|---|---|
| bnlg439w1 | 1.03 | 0.763 | umc1147y4 | 1.07 | 0.359 |
| umc1335y5 | 1.06 | 0.312 | bnlg1671y17 | 1.10 | 0.867 |
| umc2007y4 | 2.04 | 0.780 | phi96100y1 | 2.00 | 0.722 |
| bnlg1940k7 | 2.08 | 0.764 | umc1536k9 | 2.07 | 0.776 |
| umc2105k3 | 3.00 | 0.620 | bnlg1520K1 | 2.09 | 0.629 |
| phi053k2 | 3.05 | 0.527 | umc1489y3 | 3.07 | 0.373 |
| phi072k4 | 4.01 | 0.394 | bnlg490y4 | 4.04 | 0.711 |
| bnlg2291k4 | 4.06 | 0.612 | umc1999y3 | 4.09 | 0.577 |
| umc1705w1 | 5.03 | 0.731 | umc2115k3 | 5.02 | 0.684 |
| bnlg2305k4 | 5.07 | 0.798 | umc1429y7 | 5.03 | 0.444 |
| bnlg161k8 | 6.00 | 0.860 | bnlg249k2 | 6.01 | 0.609 |
| bnlg1702k1 | 6.05 | 0.786 | phi299852y2 | 6.07 | 0.727 |
| umc1545y2 | 7.00 | 0.676 | umc2160k3 | 7.01 | 0.740 |
| umc1125y3 | 7.04 | 0.693 | umc1936k4 | 7.03 | 0.560 |
| bnlg240k1 | 8.06 | 0.740 | bnlg2235y5 | 8.02 | 0.740 |
| phi080k15 | 8.08 | 0.627 | phi233376y1 | 8.09 | 0.669 |
| phi065k9 | 9.03 | 0.602 | umc2084w2 | 9.01 | 0.738 |
| umc1492y13 | 9.04 | 0.305 | umc1231k4 | 9.05 | 0.393 |

| 引物名称 | 位点 | 多态性信息量 | 引物名称 | 位点 | 多态性信息量 |
|---|---|---|---|---|---|
| umc1432y6 | 10.02 | 0.317 | phi041y6 | 10.00 | 0.681 |
| umc1506k12 | 10.05 | 0.697 | umc2163w3 | 10.04 | 0.750 |

## 二、DNA 提取及电泳方法

采用 CTAB 法提取植株叶片总 DNA。运用毛细管荧光电泳技术检测 PCR 扩增产物，获得 SSR 图谱数据，并整理构建各试验材料的 SSR 指纹库。

## 三、SSR 指纹库

根据 SSR 扩增产物的电泳图谱，在有谱带（或特征峰，以下均称谱带）的地方记为 1，无谱带的地方记为 0，获得各试验材料的 SSR 指纹库。表 4-4 为各试验材料的 SSR 40 个引物中的 2 对引物图谱信息（由于数据库较大，仅列举 2 对引物图谱信息）。

表 4-4 可以看出，本试验在引物 umc1705w1 位点共检测出了 6 个等位变异，在引物 umc1999Y3 位点共检测出了 4 个等位变异。各引物等位位点以该位点特征谱带的片段大小来命名，不同试验材料扩增图谱数据以"0，1"的数据形式对号入座。

表 4-4    各玉米品种及其亲本材料在 2 个引物位点的 SSR 指纹

| 材料 | umc1705w1 SSR 指纹 | | | | | | umc1999Y3 SSR 指纹 | | | |
|---|---|---|---|---|---|---|---|---|---|---|
| | 268 | 273 | 278 | 301 | 311 | 321 | 179 | 188 | 194 | 200 |
| A1 | 0 | 1 | 0 | 0 | 1 | 0 | 0 | 1 | 0 | 1 |
| P11 | 0 | 0 | 0 | 0 | 1 | 0 | 0 | 1 | 0 | 0 |
| P12 | 0 | 1 | 0 | 0 | 0 | 0 | 0 | 0 | 0 | 1 |
| A2 | 0 | 1 | 0 | 0 | 0 | 0 | 1 | 0 | 0 | 0 |
| P21 | 0 | 1 | 0 | 0 | 0 | 0 | 1 | 0 | 0 | 0 |
| P22 | 0 | 1 | 0 | 0 | 0 | 0 | 1 | 0 | 0 | 0 |
| A3 | 0 | 1 | 0 | 0 | 0 | 0 | 1 | 0 | 0 | 1 |
| P31 | 0 | 1 | 0 | 0 | 0 | 0 | 1 | 0 | 0 | 1 |
| P32 | 0 | 0 | 0 | 0 | 1 | 0 | 0 | 1 | 0 | 0 |
| A4 | 0 | 0 | 0 | 0 | 0 | 0 | 1 | 0 | 1 | 0 |
| P41 | 0 | 1 | 0 | 0 | 0 | 0 | 1 | 0 | 0 | 0 |
| P42 | 0 | 1 | 0 | 0 | 0 | 0 | 0 | 0 | 1 | 0 |
| A5 | 0 | 1 | 0 | 0 | 1 | 0 | 1 | 1 | 0 | 0 |
| P51 | 0 | 1 | 0 | 0 | 0 | 0 | 0 | 0 | 0 | 1 |
| P52 | 0 | 1 | 0 | 0 | 0 | 0 | 0 | 1 | 0 | 0 |
| A6 | 0 | 0 | 0 | 1 | 0 | 1 | 1 | 0 | 0 | 0 |

| 材料 | umc1705w1 SSR 指纹 | | | | | | umc1999Y3 SSR 指纹 | | | |
|---|---|---|---|---|---|---|---|---|---|---|
| | 268 | 273 | 278 | 301 | 311 | 321 | 179 | 188 | 194 | 200 |
| P61 | 0 | 0 | 0 | 0 | 0 | 1 | 1 | 0 | 0 | 0 |
| P62 | 0 | 0 | 0 | 1 | 0 | 0 | 1 | 0 | 0 | 0 |
| A7 | 0 | 1 | 0 | 1 | 0 | 0 | 1 | 0 | 0 | 0 |
| P71 | 0 | 1 | 0 | 0 | 0 | 0 | 1 | 0 | 0 | 0 |
| P72 | 0 | 0 | 0 | 1 | 0 | 0 | 1 | 0 | 0 | 0 |
| A8 | 1 | 0 | 0 | 1 | 0 | 0 | 1 | 0 | 0 | 1 |
| P81 | 0 | 0 | 0 | 1 | 0 | 0 | 0 | 0 | 0 | 1 |
| P82 | 1 | 0 | 0 | 0 | 0 | 0 | 1 | 0 | 0 | 0 |
| A9 | 0 | 1 | 0 | 0 | 0 | 0 | 1 | 0 | 0 | 1 |
| P91 | 0 | 1 | 0 | 0 | 0 | 0 | 0 | 0 | 0 | 1 |
| P92 | 0 | 1 | 0 | 0 | 0 | 0 | 1 | 0 | 0 | 0 |
| A10 | 0 | 1 | 0 | 0 | 0 | 0 | 1 | 0 | 0 | 0 |
| P101 | 0 | 1 | 0 | 0 | 0 | 0 | 0 | 0 | 0 | 1 |
| P102 | 0 | 1 | 0 | 0 | 0 | 0 | 1 | 0 | 0 | 0 |

注：A1 ~ A10 为检测的 10 个单交种的 $F_1$ 代；P11，P12 ~ P101，P102 分别为对应的亲本自交系。

## 四、SSR 指纹库的应用

### 1. 纯合度分析

自交系材料在其选育过程中由于逐代自交，各等位基因趋于纯合，纯合程度越高该自交系越稳定。因为基因组的庞大和等位基因的复杂多样，一般对于自交系纯合程度很难用一个明确的指标进行衡量。试验在 SSR 指纹库的基础上，计算 SSR 纯合引物位点占所有检测引物位点的比例，尝试对各试验材料的纯合度进行分析。

从表 4-5 可以看出，亲本自交系比单交种纯合度高，纯合度最高的是"浙糯玉 2 号"的父、母本和"浙糯玉 3 号"的母本，达到 97.4%；纯合度最低的是"浙甜 9 号"的父本，为 73.0%。单交种的纯合度主要受父母本共同拥有的等位基因数的影响。纯合度最低的是"浙甜 6 号"，为 35.1%；最高的为"花甜糯 072"，达到 67.6%。

表 4-5　各玉米品种及其亲本的纯合度

| 品种名称 | 纯合度 /% | | |
|---|---|---|---|
| | 单交种 | 父本 | 母本 |
| "浙甜 6 号" | 35.1 | 91.2 | 89.2 |
| "浙甜 8 号" | 45.7 | 82.9 | 77.1 |
| "浙甜 9 号" | 51.4 | 73.0 | 85.3 |

| 品种名称 | 纯合度 /% | | |
|---|---|---|---|
| | 单交种 | 父本 | 母本 |
| "超甜 135" | 54.3 | 93.8 | 74.3 |
| "超甜 4 号" | 44.7 | 86.5 | 97.0 |
| "浙糯玉 2 号" | 44.7 | 97.4 | 97.4 |
| "浙糯玉 3 号" | 45.9 | 89.7 | 97.4 |
| "浙糯玉 4 号" | 35.7 | 91.2 | 97.3 |
| "浙糯玉 5 号" | 40.5 | 89.2 | 87.2 |
| "花甜糯 072" | 67.6 | 92.1 | 97.2 |

2. 筛选出可用于品种纯度鉴定的 SSR 引物

在单交种生产过程中，由于亲本种子的混杂而影响单交种种子纯度的情况时有发生，筛选出具有双亲互补带型的 SSR 引物，并利用其对单交种种子进行检测，可以直接对种子进行纯度测定，快速高效地检测出单交种中的亲本混杂。试验在 SSR 指纹库的基础上，筛选出对各品种具有双亲互补带型的 SSR 引物 2 组（表 4-6），用于检测该品种种子的纯度，其中第 2 组引物作为补充引物。

表 4-6　适用于玉米单交种纯度检测的特异引物

| 品种名称 | 特异引物组 | |
|---|---|---|
| | 1 | 2 |
| "浙甜 6 号" | bnlg161k8 | umc2160k3 |
| "浙甜 8 号" | bnlg439w1 | phi065k9 |
| "浙甜 9 号" | bnlg2291k4 | umc2007y4 |
| "超甜 135" | umc1999y3 | umc1489y3 |
| "超甜 4 号" | umc2160k3 | bnlg1520K1 |
| "浙糯玉 2 号" | phi080k15 | bnlg161k8 |
| "浙糯玉 3 号" | umc1705w1 | bnlg439w1 |
| "浙糯玉 4 号" | umc1705w1 | umc1999y3 |
| "浙糯玉 5 号" | umc1506k12 | umc1999y3 |
| "花甜糯 072" | umc1432y6 | bnlg490y4 |

## 五、小结

目前 SSR 指纹库数据的记录方法主要有 2 种，一种基于 PAGE 凝胶电泳，其图谱数据是根据特征谱带的数量及其相互位置确定，以"0，1"表示；另一种是在引物末端加入荧光标记，并利用毛细管荧光电泳检测出扩增产物的片段大小，并直接记录特征产物的片段大小作为图谱数据。PAGE 凝胶电泳检测不同样品 DNA 片段大小是通过与 Marker 比较得出，但不可能每个泳道都加入 Marker，所以片段大小只能用肉眼比较估测，因此数据的准确性受到一定的影响。而荧光电泳通过 DNA 分析仪能够准确地得出 DNA 片段的大小，准确性更高，同时由于确定了各个引物的 BIN，所以不同批次、不同时间的检测数据均能够很好地整合到数据库中。本试验中 SSR 指纹以"0，1"记录，但各引物等位位点谱带的大小已经确定，便于不同的图谱数据对号入座，这种记录方式除较普通的"0，1"指纹更容易数据整合外，还有利于数据进一步的开发利用。

试验结果显示，"浙甜 9 号"父本和"超甜 135"母本的纯合度相对较低，说明这 2 个自交系可能存在一定程度的混杂退化，需要引起重视并进行必要的提纯工作。亲本自交系的纯合程度直接影响了 $F_1$ 代的杂种优势，利用 SSR 指纹库数据计算纯合位点的比例，可直观反映出一个自交系材料的纯合度，用于长期监测自交系材料的稳定性情况。

运用 SSR 标记对玉米单交种的纯度测试已经在国内多个实验室获得成功，与 RFLP 相比效率更高。试验筛选出 2 对适合玉米单交种纯度检测的 SSR 特异引物，对制种过程中产生的亲本混杂的情况能够很好地进行测定，与传统的田间观察相比较而言，准确性更高，速度更快，能大大提高检测效率。

SSR 用于真伪鉴定已经在不同生物种群开展。目前玉米品种已建立标准的品种 SSR 指纹库，能够快速分析品种材料之间的相似性，确定品种的真伪，大大提高了品种真实性鉴定的准确性和鉴定效率。

# 第五节　糯玉米品种农艺性状相关分析

作物不同品种表现出的性状差异是其核酸差异的外在表现，通过对其多种性状的准确记载和分析，我们可以将具有类似性状的品种作为其遗传距离远近的表现形式，进而对众多种质材料进行聚类。现以 115 个糯玉米品种的主要农艺性状进行了统计分析，考察其多样性水平，演示该方法的实际应用过程。

## 一、115 个糯玉米品种主要性状汇总分析

将 115 个供试品种 9 个主要农艺性状原始数据平均值进行统计分析，得到 115 份供试材料最大值、最小值、平均值、标准差等结果，并计算变异系数和多样性指数，

如表 4-7。结果表明，不同材料不同性状呈现出较大的差异，变异丰富，各表型性状的变异系数最大的秃尖长为 399.91%，变异系数最小的生育期为 2.56%。变异系数从大到小依次为：秃尖长 > 穗位高 > 穗行数 > 果穗产量 > 行粒数 > 株高 > 穗长 > 穗粗 > 生育期。遗传多样性分析指数显示株高最高（2.069）、最低的是秃尖长（0.621），从大到小依次为：株高 > 穗位高 > 果穗产量 > 行粒数 > 生育期 > 穗长 > 穗粗 > 穗行数 > 秃尖长。结果显示，变异系数和多样性指数间不具有一致性，如秃尖长变异系数最大，遗传多样性指数却最低。株高的变异系数较低，但遗传多样性指数最高。

表 4-7　9 个主要性状的统计分析

| 性状 | 生育期 /d | 株高 /cm | 穗位高 /cm | 穗长 /cm | 穗粗 /cm | 穗行数 | 行粒数 | 秃尖 /cm | 果穗产量 /g |
|---|---|---|---|---|---|---|---|---|---|
| 最大值 | 86.0 | 262.0 | 130.0 | 23.0 | 5.5 | 20.0 | 48.0 | 4.5 | 382.6 |
| 最小值 | 77.0 | 176.0 | 56.0 | 16.0 | 4.0 | 12.0 | 28.0 | 0 | 223.7 |
| 平均值 | 81.96 | 218.91 | 87.90 | 19.06 | 4.79 | 14.64 | 38.66 | 0.12 | 295.21 |
| 标准差 | 2.10 | 19.02 | 14.03 | 1.46 | 0.32 | 1.60 | 3.82 | 0.47 | 30.45 |
| 变异系数 /% | 2.56 | 8.69 | 15.96 | 7.64 | 6.61 | 10.94 | 9.87 | 399.91 | 10.32 |
| 多样性指数 | 1.845 | 2.069 | 2.063 | 1.808 | 1.758 | 1.151 | 1.968 | 0.621 | 2.053 |

## 二、性状间的相关分析

生育期与株高、穗位高、行粒数呈极显著正相关关系（表 4-8），与穗行数呈显著正相关关系；株高与生育期、穗位高、果穗重呈极显著正相关，与行粒数呈显著正相关；穗位高与生育期、株高、穗行数呈极显著正相关；穗长与穗粗呈显著相关关系，与行粒数、秃尖长、果穗产量呈极显著正相关；穗粗与穗长、穗行数呈显著正相关，与果穗重呈极显著正相关；穗行数与生育期、穗粗呈显著正相关，与穗位高呈极显著正相关，与行粒数呈显著负相关；行粒数与生育期、穗长呈极显著正相关，与株高、果穗重呈显著正相关，与穗行数呈显著负相关；秃尖长与穗长呈显著正相关，与其他性状相关不显著；果穗重与株高、穗长、穗粗、行粒数呈极显著正相关。

表 4-8　9 个主要性状间的相关分析

| 性状 | $X_1$ | $X_2$ | $X_3$ | $X_5$ | $X_6$ | $X_7$ | $X_8$ |
|---|---|---|---|---|---|---|---|
| $X_2$ | 0.30** | — | — | — | — | — | — |
| $X_3$ | 0.31** | 0.75** | — | — | — | — | — |
| $X_4$ | 0.04 | 0.1 | 0.09 | — | — | — | — |

| 性状 | $X_1$ | $X_2$ | $X_3$ | $X_5$ | $X_6$ | $X_7$ | $X_8$ |
|------|-------|-------|-------|-------|-------|-------|-------|
| $X_5$ | −0.1 | −0.11 | −0.17 | — | — | — | — |
| $X_6$ | 0.21* | 0.17 | 0.28** | 0.22* | — | — | — |
| $X_7$ | 0.28** | 0.19* | 0.05 | 0.09 | −0.20* | — | — |
| $X_8$ | −0.17 | −0.12 | −0.07 | 0.12 | 0.12 | −0.17 | — |
| $Y$ | 0.06 | 0.27** | 0.15 | 0.55** | 0.13 | 0.28** | −0.01 |

注：$X_1$，生育期；$X_2$，株高；$X_3$，穗位高；$X_4$，穗长；$X_5$，穗粗；$X_6$，穗行数；$X_7$，行粒数；$X_8$，秃尖；$Y$，果穗产量；*，** 分别表示在 0.05 和 0.01 概率水平显著。

## 三、性状对果穗产量的影响

由于简单相关分析只能反映两指标之间的相互作用关系，并不能反映各性状指标对果穗产量的作用大小，所以有必要做进一步的回归分析。在进行多元线性回归分析时，逐步剔除没有显著效应的自变量，这样所得的多元回归方程就会比较简化而又能较准确地分析和预测因变量的反应。以果穗产量（$Y$）为因变量，其他性状为自变量，采用 DPS 软件通过后向式逐步回归得到以下最优线性回归方程。

$$Y = -180.822\ 2 + 0.458\ 5X_2 + 7.450\ 3X_4 + 48.765\ 7X_5$$

通过回归分析，决定系数 $R^2 = 0.525\ 3$，达到极显著水平，Durbin-Watson 统计量 $d = 1.940\ 6$，接近于 2，各回归系数的偏相关系数均达到极显著水平，说明回归方程具有回归意义。上述线性回归方程说明，果穗产量和株高、穗粗、穗长有显著的线性回归关系，而与生育期、穗位高、穗行数、行粒数、秃尖长无显著回归关系。为了研究各显著效应因子对产量的影响程度，进行通径分析，结果如表 4-9 显示，在直接作用中，穗粗对果穗产量的直接作用最大，其他依次为穗长，再为株高。间接作用相对直接作用要小得多，不再做进一步分析。

表 4-9　产量相关因子的通径分析

| 性状 | 直接通径系数 | 间接通径系数 | | |
|------|------------|------|------|------|
| | | $\to X_2$ | $\to X_4$ | $\to X_5$ |
| $X_2$ | 0.286 3 | — | 0.035 3 | −0.055 5 |
| $X_4$ | 0.356 2 | 0.028 4 | — | 0.099 4 |
| $X_5$ | 0.507 2 | −0.031 4 | 0.069 8 | — |

注：$X_2$，株高；$X_4$，穗长；$X_5$，穗粗。

## 四、聚类分析

以欧氏距离和最长距离法对 115 个玉米品种进行聚类分析（图 4-3），以 55 为界可将 115 个品种分成 8 类，得出各类群的平均参数（表 4-10）。

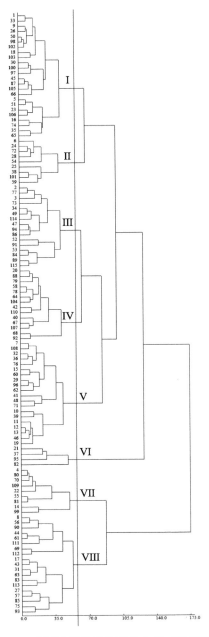

图 4-3　115 个糯玉米品种的聚类分析（最长距离法）

表 4-10 各类群品种主要农艺性状表现

| 品种类群 | 参数 | 生育期/d | 株高/cm | 穗位高/cm | 穗长/cm | 穗粗/cm | 穗行数 | 行粒数 | 秃尖/cm | 果穗产量/g |
|---|---|---|---|---|---|---|---|---|---|---|
| I | 均值 | 81.8 | 207.0 | 79.9 | 19.0 | 4.8 | 14.6 | 37.9 | 0.3 | 287.9 |
| | 标准差 | 1.9 | 9.4 | 5.6 | 1.4 | 0.3 | 1.6 | 3.4 | 0.9 | 9.2 |
| | 变异系数/% | 2.3 | 4.6 | 7.1 | 7.3 | 5.5 | 11.1 | 9.1 | 289.0 | 3.2 |
| II | 均值 | 80.9 | 193.4 | 67.8 | 19.6 | 5.0 | 14.2 | 40.3 | 0.1 | 316.2 |
| | 标准差 | 2.0 | 7.9 | 7.2 | 1.3 | 0.3 | 1.9 | 3.2 | 0.2 | 11.7 |
| | 变异系数/% | 2.5 | 4.1 | 10.7 | 6.5 | 6.2 | 13.0 | 7.8 | 300.0 | 3.7 |
| III | 均值 | 82.1 | 240.6 | 98.9 | 19.3 | 4.9 | 15.4 | 39.0 | 0.1 | 313.4 |
| | 标准差 | 1.6 | 11.3 | 8.9 | 1.2 | 0.2 | 1.4 | 3.6 | 0.2 | 11.2 |
| | 变异系数/% | 2.0 | 4.7 | 9.0 | 6.4 | 4.0 | 9.2 | 9.3 | 273.3 | 3.6 |
| IV | 均值 | 81.6 | 234.1 | 95.9 | 18.9 | 4.5 | 14.4 | 37.4 | 0.1 | 285.2 |
| | 标准差 | 2.6 | 11.9 | 7.5 | 1.2 | 0.2 | 0.9 | 2.8 | 0.3 | 6.5 |
| | 变异系数/% | 3.2 | 5.1 | 7.8 | 6.5 | 4.4 | 5.9 | 7.4 | 274.3 | 2.3 |
| V | 均值 | 82.0 | 219.1 | 86.0 | 19.8 | 5.0 | 14.3 | 39.9 | 0.3 | 329.8 |
| | 标准差 | 1.8 | 9.0 | 6.3 | 1.4 | 0.3 | 1.5 | 4.3 | 0.3 | 11.6 |
| | 变异系数/% | 2.2 | 4.1 | 7.3 | 7.1 | 5.4 | 10.4 | 10.8 | 204.4 | 3.5 |
| VI | 均值 | 84.8 | 247.5 | 120.0 | 20.8 | 5.0 | 16.5 | 41.8 | 0 | 353.2 |
| | 标准差 | 1.5 | 6.6 | 8.2 | 1.3 | 0.3 | 2.5 | 2.1 | 0 | 21.4 |
| | 变异系数/% | 1.8 | 2.7 | 6.8 | 6.1 | 4.1 | 15.3 | 4.9 | — | 6.1 |
| VII | 均值 | 80.1 | 192.8 | 73.0 | 17.3 | 4.7 | 14.2 | 35.0 | 0 | 248.4 |
| | 标准差 | 1.8 | 8.2 | 4.9 | 1.4 | 0.3 | 1.6 | 3.0 | 0 | 16.2 |
| | 变异系数/% | 2.3 | 4.3 | 6.8 | 8.2 | 5.8 | 11.0 | 8.5 | — | 6.5 |
| VIII | 均值 | 83.0 | 222.8 | 94.7 | 18.5 | 4.5 | 14.6 | 39.3 | 0 | 260.1 |
| | 标准差 | 1.9 | 13.1 | 13.2 | 1.2 | 0.3 | 1.8 | 4.2 | 0 | 10.0 |
| | 变异系数/% | 2.3 | 5.9 | 13.9 | 6.3 | 6.3 | 12.1 | 10.7 | — | 3.8 |

第 I 类品种平均产量排第 5 位，有多个品种表现秃尖较长，其他性状均多处在各类群中的中间水平，这类品种包括"金玉糯 9 号""裕香糯 6 号""农科玉 368""粤白糯 6 号""佳糯 26""浙糯玉 7 号""杭糯玉 21""农科糯 336""天糯 828""先甜糯 868""钱江糯 3 号""黑甜糯 168""美玉 27""申红甜糯 1 号""金糯 628""萃糯 5 号""京科糯 569""万糯 161""荟甜糯 2 号""彩甜糯 168""金糯 1813""玉农晶糯""桂香糯 258""苏科糯 1601"24 个品种，占参试品种的 20.9%。

第 II 类品种平均产量排第 3 位，品种平均生育期较短，株高和穗位均较矮，从综合性状分析，此类品种为较为理想的玉米类型。这类品种包括"京科糯 2016""富甜糯 2 号""玉农花彩糯 7 号""香甜糯 828""荆恒一号""万农甜糯 158""灵甜糯 100""新甜糯 88""嘉华 6 号"9 个品种，占参试品种的 7.8%。

第 III 类品种平均产量排第 4 位，平均生育期较长，平均株高和穗位较高，包括"徽甜糯 810""甜糯 182""徽甜糯 1 号""2008 晶糯""天贵糯 161""万彩糯 3 号""渝糯 930""椿强 8 号""浙糯玉 10 号"" 申糯 10 号"" 万彩甜糯 118"" 生科糯 4016"" 万糯 158"" 彩甜糯 100"" 生科糯 598"" 西大糯 2 号"16 个品种，占参试品种的 13.9%。

第Ⅳ类品种平均产量排第 6 位，具有较高的株高和穗位，穗行数较高，其他性状均处于中间水平，包括"闽玉糯 3 号"" 沪红糯 1 号"" 晋糯 20"" 苏玉糯 639"" 晋糯 10 号"" 晶彩糯"" 科甜糯 8 号"" 美玉 9 号"" 浙糯玉 23"" 美玉 16 号"" 焦点糯 517"" 诚糯 8 号"" 苏科糯 1602"" 生科糯 2008"14 个品种，占参试品种的 12.2%。

第Ⅴ类品种平均产量在所有类群中排第 2 位，穗粗较大，其他性状处于中间水平，包括"金糯 1607"" 科糯 6 号"" 珍彩糯 1 号"" 红玉 2 号"" 圣园 231"" 金糯 1904"" 嘉华 8 号"" 天贵糯 932"" 浙糯玉 14"" 萃甜糯 608"" 彩糯 10"" 万糯 2000"" 玉农科糯"" 密花甜糯 12 号"" 百丽"" 金糯 685"" 京紫糯 218"" 彩甜糯 627"" 椿强白甜糯 3 号"" 甜糯 302"20 个品种，占参试品种的 17.4%。

第Ⅵ类品种为高秆大穗型品种，具有最高的株高和穗位，平均产量最高、穗型粗大、生育期最长，包括"维糯 6 号"" 灵糯 8 号"" 浙糯玉 16"" 华耘白甜糯 601"4 个糯玉米品种，占参试品种的 3.5%。

第Ⅶ类品种各性状指标相对处在最低位。包括"徽银糯 1 号"" 申糯 2 号"" 南甜糯 601"" 浙糯玉 18"" 闽甜糯 707"" 申白甜糯 1 号"" 华耘黑糯 501"" 科糯 167"" 科糯 2 号"9 个品种，占参试品种的 7.8%。

第Ⅷ类品种平均产量在所有类群中排第 7 位，产量偏低，品种平均生育期较长，株高穗位较高，果穗较细，包括"雪糯 6 号"" 苏科糯 10 号"" 生科糯 618"" 美玉糯 11 号"" 苏玉糯 11 号"" 黑甜糯 632"" 苏科糯 1505"" 黑甜糯 639"" 蜜甜糯 1 号"" 美玉加甜糯 7 号"" 蜜香甜糯 265"" 苏科糯 12"" 沪紫黑糯 1 号"" 浦糯 818"" 粤白甜糯 7 号"" 苏玉糯 1502"" 申糯 8 号"" 玉糯 17-1"" 黑珍珠"19 个品种，占参试品种的 16.5%。

## 五、小结

### 1. 育种上农艺性状的选择

农艺性状相关分析发现，生育期与株高、穗位、行粒数呈极显著正相关关系，与穗行数呈显著正相关关系，育种上要选择生育期短的材料，不宜在株高、穗位太高、行粒数太多的品种资源上选择。秃尖与穗长呈显著正相关，选择秃尖小的材料不宜在果穗太长品种资源中选择。产量与株高、穗长、穗粗、行粒数呈极显著正相关，育种上这类型性状的选择是提高产量的重要措施。通过产量与主要农艺性状的回归分析、通径分析发现，穗粗、穗长和株高对果穗产量有显著回归关系，对产量的作用程度大小依次为穗粗＞穗长＞株高。尽管株高对产量有正向作用，但株高对抗倒性不利，围绕以高产为中心进行后代选系可着重穗粗和穗长的选择，或在适当株高范围内降低穗位的选择。

2. 各类群品种的综合评价

将 115 个糯玉米品种进行聚类分析划分为 8 个类群，聚类分组并未按地区位置而聚类，这可能是在栽培或育种过程中人为选择的结果，这与前人研究结果基本一致。聚类分析结果显示，第 I 类品种平均产量中等，有多个品种表现秃尖较长，其他性状均多处在各类群中的中间水平；第 II 类品种产量较高，生育期较短，株高穗位低，是综合性状最好的一类品种；第 III 类品种产量较高，具有较高的株高和穗位，生育期中等；第 IV 类品种具有较高的株高和穗位，产量中等，生育期中等；第 V 类品种产量较高，其他性状处于中间水平；第 VI 类品种具有最高的产量，生育期最长，具有最高的株高和穗位，穗粗、穗长、穗行数和行粒数均处在各类群中最高位；第 VII 类品种产量在所有类别中最低，生育期最短，株高穗位也较低；第 VIII 类品种生育期较长，较高的株高穗位，果穗较细，产量也较低。

从生产种植角度出发，生育期早的品种能更好地安排茬口，生育期早且株型较矮的品种还能更好地通过大棚促早栽培措施达到更高的生产效益，建议采用第 II 类和第 VII 类品种，结合产量优势建议采用第 II 类品种。在多阴雨大风的地区和季节种植，也适合选用株高穗位较低且产量兼顾的第 II 类品种，可有效降低倒伏的发生。在生育期许可范围内或在风力较小的时节或地区种植可选用产量最高的第 VI 品种，这类品种一般还具有较高的生物产量，适合作粮饲兼用型品种使用。鲜食糯玉米种植更强调果穗的商品性，一般采取相对普通玉米更低的密度种植，果穗的大小更能反映该品种整体的一个产量潜力，但从生产要求出发，品种的选择应在各性状之间找到一个最佳的平衡点，本研究认为第 II 类群糯玉米品种兼顾产量高、植株形态好和生育期短等众多优良性状，是综合性状最好的一类玉米品种。

3. 作为品种资源的选择利用

农艺性状变异系数大说明遗传变异更为丰富，多样性分析表明收集的 115 个糯玉米品种遗传基础广泛，基本代表国内糯玉米最新最优势基因的集成。品种类群的划分有助于认识这些品种特征特性，不仅为生产推荐相适宜的品种类型，还能为遗传育种资源选择提供依据，如二环选系、单倍体选系或作为其他现有材料的基因导入系，或根据目标性状创建种质杂种优势群，拓宽种质遗传基础，或用于分子育种更为有效地选择目标性状基因。根据目标性状的选择要求，选择不同群体进行后代选系，目标明确，选择效率高。如要选择果穗粗大产量高的后代选系，可重点在第 VI 群中进行后代选系；要选择生育期短的后代选系，可重点在第 VII 群中选择；选择综合性状较好的后代选系可重点在第 II 类群中选择。目前很多学者通过 SSR 分子标记对植物种质资源进行聚类分析，这种聚类分析方法很好地反映了各种质资源间的基因型差异。植物表型是基因型和环境因素相互作用的结果，当环境因素影响较大时按植物表型聚类并不能很好地反映植物种质间的基因型差异，但描述和鉴定植物表型性状目前还是种质资源分类研究中的最基本方法，使用这种聚类方法能很好地反映出植物资源表型性状间真实存在的差异，对作物育种上，特别是鲜食糯玉米育种上注重综合性状选择具有重要参考意义。

# 第六节　丰产性稳定性 AMMI 模型分析

主效可加互作可乘模型（Additive Main Effects and Multiplicative Interaction Model）简称 AMMI 模型，是分析基因型与环境互作（G×E）的有效方法，在作物区域试验的多点资料分析中应用相当广泛。双标图是用来解释 AMMI 模型中 G×E 模型的分析方法。在 AMMI 模型中，当互作效应显著的乘积项数目超过两个时，通过双标图来判断品种的稳定性是不可靠的，需要通过定义合理的参数来衡量品种的稳定性。测试引用张泽等提出的 $D_i$ 值（在 AMMI 模型时，显著 PCA 构成的欧氏空间中，品种和地点到原点的欧氏距离）作为反应品种稳定性指标。并以 $D_i$ 值为纵坐标，平均产量为横坐标作图来反应试验品种的丰产稳产性。

AMMI 模型可以表示为：

$$y_{ger} = \mu + \alpha_g + \beta_e + \sum_{i=1}^{N} \lambda_n \gamma_{gn} \delta_{gn} + \theta_{ge} + \varepsilon_{ger} \cdots \qquad (1)$$

其中，$y_{ger}$ 是基因型 $g$ 在环境 $e$ 中第 $r$ 次重复的观察值，$\mu$ 代表总体平均值，$\alpha_g$ 是基因型平均偏差（各个基因型平均值减去总的平均值），$\beta_e$ 是环境的平均偏差（各个环境的平均值减去总的平均值），$\lambda_n$ 是第 $n$ 个主成分分析的特征值，$\gamma_{gn}$ 是第 $n$ 个主成分的环境主成分得分，$\delta_{gn}$ 是第 $n$ 个主成分的基因型主成分得分，$n$ 是在模型主成分分析中主成分因子轴的总个数，$\theta_{ge}$ 为残差，$\varepsilon_{ger}$ 为误差。

在 AMMI 模型分析中，双标图能形象直观地分析基因型与环境的交互作用，但它只是涵盖了第一个主成分 IPCA1 的交互作用，当存在 2 个以上显著 IPCA 向量时，利用双标图直观判断品种稳定性便存在较大误差。因此我们采用张泽等提出的特定基因型在 IPCA（无论其维数是多少）空间中距离原点的公式。

$$D_i = \sqrt{\sum_{s=1}^{c} \delta_{is}^2} \cdots \tag{2}$$

公式（2）中 $c$ 为显著的 IPCA 个数，$\delta_{is}$ 为第 $i$ 个基因型在第 $s$ 个显著 IPCA 上的得分，式中 $D_i$ 值大小便度量了第 $i$ 个基因型的相对稳定性。

通过以 $D_i$ 值为纵轴，平均产量为横轴作 DY 图来评价品种的丰产稳产性，越靠近纵轴说明品种产量越低，越靠近横轴说明品种稳定性越好，选择远离纵轴，靠近横轴的基因型即为丰产稳产的基因型。

对 2007 年浙江省糯玉米区域试验 B 组品种"L3-1（V1）""沪糯 88（V2）""金甜糯 628（V3）""科糯 2 号（V4）""美玉 5 号（V5）""嵊科甜糯香 618（V6）""苏糯 716（V7）""苏玉糯 1 号（V8）""苏玉糯 202（V9）""苏玉糯 2 号（V10）""甜糯 006（V11）""甜糯 601（V12）"的试验结果采用 AMMI 模型进行分析。结果如表 4-11 所示，12 个品种在 7 个不同地点其变异的平方各占到整个处理平方和的 23.87%，基因型的平方和占整个处理平方和的 14.33%，而环境变异的平方和占了整个处理平方的 61.80%。前人提出产量试验资料的变异分别来自环境、环境交互作用、基因型的比例为 70%、20%、10%，本试验研究结果基本与其一致。本试验基因型与环境互作效应极显著，交互效应主成分轴显著性检测显示，前 3 个 IPCA 轴达显著性水平，不显著 IPCA 合并为残差。

表 4-11　品比试验结果 AMMI 分析

| 变异来源 | df | SS | MS | $F$ |
|---|---|---|---|---|
| 处　理 | 83 | 5 409.865 2 | 65.179 1 | 27.668 5** |
| 基　因 | 11 | 775.305 2 | 70.482 3 | 29.919 7** |
| 环　境 | 6 | 3 343.303 8 | 557.217 3 | 236.538 6** |
| 交互作用 | 66 | 1 291.256 2 | 19.564 5 | 8.305 1** |
| IPCA1 | 16 | 759.233 2 | 47.452 1 | 6.359 5** |
| IPCA2 | 14 | 229.467 1 | 16.390 5 | 2.196 7** |
| IPCA3 | 12 | 123.477 6 | 10.289 8 | 1.379 0* |
| 残　差 | 24 | 179.078 2 | 7.461 6 | — |
| 误　差 | 168 | 395.760 0 | 2.355 7 | — |

注：* 表示达 5% 显著水平，** 表示达 1% 显著水平。

通过分析得到了各个显著 IPCA 向量的得分，并通过公式（2）计算了各基因型对应的 $D_i$ 值，如表 4-12。根据 $D_i$ 值大小各基因型稳定性依次为 V2>V12>V10>

V11>V9>V6>V5>V1>V8>V3>V4>V7。

表 4-12　基因型在显著交互效应主成分轴上的得分及 $D_i$ 值

| 基因型 | 平均产量 | 离差 | 交互效应主成分轴 IPCA | | | $D_i$ |
| --- | --- | --- | --- | --- | --- | --- |
| | | | IPCA1 | IPCA2 | IPCA3 | |
| V1 | 26.338 1 | 1.778 2 | −0.473 6 | 1.328 4 | 0.894 3 | 1.669 9 |
| V2 | 26.557 1 | 1.997 2 | −0.292 6 | 0.092 7 | 0.063 0 | 0.313 3 |
| V3 | 28.152 4 | 3.592 5 | −1.294 2 | −1.543 8 | 0.023 0 | 2.014 6 |
| V4 | 22.981 0 | −1.579 0 | −0.014 5 | 0.447 2 | −2.081 8 | 2.129 3 |
| V5 | 22.585 7 | −1.974 2 | 1.319 5 | −0.408 0 | 0.268 0 | 1.406 9 |
| V6 | 23.157 1 | −1.402 8 | 0.568 2 | −1.261 9 | 0.123 9 | 1.389 5 |
| V7 | 22.876 2 | −1.683 7 | 2.710 7 | 0.574 5 | −0.081 2 | 2.772 1 |
| V8 | 23.128 6 | −1.431 3 | −1.268 5 | 1.424 2 | −0.036 3 | 1.907 6 |
| V9 | 26.100 0 | 1.540 1 | 0.594 9 | 0.014 9 | 0.995 8 | 1.160 1 |
| V10 | 23.585 7 | −0.974 2 | −1.049 8 | −0.349 6 | 0.113 9 | 1.112 3 |
| V11 | 25.009 5 | 0.449 6 | −1.150 6 | 0.062 9 | 0.121 3 | 1.158 7 |
| V12 | 24.247 6 | −0.312 3 | 0.350 5 | −0.381 4 | −0.403 7 | 0.656 7 |

测试中，IPCA1 平方和所占交互作用比例只达到 58.80%，如果 3 个显著 IPCA 向量均加以考虑，则所占平方和比例达到 86.13%。由于 $D_i$ 值充分考虑了这 3 个显著向量，因此以 $D_i$ 值为纵轴，以平均产量为横轴作图。可以得出，V2 属于高产稳产性品种，V12 稳产性较好，产量处于中等偏上水平；V3 产量最高，但稳产性不够理想；V9、V11、V1 在所有品种中，产量和稳产性均处于中间水平。

通过 $D_i$ 值对比发现，12 个品种中，稳产性最好的品种是"沪糯 88"，其他依次为"甜糯 601""苏玉糯 2 号""甜糯 006""苏玉糯 202""嵊科甜糯香 618""美玉 5 号""L3-1""苏玉糯 1 号""金甜糯 628""科糯 2 号""苏糯 716"。

尽管"金甜糯 628""L3-1"丰产性较好，但稳产性不够理想。丰产稳产性均较好的品种有"沪糯 88""苏玉糯 202""甜糯 006""甜糯 601"等。表现较差的有"苏糯 716""科糯 2 号""苏玉糯 1 号"等。

由于各显著 IPCA 均综合考虑，$D_i$ 值用于评价品种稳定性更为准确，并且当品种数量比较多时更为简单明了。可以看出，以 $D_i$ 值为纵坐标，以产量为横坐标作图用于比较品种的丰产稳产性非常直观，所含信息量多，可以在品种评价中应用。

# 第七节 区域试验非平衡数据产量性状及稳定性分析

在试验实施过程中，由于种种原因，难免有数据的缺失，此情况下得到的数据为非平衡数据，无法采用传统的 ANOVA 方法进行分析。朱军运用混合线性模型（Mixed linear model）的分析原理，提出了作物区域试验非平衡资料的统计分析方法，用数值重复抽样法（Jackknife）计算回归参数的估计值及其标准误，并通过分析置信区间来综合评价品种的稳定性。现以 2005 年和 2006 年浙江省甜玉米区域试验的产量性状为材料进行产量比较及稳定性分析测试，来介绍此分析方法。

首先把原始数据转换成对照的百分率，再采用最小范数二次无偏估计（Minque）方法估算单一性状各随机效应的方差分量，进行品种间多重比较以及各品种的稳定性分析。

## 一、产量性状方差分量分析

估算各组合产量性状的方差分量，可以揭示环境效应（年份、试点、年份 × 试点）与基因型 × 环境互作效应（品种 × 年份、品种 × 试点）对产量性状的影响。由表 4-13 可知，在产量性状中以年份 × 试点方差分量值最大，表明年份 × 试点的互作效应对产量的影响较大，以试点、品种 × 年份方差分量值较小，表明地点、品种 × 年份互作效应对产量的影响不大。由表 4-13 同样可以看出，穗长、穗粗和行粒数受年份 × 试点互作效应和随机误的影响较大，千粒重主要受品种 × 试点互作效应的影响，穗行数主要受品种 × 年份互作效应的影响。上述结果表明，除穗行数外，其他 5 个性状受年份 × 试点互作效应影响较大，即这 5 个性状在 2005 年和 2006 年在 8 个试点的表现不一致，因此要有效地鉴别各品种的丰产性、稳定性差异，进行多年多点试验是必不可少的。

**表 4-13　产量性状的方差估算值**

| 方差分量 | 产量 | 穗长 | 穗粗 | 穗行数 | 行粒数 | 千粒重 |
|---|---|---|---|---|---|---|
| $\delta^2_Y$ | 7.61 | 21.35 | -10.28 | -9.53 | 1.26 | 11.02 |
| $\delta^2_L$ | 10.00 | 26.79 | 25.83 | 72.15 | -27.42 | 6.23 |
| $\delta^2_{YL}$ | 581.42 | 157.91 | 123.52 | -52.46 | 120.21 | 112.31 |
| $\delta^2_{GY}$ | 3.01 | 11.26 | 3.08 | 197.91 | 5.23 | 160.46 |
| $\delta^2_{GL}$ | 30.12 | 1.26 | 21.20 | 13.54 | 35.79 | 385.10 |
| $\delta^2_e$ | 118.55 | 60.23 | 189.23 | 89.28 | 190.25 | 89.00 |

## 二、各组合产量的多重比较

从各参试组合产量多重比较结果（表4-14）可知，以组合代号为V5的"白甜（糯）1号"、组合代号为V17的"蜜脆678"产量较高，平均每公顷达13 908.95kg、14 178.43kg，极显著地高于对照品种V23（"超甜3号"）的产量。除了V1（"HM30"）、V11（"脆王"）的产量显著地低于"超甜3号"外，其他品种的产量与对照"超甜3号"差异不显著。

**表4-14　各组合鲜穗产量的多重比较**

| 组合代号 | 平均产量 / (kg/hm²) | 标准误 | 显著性 | |
|---|---|---|---|---|
| | | | 5% | 1% |
| V1 | 9 431.72 | 1 138.39 | a | A |
| V11 | 9 770.91 | 869.32 | ab | AB |
| V20 | 9 919.71 | 1 209.04 | abc | AB |
| V22 | 10 015.72 | 1 138.39 | abcd | ABC |
| V13 | 10 611.35 | 843.09 | abcd | ABC |
| V4 | 10 901.00 | 1 297.26 | abcde | ABCD |
| V18 | 11 063.72 | 1 138.39 | bcdef | ABCD |
| V19 | 11 218.89 | 1 138.39 | bcdefg | ABCD |
| V23 | 11 278.17 | 843.09 | cdefg | ABCD |
| V16 | 11 428.93 | 1 138.39 | cdefgh | BCDE |
| V2 | 11 806.93 | 1 209.04 | defghi | BCDEF |
| V7 | 11 968.07 | 1 209.04 | defghi | BCDEF |
| V10 | 11 983.03 | 869.32 | efghi | CDEF |
| V21 | 12 096.24 | 843.09 | efghi | CDEF |
| V3 | 12 281.68 | 869.32 | efghi | CDEF |
| V8 | 12 369.79 | 1 138.39 | efghij | DEFG |
| V14 | 12 834.61 | 869.32 | efghij | DEFG |
| V6 | 12 863.76 | 869.32 | efghij | DEFG |
| V9 | 12 958.50 | 1 209.04 | fghij | DEFG |
| V12 | 12 973.07 | 1 209.04 | fghij | DEFG |
| V15 | 12 994.84 | 869.32 | ghij | DEFG |
| V5 | 13 908.95 | 869.32 | ij | FG |
| V17 | 14 178.43 | 1 209.04 | j | G |

### 三、各组合产量的稳定性分析

为了评价品种的稳定性，常用简单回归分析的方法估算品种对环境指数的回归系数。采用朱军等提出的方法，计算得出 23 个参试组合的稳定性分析结果列于表 4-15 中，根据其稳定性测验的原则：截距 a 和相关系数 r 的 95% 置信区间包括 0 则不显著；斜率 b 的 95% 置信区间包括 1.0 则不显著。从表 4-15 可知，组合 V4（"奥甜 8210"）和 V11（"脆王"）的回归斜率显著小于 1.0，则这两个品种对环境指数的反应不敏感，V1（"HM30"）的相关系数最低，因而该品种一致性较差，其余 22 个品种的截距与 0 均无显著差异（置信区间下限 <0< 置信区间上限），回归斜率与 1 无显著差异（置信区间下限 <1.0< 置信区间上限）说明这些组合在稳定性方面表现相似。

表 4-15　甜玉米组合产量性状对环境指数回归分析的参数估计值和 95% 置信区间

| 组合名称 | 截距 | | 斜率 | | 相关系数 | |
|---|---|---|---|---|---|---|
| | 估计值 | 置信区间 | 估计值 | 置信区间 | 估计值 | 置信区间 |
| V1 | 20.02 | −4.45 ～ 35.60 | 0.64 | 0.21 ～ 1.28 | 0.58 | 0.37 ～ 1.57 |
| V2 | −35.15 | −147.46 ～ 77.15 | 1.30 | 0.21 ～ 2.39 | 0.99 | 0.27 ～ 1.59 |
| V3 | 15.80 | −4.86 ～ 36.46 | 0.89 | 0.70 ～ 1.07 | 0.94 | 0.78 ～ 1.11 |
| V4 | 22.20 | −0.31 ～ 44.70 | 0.67 | 0.50 ～ 0.83 | 1.14 | 0.59 ～ 1.48 |
| V5 | −10.88 | −40.91 ～ 19.16 | 0.97 | 0.65 ～ 1.33 | 0.94 | 0.75 ～ 1.12 |
| V6 | −5.48 | −49.94 ～ 38.98 | 1.13 | 0.69 ～ 1.58 | 0.94 | 0.90 ～ 0.99 |
| V7 | −48.62 | −116.93 ～ 19.68 | 1.42 | 0.78 ～ 2.06 | 1.01 | 0.60 ～ 1.95 |
| V8 | −43.93 | −86.60 ～ −2.25 | 1.55 | 0.94 ～ 1.91 | 1.03 | 0.68 ～ 1.38 |
| V9 | 53.16 | −72.19 ～ 178.51 | 0.51 | −0.71 ～ 1.73 | 0.94 | 0.85 ～ 1.02 |
| V10 | 20.30 | −15.63 ～ 56.22 | 0.82 | 0.48 ～ 1.61 | 0.94 | 0.65 ～ 1.63 |
| V11 | 19.80 | −16.38 ～ 55.98 | 0.64 | 0.28 ～ 0.99 | 0.84 | 0.43 ～ 1.26 |
| V12 | 52.26 | −84.26 ～ 188.79 | 0.52 | −0.82 ～ 1.85 | 0.93 | 0.88 ～ 0.98 |
| V13 | −2.25 | −16.79 ～ 12.30 | 0.92 | 0.80 ～ 1.05 | 0.96 | 0.82 ～ 1.10 |
| V14 | 1.02 | −24.02 ～ 26.06 | 1.08 | 0.86 ～ 1.30 | 0.93 | 0.69 ～ 1.18 |
| V15 | 8.43 | −29.00 ～ 45.86 | 1.02 | 0.73 ～ 1.30 | 0.84 | 0.48 ～ 1.20 |
| V16 | −75.66 | −156.76 ～ 5.45 | 1.81 | 0.97 ～ 2.65 | 1.09 | 0.60 ～ 1.58 |
| V17 | 8.31 | −47.13 ～ 63.75 | 1.04 | 0.50 ～ 1.57 | 1.03 | 0.86 ～ 1.21 |
| V18 | −61.70 | −126.95 ～ 3.54 | 1.63 | 1.00 ～ 2.25 | 0.95 | 0.54 ～ 1.56 |
| V19 | −4.77 | −48.17 ～ 38.64 | 1.04 | 0.64 ～ 1.64 | 0.94 | 0.60 ～ 1.29 |
| V20 | −99.64 | −283.72 ～ 84.43 | 1.76 | −0.03 ～ 3.55 | 0.61 | 0.01 ～ 1.23 |
| V21 | 22.11 | −37.21 ～ 81.43 | 0.81 | 0.22 ～ 1.41 | 0.89 | 0.44 ～ 1.35 |
| V22 | −52.92 | −140.76 ～ 34.93 | 1.46 | 0.54 ～ 2.37 | 1.12 | 0.41 ～ 1.84 |
| V23 | −9.47 | −35.48 ～ 16.53 | 1.05 | 0.79 ～ 1.31 | 0.98 | 0.93 ～ 1.03 |

## 四、小结

作物农艺性状大多是数量性状，除了受品种基因型影响外，还受环境效应的影响，运用统计分析的方法，可以排除各种非遗传因素的干扰，从而直接评价品种的基因型效应。作物品种（组合）区域试验是各育种单位所选育新品种在品种审定机构的统一布置下，在一定区域范围内所进行的多年多点试验，运用混合线性模型原理对区域试验资料的非平衡数据进行分析，解决了利用传统方差分析方法不能有效分析较多缺失数据的问题，使有缺失的多年多点区域试验资料能够得到充分利用，从而可对参试品种作出客观合理的评价。

# 第八节 影响玉米产量效应因子的多元回归与通径分析

在产量回归分析中，引入效应因子的多少决定了其分析结果的准确性，较少或者没有进行最优的线性回归选择，即不能很好地反应各效应因子与产量的相互关系。现介绍一种可以用于多元数据进行回归分析的应用软件，Statistica 软件，相对于 SAS 该软件省去了编写程序带来的麻烦，而其强大的统计分析功能也绝不亚于 SPSS，完全可胜任农业统计中的多种运算。现采用 Statistica AX5.5 软件对影响玉米产量的 10 个效应因子进行多元回归和通径分析演示。

试验测试材料为 18 个普通玉米杂交种的品比试验结果。测试玉米品种共 18 个，分别为"强盛 101""农大 84""郑单 958""屯玉 65""屯玉 38""承玉 11""承玉 15""晋单 42""强盛 31""强盛 35""屯玉 7 号""户单 2000""强盛 12 号""承玉 6 号""蠡玉 13""三北 6 号""三北 2121""农大 108"。

## 一、各效应因子与籽粒产量的多元回归方差分析

各玉米品种产量效应因子与产量结果如表 4-16 所示。

表 4-16 各效应因子与籽粒产量结果

| 品种代号 | 生育期/d | 株高/cm | 穗位高/cm | 穗粗/cm | 穗长/cm | 秃尖长/cm | 行数 | 行粒数 | 百粒重/g | 出籽率/% | 每穗籽粒产量/g |
|---|---|---|---|---|---|---|---|---|---|---|---|
| 1 | 97 | 266 | 102 | 4.8 | 15.6 | 0.2 | 14.8 | 38 | 26.8 | 82.28 | 130.0 |
| 2 | 96 | 235 | 94 | 4.7 | 17.0 | 0.5 | 14.4 | 36 | 23.4 | 74.85 | 125.0 |
| 3 | 91 | 248 | 103 | 4.8 | 17.0 | 0.0 | 14.8 | 38 | 28.1 | 88.14 | 156.0 |
| 4 | 97 | 261 | 110 | 5.1 | 17.8 | 0.2 | 17.0 | 39 | 26.3 | 79.59 | 154.0 |
| 5 | 97 | 285 | 116 | 4.9 | 15.7 | 0.2 | 15.4 | 38 | 24.2 | 80.42 | 133.5 |

| 品种代号 | 生育期 /d | 株高 / cm | 穗位高 / cm | 穗粗 / cm | 穗长 / cm | 秃尖长 / cm | 行数 | 行粒数 | 百粒重 /g | 出籽率 /% | 每穗籽粒产量 /g |
|---|---|---|---|---|---|---|---|---|---|---|---|
| 6 | 96 | 257 | 123 | 4.9 | 16.6 | 0.0 | 16.6 | 38 | 23.8 | 85.03 | 142.0 |
| 7 | 97 | 257 | 110 | 4.6 | 18.1 | 0.2 | 14.6 | 43 | 23.6 | 84.09 | 129.5 |
| 8 | 93 | 235 | 89 | 4.7 | 18.0 | 0.3 | 14.2 | 38 | 29.6 | 83.24 | 151.5 |
| 9 | 93 | 219 | 79 | 4.6 | 18.0 | 1.2 | 13.6 | 39 | 25.7 | 83.77 | 129.0 |
| 10 | 91 | 213 | 78 | 4.6 | 17.7 | 0.2 | 14.4 | 40 | 24.6 | 83.33 | 140.0 |
| 11 | 98 | 259 | 118 | 4.4 | 16.6 | 0.5 | 16.0 | 36 | 21.2 | 85.55 | 112.5 |
| 12 | 97 | 275 | 127 | 5.0 | 15.4 | 0.5 | 16.6 | 37 | 20.2 | 83.93 | 117.5 |
| 13 | 96 | 245 | 93 | 4.9 | 17.3 | 1.0 | 15.0 | 36 | 26.2 | 82.56 | 142.0 |
| 14 | 97 | 243 | 97 | 4.5 | 17.4 | 0.0 | 16.0 | 37 | 21.2 | 82.70 | 122.0 |
| 15 | 93 | 231 | 84 | 4.5 | 16.6 | 0.0 | 14.6 | 37 | 25.2 | 88.67 | 137.0 |
| 16 | 96 | 250 | 90 | 4.7 | 17.8 | 0.3 | 15.0 | 39 | 25.4 | 81.16 | 133.5 |
| 17 | 97 | 228 | 93 | 4.9 | 15.7 | 0.3 | 16.4 | 38 | 22.2 | 85.80 | 139.0 |
| 18 | 96 | 252 | 97 | 4.4 | 17.2 | 0.3 | 14.2 | 36 | 23.6 | 85.39 | 114.0 |

结果表明，各产量效应因子总体与每穗籽粒产量有极显著的回归关系（$F=14.86>F_{0.01}=6.62$）。由此可以对数据进行进一步的回归分析以了解各个效应因子是否都对产量有显著回归关系。

## 二、最优线性回归方程的建立

在以上 10 个变数的资料中，在进行多元线性回归分析时，逐步剔除没有显著效应的自变数，这样所得的多元回归方程就会比较简化而又能较准确地分析和预测籽粒产量（$Y$）的反应。采用 Statistica AX5.5 软件通过后向式逐步回归得到以下最优线性回归方程。

$$Y = -224.776 - 0.223x_1 + 47.771x_2 + 3.833x_3 - 12.559x_4 + 2.529x_5 + 0.780x_6$$

式中 $x_1$ 为株高（cm）；$x_2$ 为穗粗（cm）；$x_3$ 为穗长（cm）；$x_4$ 秃尖长（cm）；$x_5$ 为百粒重（g）；$x_6$ 为出籽率（%）。

上述线性回归方程说明，玉米每穗籽粒产量和株高、穗粗、穗长、秃尖长、百粒重和出籽率有显著的线性回归关系，而与生育期、穗位高、行数、行粒数无显著回归关系。当其他变量固定时，株高每增加 1cm，每穗籽粒产量平均减少 0.223g；穗粗每增加 1cm，籽粒产量平均增加 47.771g；穗长每增加 1cm，籽粒产量平均增加 3.883g；秃尖长每增加 1cm，籽粒产量平均减少 12.559g；百粒重每增加 1g，籽粒产量平均增加 2.529g；出籽率每提高 1 个百分点，籽粒产量平均增加 0.780g。

### 三、各显著效应因子与产量的相关与偏相关分析

对回归关系显著的各效应因子和籽粒产量作相关分析，结果见表 4-17。

表 4-17  6 个显著效应因子与产量的相关分析

| 因子 | 株高 /$x_1$ | 穗粗 /$x_2$ | 穗长 /$x_3$ | 秃尖长 /$x_4$ | 百粒重 /$x_5$ | 出籽率 /$x_6$ | 籽粒产量 /$\hat{y}$ |
|---|---|---|---|---|---|---|---|
| $x_1$ | 1.000 0 | 0.783 3** | 0.431 1 | -0.716 6** | 0.633 1* | 0.414 9 | -0.779 7** |
| $x_2$ | 0.385 3 | 1.000 0 | -0.762 4** | 0.777 6** | -0.752 1** | -0.672 9* | 0.932 9** |
| $x_3$ | -0.440 7 | -0.443 5 | 1.000 0 | 0.601 7* | -0.453 1 | -0.577 4* | 0.674 9* |
| $x_4$ | -0.223 4 | 0.016 6 | 0.191 6 | 1.000 0 | 0.677 4* | 0.404 9 | -0.805 7** |
| $x_5$ | -0.208 6 | 0.159 7 | 0.312 6 | 0.000 04 | 1.000 0 | -0.495 5 | 0.882 4** |
| $x_6$ | -0.143 5 | -0.295 8 | -0.079 0 | -0.230 0 | 0.003 9 | 1.000 0 | 0.618 7* |
| $\hat{y}$ | -0.207 6 | 0.528 9* | 0.147 8 | -0.226 7 | 0.750 5** | 0.069 0 | 1.000 0 |

注：* 表示 0.05 差异水平，** 表示 0.01 差异水平。

结果表明，当用简单相关系数分析时，除了穗粗和百粒重相对于籽粒产量有正显著效应外，其余各变量间均无显著效应。而偏相关分析结果表明，当其他变量保持一定时，株高与穗粗表现为极显著的正相关关系，与百粒重表现为显著正相关关系，分别与秃尖长、籽粒产量表现为极显著负相关关系；穗粗分别与秃尖长、籽粒产量呈极显著正相关关系，而与穗长、百粒重呈极显著负相关关系，与出籽率呈显著负相关关系；穗长分别与秃尖长、籽粒产量表现为显著正相关关系，与出籽率表现为显著负相关关系；秃尖长与百粒重呈显著正相关关系，与籽粒产量呈极显著负相关关系；百粒重与籽粒产量呈极显著正相关关系；出籽率与籽粒产量呈显著正相关关系。虽然相关系数与偏相关系数在一定程度上反映了各变数间的相关程度，但要弄清楚它们对籽粒产量作用的大小，还必须作进一步的通径分析。

### 四、各效应因子与产量的通径分析

各显著效应因子与产量的通径分析结果显示，籽粒产量与株高的通径系数为 -0.326 5，与穗粗为 0.760 1，与穗长为 0.268 6，与秃尖长为 -0.319 4，与百粒重为 0.476 3，与出籽率为 0.192 9，由此可知，穗粗的增产作用最大，当穗粗增加一个标准差单位时，籽粒产量增加 0.760 1 个标准单位。由此可得，其各显著效应因子对籽粒产量的直接相对作用大小为：穗粗 > 百粒重 > 株高 > 秃尖长 > 穗长 >

出籽率。因此，在育种过程中应十分重视穗粗的选择，其次是百粒重，不宜选择株型过高和秃尖过长的品种，还要适当考虑穗长和出籽率对籽粒产量的影响。

## 五、小结

通过引入分析影响玉米产量的 10 个效应因子，对其进行综合分析和最优线性回归选择后发现，株高、穗粗、穗长、秃尖长、百粒重和出籽率 6 个因子对玉米产量有显著效应，表明这 6 个因子在选育过程中需要着重关注。通过相关与偏相关分析得知，这 6 个效应因子间的相互关系以及它们对产量的相对作用大小情况，可以作为在育种性状的选择上的参考，便于分清主次，提高育种效率。

应用 Statistica 软件，通过逐步回归准确地得到了玉米籽粒产量与各显著相关变量的最优线性回归方程，快捷地得到了各变量间（包括因变量）的相关系数与偏相关系数以及各显著效应因子对产量的通径系数，并且其显著性检测在该软件中也能同步进行。

# 第九节 作物生长模拟模型及其在玉米上的应用

农业信息技术是随着信息技术和农业科学的发展而出现的一个新兴领域，正在对传统的农业产生广泛和深刻的影响，其中作物生长模拟模型及作物生产决策支持系统作为农业信息技术的核心内容和基础成分，是农业信息技术成功的突出代表。作物生长模拟模型简称作物模型，用以定量和动态地描述作物生长、发育和产量形成过程及其对环境的反应。该模型综合了作物生理、气象、生态、水肥、土壤、农学等学科的研究成果，采用系统分析方法和计算机模拟技术，对作物生长发育进程及其与环境和技术的动态关系进行定量描述和预测。它的建立有利于对现有科学研究成果进行集成，同时也是作物种植管理决策系统的基础。

## 一、国外作物模型的发展

作物生长模型研究是随着对作物生理生态过程认识的不断深入和计算机技术的发展而兴起的。20 世纪 60 年代，由于已经能对植物生理过程进行数学描述，作物生长动态模拟模型的研究开始起步。同期，超级计算机的出现，推动了模型研究的迅猛发展。50 多年来，世界上许多国家都进行了作物生长模型研究，开发了许多种类型的模型。目前，国际上作物模型可以概括为 3 个学派，分别以荷兰、美国和中国为代表。

1. 荷兰 wageningen 模型

根据模型开发的不同阶段，Penning de Vries（1980）将模型类型分为概念或初级模型、综合模型和概要模型。概念模型反映的是对作物的有限科学知识，因为对各种过程的了解还不完善；综合模型则包含了各种重要的生理生态过程的信息，集成了作物生长的诸多知识；概要模型对综合模型的一些复杂的核心过程进行了简化，并忽略了一些相对次要的过程。荷兰的作物模拟模型研究主要强调作物的机制性和共性。

2. 美国 DSSAT 系列模型

农业技术推广决策支持系统是在 IBSNAT（International Benchmark Sites Network for Agrotechnology Transfer）计划的资助下开发出来的，集成了多个作物模型的 DSSAT 是 IBSNAT 的主要研究成果之一。由于 DSSAT 基本囊括了美国众多的著名作物模型，如 CERES 和 CROPGRO 系列模型，因此，相对于荷兰 Wagningne 模型，我们称之为美国 DSSAT 系列模型。美国作物模型的显著特点是实用性和综合性，如由美国农业农村部农业研究署主持完成的棉花生长模拟模型 GOSSYM、大豆生长模拟模型 GLYCIM，以及 Ritchie 等研制的禾本科作物生长模型 CERES 系列，这些模型在生产中都有较多的应用。

3. 澳大利亚模型

澳大利亚系列作物模型 APSIM 是一个综合性的模型，集成了很多模型的优点，使得某一学科的成果能够应用到其他的学科。该模型是以模拟土壤属性的连续变化为中心的，天气、作物、农艺管理只是引起土壤属性改变的因素。APSIM 目前能模拟的作物有小麦、玉米、棉花、油菜、紫花苜蓿、豆类以及杂草等。APSIM 设计特色之一就是把零散的研究结果集成到模型之中，以便把某一学科或领域的成果能应用到别的学科或领域去。公用平台的使用使得模型或模块之间的相互比较更加容易。通过模块化设计，可以让用户通过选择一系列的作物、土壤以及其他子模块来配置一个自己的作物模型。

4. 国内作物生长模型

我国作物生长模拟模型研究起步较晚，20 世纪 80 年代初引进荷兰和美国的模型，在学习借鉴的基础上，逐渐形成有中国特色的作物生长模拟模型。高亮之等在研究了中国不同类型水稻生育期的农业气象生态模式，用播期、纬度和温度3 个因子建立了水稻生育期的温光模型之后，又提出水稻钟模型，该模型由水稻生育期模型和叶龄模型组成，生育期模型用来模拟逐日温度和日长对水稻发育的影响，其参数可反映不同类型水稻品种的基本营养性、感温性和感光性。叶龄模型则用来模拟逐日温度对叶龄发育的影响，它可以预测不同叶片位的出现日。戚昌瀚等建立了水稻生长日历模拟模型 RI-CAM（Rice Growth Calendar Simulation Model），该模型反映品种的库源关系，模拟参数变化对生长的影响以及预测水稻品种的产量潜力。冯利平等建立了小麦发育期动态模拟模型；潘学标等研制了棉花生长发育模拟模型 COTGROW；汤亮等建立了油菜生育期模拟模型；常丽英等利用 SPAD 仪测定水稻叶绿素含量建立水稻叶色变化动态模拟模型；冯伟等、黄芬等利用高光谱遥感建立了小麦产量预测模型；胡昊等利用可见光—近红外光光谱对冬小麦进行氮素营养诊断与生长检测；郭建茂等利用遥感对冬小麦生长模拟进行了研究；王幼奇等利用 LARS-WG 天气发生器模拟产生黄土高原地区日气象资料以应用于作物研究。

## 二、国内玉米生长模型

玉米生长发育计算机模拟模型研究在我国起步较晚，与国外存在较大差距，但近年来发展迅速。高新学等发表了"玉米光强的光合速率的数学模型分析"；曹永华将美国 CERES-Maize 模型引入我国并进行汉化。由此，我国学者开始对玉米生长发育各主要生理生态过程进行模拟研究。赵明等建立了玉米光合、蒸腾与生态因子的数学关系；佟屏亚等建立了夏播玉米产量形成的动态模式；胡昌浩等研究了夏玉米群体光合速率与产量的关系；刘克礼等发表了春玉米籽粒干物质积累的数量分析；孙睿等建立了夏玉米光合生产模拟模型 SIMPSM；于强等报道了玉米株型与冠层光合作用的数学模拟研究；杨京平在荷兰派作物生长模型的基础上建立了玉米生长动态模拟模型，对春玉米进行了研究，尚宗波等对玉米生育综合动力模拟模式进行了研究。王康建立了夏玉米生长和吸氮的光合作用模型。林忠辉以 SUCROS 模型和改进的双源模型为基础，建立了水分胁迫条件下的夏玉米生长动态的模拟；在 GIS 背景数据库的支持下，实现了区域尺度的作物生长模拟，宋有洪基于植物的结构与功能的反馈机制，以生长周期为步长，叶元为结构单元，建立了玉米生长的生理生态功能与形态结构的并行模拟模型，开发了 Virtual-Maize 模拟软件，该软件着重于模拟玉米生长过程中的同化物在器官之间的分配和器官几何形态。于向鸿将玉米模拟模型和 Internet 技术、地理信息系统技术以及可视化技术等相结合，经过系统分析、系统设计，构建了网络化、组件化的玉米模拟模型应用系统，并实现了应用。

## 第十节 高稳系数法在甜玉米高产稳产性评估中的应用

温振民等 1994 年提出采用高稳系数法（HSC）来评价玉米的高产稳产性，此法比传统 t 测验法或 SSR 测验法估算品种间产量高低，用标准差、变异系数或回归系数来估测产量的稳定性，更兼并考察高产性和稳产性之间的相关性，分析更全面可靠。

选用 2004 年浙江省鲜食甜玉米区域试验的 12 个参试品种（组合）进行分析测试。产量结果如表 4-18 所示。

表 4-18　不同参试品种在各试验点的产量结果　　　　　　单位：kg/hm²

| 品种 | 东阳 | 嵊州 | 淳安 | 江山 | 农业科学院 | 仙居 | 宁海 | 温州 | 平均产量 |
|---|---|---|---|---|---|---|---|---|---|
| "238swt1" | 14 100.0 | 15 874.5 | 14 020.5 | 13 437.0 | 16 249.5 | 14 074.5 | 8 475.0 | 12 499.5 | 13 591.3 |
| "蜜脆678" | 15 795.0 | 16 249.5 | 12 529.5 | 13 750.5 | 14 146.5 | 14 136.0 | 7 650.0 | 11 749.5 | 13 250.8 |
| "黄金1号" | 12 349.5 | 14 791.5 | 12 402.0 | 10 791.0 | 15 000.0 | 11 173.5 | 6 525.0 | 12 124.5 | 11 894.6 |
| "澳甜1818" | 14 400.0 | 15 084.0 | 11 700.0 | 11 521.5 | 13 521.0 | 9 723.0 | 7 474.5 | 11 250.0 | 11 834.3 |
| "超甜4号" | 13 249.5 | 14 541.0 | 13 699.5 | 9 583.5 | 10 645.5 | 14 043.0 | 6 795.0 | 10 375.5 | 11 616.6 |
| "东甜206" | 13 099.5 | 14 875.5 | 11 032.5 | 12 000.0 | 12 124.5 | 11 976.0 | 6 949.5 | 10 500.0 | 11 569.7 |
| "SW03-1" | 12 949.5 | 14 958.0 | 9 574.5 | 10 999.5 | 14 437.5 | 13 272.0 | 7 150.5 | 8 749.5 | 11 511.4 |
| "超甜318" | 10 650.0 | 14 625.0 | 13 185.0 | 9 250.5 | 9 792.0 | 13 365.0 | 7 725.0 | 9 375.0 | 10 995.9 |
| "穗甜1号" | 10 750.5 | 15 124.5 | 10 222.5 | 9 187.5 | 13 041.0 | 10 246.5 | 6 775.5 | 9 124.5 | 10 559.1 |
| "SW03-2" | 11 749.5 | 13 249.5 | 11 062.5 | 9 708.0 | 13 167.0 | 10 030.5 | 7 050.0 | 8 400.0 | 10 552.1 |
| "超甜3号"（ck） | 11 599.5 | 14 250.0 | 11 025.0 | 9 042.0 | 11 646.0 | 9 105.0 | 5 374.5 | 9 124.5 | 10 145.8 |
| "温甜153" | 8 950.5 | 12 541.5 | 9 232.5 | 8 374.5 | 11 395.5 | 6 945.0 | 6 049.5 | 7 050.0 | 8 817.4 |

以"作物产量表现型 P = 遗传基础 G+ 生产环境因素 E"为基础，以比对照品种更为高产稳产的目标品种产量作为具有竞争性的统一比较标准。通过这条标准我们以平均产量 $\overline{X_i}$ 作为第 i 个参试品种的表现型看待，将产量变异的标准偏差 S 作为生产环境因素引起的变化成分看待，因而其产量遗传基础（加性／非加性）所决定的部分 $G_i = X_i - S_i$；同时目标品种产量一般以比对照稳定增产 10% 以上计算，所以可以提出以接近或达到或超过目标品种的产量水平，含有竞争性意义的高稳系

数公式。

$$HSC_i = \frac{目标品种的稳定产量G_a - 参试品种的稳定产量G_i}{目标品种的稳定产量G_a} \times 100\%$$

$$= \frac{(1.10\overline{X}_{ck} - S_{ck}) - (X_i - S_i)}{1.10\overline{X}_{ck} - S_{ck}} \times 100\%$$

$$= (1 - \frac{\overline{X}_i}{1.10\overline{X}_{ck} - S_{ck}} + \frac{S_i}{1.10\overline{X}_{ck} - S_{ck}}) \times 100\% \qquad (1)$$

在（1）式中 $HSC_i$ 为第 i 个参试品种的高稳系数，$HSC_i$ 越小，表明该品种的高产和稳产性越好，由于目标品种的稳定产量 $G_a$ 是一个统一比较的标准，为了计算上的方便，在不降低目标品种稳定产量的水平，也不影响各品种高稳系数大小排列顺序的前提下，为便于计算，公式（1）可进一步简化为。

$$HSC_i = \frac{\overline{X}_i - S_i}{1.10\overline{X}_{ck}} \times 100\% \qquad (2)$$

公式（2）所得结果越大，表明品种的高产稳产性越好，但排列顺序与公式（1）相同，在表 4-19 中我们采用了公式（2）来分析玉米品种高产性。

不同参试品种产量结果分析如表 4-19 所示。从表 4-19 看出"238swt1"比对照"超甜 3 号"增产 34%，位于所有参试品种产量第 1 位，同时其标准差列第 4 位，其变异系数和高稳系数（HSC）均列第 1 位，故其高产性和稳产性都是最为突出的，可以说是所有参试品种中最优良的品种。

"蜜脆 678"产量居第 2 位，比对照"超甜 3 号"增产 30.6%，虽然其标准差位列 11 位，但其变异系数和高稳系数分列第 3 位和第 2 位，仍表现出很强的高产稳产特性，是参试品种中十分优秀的品种。

表 4-19　不同参试品种产量结果分析

| 品种名称 | 平均产量/（kg/hm²） | 比"超甜3号"±/% | 产量位次 | 标准差 | | 变异系数 | | HSC | |
|---|---|---|---|---|---|---|---|---|---|
| | | | | 数值/kg | 位次 | 数值/% | 位次 | 数值/% | 位次 |
| "238swt1" | 13 591.31 | 34.0 | 1 | 2 400.83 | 4 | 17.66 | 1 | 100.27 | 1 |
| "蜜脆678" | 13 250.81 | 30.6 | 2 | 2 710.93 | 11 | 20.46 | 3 | 94.44 | 2 |
| "黄金1号" | 11 894.63 | 17.2 | 3 | 2 649.08 | 9 | 22.27 | 7 | 82.84 | 5 |
| "澳甜1818" | 11 834.25 | 16.6 | 4 | 2 504.60 | 6 | 21.16 | 5 | 83.60 | 3 |
| "超甜4号" | 11 616.56 | 14.5 | 5 | 2 707.37 | 10 | 23.31 | 8 | 79.83 | 6 |
| "东甜206" | 11 569.69 | 14.0 | 6 | 2 289.91 | 3 | 19.79 | 2 | 83.15 | 4 |
| "SW03-1" | 11 511.38 | 13.5 | 7 | 2 835.19 | 12 | 24.63 | 9 | 77.74 | 7 |
| "超甜318" | 10 995.94 | 8.4 | 8 | 2 435.36 | 5 | 22.15 | 6 | 76.71 | 8 |
| "穗甜1号" | 10 559.06 | 4.1 | 9 | 2 549.66 | 7 | 24.15 | 9 | 71.77 | 10 |

续表

| 品种名称 | 平均产量 /（kg/hm²） | 比"超甜3号"±/% | 产量位次 | 标准差 | | 变异系数 | | HSC | |
|---|---|---|---|---|---|---|---|---|---|
| | | | | 数值 /kg | 位次 | 数值 /% | 位次 | 数值 /% | 位次 |
| "SW03-2" | 10 552.13 | 4.0 | 10 | 2 193.78 | 1 | 20.79 | 4 | 74.89 | 9 |
| "超甜3号"（ck） | 10 145.81 | 0.0 | 11 | 2 621.10 | 8 | 25.83 | 12 | 67.42 | 11 |
| "温甜153" | 8 817.38 | -13.1 | 12 | 2 242.21 | 2 | 25.43 | 11 | 58.92 | 12 |

"黄金1号""澳甜1818""超甜4号""东甜206"和"SW03-1"产量水平比较接近，比对照增产10%～20%，分列第3、4、5、6、7位。其中"黄金1号""澳甜1818""东甜206"标准差分列第9、6、3位，变异系数分列第7、5、2位，高稳系数分列第5、3、4位，其排位都靠前，这说明它们适应性较广，属于高产稳产型品种，有一定的推广价值。"超甜4号""SW03-1"标准差和变异系数排名都较后，高稳系数分列6、7位，仍能表现出一定的高产稳产特性，可适当地加以推广。

"超甜318""穗甜1号""SW03-2"比对照增产均在10%以下，高稳系数均分列8、10、9位，说明这几个品种高产稳产性不够强。

通过运用高稳系数法对2004年浙江省鲜食玉米区域试验的12个甜玉米品种（组合）进行了分析，结果表明，$HSC_i$值大小排列顺序和产量平均值的大小排列顺序是基本一致的，但不完全相同，体现了稳产基础上的高产，高产基础上的稳产这一育种思想，而标准差和变异系数的排列顺序却显得很没规律，无法体现高产前提下的稳产。这与1994年温振民等老师探讨的结论相一致。因此用高稳系数法综合评判品种的高产、稳产性不失为一种理想的好方法。

## 第十一节　应用灰色系统理论综合评估玉米新品种

刘录祥率先用灰色关联度评价杂交小麦新品种，将小麦的综合性状量化，之后许多科技工作者开始尝试在其他作物上用这种方法评价农作物新品种。相比于过去评价新组合的方法，灰色关联度分析法能够综合各种相关性状进行综合评分赋值；相比于一般只对产量进行方差分析、回归分析的方法，用产量平均数衡量组合的产量水平，用变异系数和回归系数衡量品种产量的稳定性更全面、更科学。

以下测试在甜玉米育种中，依据杂交组合 $F_1$ 代的综合表现，运用灰色关联分析方法，对杂交组合进行灰色评判，确定出优良的杂交组合。测试杂交组合

16 个，分别为 DY1～DY16、以"超甜 3 号（DY17）"为对照品种。在乳熟期测定了 10 个性状：鲜穗产量、生育期（从出苗到鲜穗采收）、株高、穗位高、穗长、穗粗、千粒重、品质、抗性度、秃尖长。按照邓聚龙灰色关联度计算方法，把参加品比试验的 17 个甜玉米组合视为一个灰色系统，每个组合视为该系统中的一个因素，计算系统中各因素的关联度，关联度越大，则因素的相似程度就越高，反之则低。根据卢道文等的方法，鲜穗产量、穗长、穗粗、千粒重、品质、抗性度按上限性状，生育期、株高、穗位高按适中性状，秃尖长按下限性状构成一个"参考品种"，以其各项性能指标所构成的数列作为参考数列 $X_0$，以其他组合的各项性能指标所构成的数列作为比较数列 $X_i$（$i=1，2，3，……17$），见表 4-20。计算各参试组合与参考品种之间的关联度，从而确定参试组合的优劣次序。

## 一、原始数据无量纲化处理

$$x_i^{'}(k) = \frac{x_i(k)}{x_0(k)}$$

（1）

公式中 $x_i^{'}(k)$ 是变换后的第 $i$ 个品种第 $k$ 个性状的值，$x_i(k)$ 和 $x_0(k)$ 分别为第 i 个参试品种和参考品种的第 $k$ 个性状的原始值。本文中 $i=1，2，3，\cdots17$；$k=1，2，3，\cdots10$（下同）。

表 4-20　各组合与参考品种主要性状值

| 参试组合 | 产量 /（kg /hm²） | 生育期 /d | 株高 /cm | 穗位高 /cm | 穗长 /cm | 穗粗 /cm | 千粒重 /g | 品质 /分 | 抗性度 /% | 秃尖 /cm |
|---|---|---|---|---|---|---|---|---|---|---|
| DY0 | 6 327.38 | 91.6 | 193 | 59.1 | 25.3 | 4.9 | 366.4 | 89.8 | 94.5 | 0.8 |
| DY1 | 4 715.85 | 88.3 | 157.6 | 37.3 | 17.4 | 4.6 | 278.5 | 83.7 | 61.1 | 2.5 |
| DY2 | 5 746.13 | 93 | 211.7 | 71.6 | 20.9 | 4.4 | 351 | 81.7 | 94.5 | 2.4 |
| DY3 | 6 223.88 | 93.4 | 212.2 | 70.2 | 19.5 | 4.6 | 312.9 | 83.6 | 88.9 | 0.9 |
| DY4 | 6 119.78 | 95.3 | 206.7 | 71.7 | 21.9 | 4.7 | 275.7 | 83.5 | 83.3 | 2.4 |
| DY5 | 5 770.05 | 94 | 214.3 | 79.5 | 20.5 | 4.6 | 305.2 | 87.3 | 94.5 | 1.2 |
| DY6 | 4 461.68 | 85.6 | 155.6 | 29.6 | 17.8 | 4.6 | 284.1 | 83.2 | 72.2 | 2.7 |
| DY7 | 5 107.58 | 92.8 | 193 | 59.1 | 19 | 4.6 | 340.3 | 79.1 | 94.5 | 0.8 |
| DY8 | 3 548.10 | 80.4 | 113.6 | 23.1 | 15.5 | 4.5 | 300 | 87.6 | 77.8 | 2.1 |
| DY9 | 6 002.48 | 88.6 | 167 | 43.5 | 20 | 4.8 | 343.1 | 80.9 | 83.3 | 1.8 |
| DY10 | 6 327.38 | 91.6 | 199 | 74.1 | 18.9 | 4.9 | 292.6 | 83.3 | 83.3 | 1.3 |
| DY11 | 5 714.48 | 92.6 | 208 | 65.6 | 20.8 | 4.8 | 341 | 89.8 | 88.9 | 2.1 |
| DY12 | 5 531.85 | 94.4 | 212.3 | 66.3 | 20.8 | 4.6 | 266.7 | 78.1 | 77.8 | 1.5 |
| DY13 | 5 609.48 | 94.9 | 223.7 | 78.7 | 19.8 | 4.8 | 279.1 | 85.9 | 94.5 | 3.4 |
| DY14 | 5 704.43 | 89.3 | 186.8 | 58.8 | 19.3 | 4.7 | 335.8 | 83.8 | 50 | 2.4 |
| DY15 | 5 007.83 | 88.3 | 182.9 | 47.9 | 18.7 | 4.8 | 366.4 | 84.4 | 55.6 | 2 |
| DY16 | 6 184.88 | 93.9 | 218.6 | 72.6 | 25.3 | 4.5 | 297.9 | 86.5 | 77.8 | 3.1 |
| DY17 | 5 520.08 | 93 | 197.1 | 68.9 | 20.4 | 4.7 | 334.6 | 77.5 | 83.3 | 2.2 |

为便于统计分析，先将表 4-20 的数据按公式（1）进行无量纲化处理，即各性状数据除以参考品种相对应的性状值，其结果列于表 4-21。

表 4-21　各性状无量纲化处理

| 组合 | $k_1$ | $k_2$ | $k_3$ | $k_4$ | $k_5$ | $k_6$ | $k_7$ | $k_8$ | $k_9$ | $k_{10}$ |
|---|---|---|---|---|---|---|---|---|---|---|
| DY0 | 1.000 | 1.000 | 1.000 | 1.000 | 1.000 | 1.000 | 1.000 | 1.000 | 1.000 | 1.000 |
| DY1 | 0.745 | 0.964 | 0.817 | 0.631 | 0.688 | 0.939 | 0.760 | 0.932 | 0.647 | 3.125 |
| DY2 | 0.908 | 1.015 | 1.097 | 1.212 | 0.826 | 0.898 | 0.958 | 0.910 | 1.000 | 3.000 |
| DY3 | 0.984 | 1.020 | 1.099 | 1.188 | 0.771 | 0.939 | 0.854 | 0.931 | 0.941 | 1.125 |
| DY4 | 0.967 | 1.040 | 1.071 | 1.213 | 0.866 | 0.959 | 0.752 | 0.930 | 0.881 | 3.000 |
| DY5 | 0.912 | 1.026 | 1.110 | 1.345 | 0.810 | 0.939 | 0.833 | 0.972 | 1.000 | 1.500 |
| DY6 | 0.705 | 0.934 | 0.806 | 0.501 | 0.704 | 0.959 | 0.775 | 0.927 | 0.764 | 3.375 |
| DY7 | 0.807 | 1.013 | 1.000 | 1.000 | 0.751 | 0.939 | 0.929 | 0.881 | 1.000 | 1.000 |
| DY8 | 0.561 | 0.878 | 0.589 | 0.391 | 0.613 | 0.918 | 0.819 | 0.976 | 0.823 | 2.625 |
| DY9 | 0.949 | 0.967 | 0.865 | 0.736 | 0.791 | 0.980 | 0.936 | 0.901 | 0.881 | 2.250 |
| DY10 | 1.000 | 1.000 | 1.031 | 1.254 | 0.747 | 1.000 | 0.799 | 0.928 | 0.881 | 1.625 |
| DY11 | 0.903 | 1.011 | 1.078 | 1.110 | 0.822 | 0.980 | 0.931 | 1.000 | 0.941 | 2.625 |
| DY12 | 0.874 | 1.031 | 1.100 | 1.122 | 0.822 | 0.939 | 0.728 | 0.870 | 0.823 | 1.875 |
| DY13 | 0.887 | 1.036 | 1.159 | 1.332 | 0.783 | 0.980 | 0.762 | 0.957 | 1.000 | 4.250 |
| DY14 | 0.902 | 0.975 | 0.968 | 0.995 | 0.763 | 0.959 | 0.916 | 0.933 | 0.529 | 3.000 |
| DY15 | 0.791 | 0.964 | 0.948 | 0.810 | 0.739 | 0.980 | 1.000 | 0.940 | 0.588 | 2.500 |
| DY16 | 0.977 | 1.025 | 1.133 | 1.228 | 1.000 | 0.918 | 0.813 | 0.963 | 0.823 | 3.875 |
| DY17 | 0.872 | 1.015 | 1.021 | 1.166 | 0.806 | 0.959 | 0.913 | 0.863 | 0.881 | 2.750 |

## 二、计算参考品种与各参试品种对应性状的绝对差值

$$\Delta_i(k) = \left| x_i'(k) - x_0'(k) \right| \tag{2}$$

公式中 $\Delta_i(k)$ 为第 i 个参试品种 $x_i$ 与参考品种 $x_0$ 在第 k 个性状上的绝对差值。根据以上公式（2）计算 $x_0$ 与 $x_i$ 各对应性状值的绝对差值 $\Delta_i(k)$。

## 三、计算关联系数和各性状的权重

$$\xi_i(k) = \frac{\min\limits_i \min\limits_k \left| x_{0(k)} - x_{i(k)} \right| + \rho \max\limits_i \max\limits_k \left| x_{0(k)} - x_{i(k)} \right|}{\left| x_{0(k)} - x_{i(k)} \right| + \rho \max\limits_i \max\limits_k \left| x_{0(k)} - x_{i(k)} \right|} \tag{3}$$

$\xi_i(k)$ 是 $x_0$ 与 $x_i$ 在第 k 点的关联系数。式中 $\left| x_{0(k)} - x_{i(k)} \right|$ 是 $x_0$ 与 $x_i$ 数列在 k 点的绝对值，$\min\limits_i \min\limits_k \left| x_{0(k)} - x_{i(k)} \right|$ 是二级最小差。其中 $\min\limits_i \left| x_{0(k)} - x_{i(k)} \right|$ 是一级最小差，表示数列 $x_i$ 与数列 $x_0$ 对应点的差值中的最小差。二级最小差表示在第一级的基础上再找出其中的最小值。$\max\limits_i \max\limits_k \left| x_{0(k)} - x_{i(k)} \right|$ 是二级最大差，

含义与最小差相同。$\rho$ 为分辨系数，取值为（0，1），通常取 $\rho = 0.5$。根据

$\Delta_i(k)$ 知：$\min\limits_i \min\limits_k \left| x_{0(k)} - x_{i(k)} \right| = 0$，$\max\limits_i \max\limits_k \left| x_{0(k)} - x_{i(k)} \right| = 3.25$，把 $\Delta_i(k)$

中的相应数值代入公式（3）中即可求得 $x_0$ 对 $x_i$ 各性状的关联系数，计算结果

列于表 4-22。

表 4-22　各组合的关联系数和性状的权重

| 组合 C | $k_1$ | $k_2$ | $k_3$ | $k_4$ | $k_5$ | $k_6$ | $k_7$ | $k_8$ | $k_9$ | $k_{10}$ |
|---|---|---|---|---|---|---|---|---|---|---|
| DY0 | 1.000 | 1.000 | 1.000 | 1.000 | 1.000 | 1.000 | 1.000 | 1.000 | 1.000 | 1.000 |
| DY1 | 1.186 | 1.023 | 1.127 | 1.294 | 1.238 | 1.039 | 1.173 | 1.044 | 1.278 | 0.433 |
| DY2 | 1.060 | 0.991 | 0.944 | 0.885 | 1.120 | 1.067 | 1.027 | 1.059 | 1.000 | 0.448 |
| DY3 | 1.010 | 0.988 | 0.942 | 0.896 | 1.164 | 1.039 | 1.099 | 1.044 | 1.038 | 0.929 |
| DY4 | 1.021 | 0.976 | 0.958 | 0.884 | 1.090 | 1.026 | 1.180 | 1.045 | 1.079 | 0.448 |
| DY5 | 1.057 | 0.984 | 0.936 | 0.825 | 1.132 | 1.039 | 1.115 | 1.017 | 1.000 | 0.765 |
| DY6 | 1.222 | 1.042 | 1.135 | 1.443 | 1.223 | 1.026 | 1.160 | 1.047 | 1.170 | 0.406 |
| DY7 | 1.135 | 0.992 | 1.000 | 1.000 | 1.181 | 1.039 | 1.046 | 1.079 | 1.000 | 1.000 |
| DY8 | 1.370 | 1.081 | 1.339 | 1.600 | 1.313 | 1.053 | 1.126 | 1.015 | 1.122 | 0.500 |
| DY9 | 1.033 | 1.021 | 1.090 | 1.194 | 1.148 | 1.013 | 1.041 | 1.065 | 1.079 | 0.565 |
| DY10 | 1.000 | 1.000 | 0.981 | 0.865 | 1.184 | 1.000 | 1.141 | 1.047 | 1.079 | 0.722 |
| DY11 | 1.063 | 0.993 | 0.954 | 0.937 | 1.123 | 1.013 | 1.045 | 1.000 | 1.038 | 0.500 |
| DY12 | 1.084 | 0.982 | 0.942 | 0.930 | 1.123 | 1.039 | 1.201 | 1.087 | 1.122 | 0.650 |
| DY13 | 1.075 | 0.978 | 0.911 | 0.831 | 1.154 | 1.013 | 1.172 | 1.027 | 1.000 | 0.333 |
| DY14 | 1.064 | 1.016 | 1.020 | 1.003 | 1.171 | 1.026 | 1.054 | 1.043 | 1.408 | 0.448 |
| DY15 | 1.147 | 1.023 | 1.033 | 1.132 | 1.191 | 1.013 | 1.000 | 1.038 | 1.339 | 0.520 |
| DY16 | 1.014 | 0.985 | 0.925 | 0.877 | 1.000 | 1.053 | 1.130 | 1.023 | 1.122 | 0.361 |
| DY17 | 1.085 | 0.991 | 0.987 | 0.907 | 1.135 | 1.026 | 1.056 | 1.092 | 1.079 | 0.481 |
| 权重 | 0.124 | 0.095 | 0.095 | 0.095 | 0.102 | 0.096 | 0.100 | 0.097 | 0.100 | 0.066 |

各性状权重的确定方法可根据当地生态条件或育种理论与实践人为规定，也可采用专家评定法或判断矩阵法求得，本文利用灰色关联度法确定各性状的权重，首先设产量为参考数列，其余 9 个性状为比较数列，把表 4-21 中的数据代入公式（2）分别计算其他性状与产量的绝对差值，$\min\limits_i \min\limits_k \left| x_{0(k)} - x_{i(k)} \right| = 0$，$\max\limits_i \max\limits_k \left| x_{0(k)} - x_{i(k)} \right| = 4.68$，取 $\rho = 0.5$，将相应的绝对差值带入公式（3），即可得到产量与其他性状的关联系数，然后计算产量与各性状的灰色关联度，并对灰色关联度按公式 $W(k) = \dfrac{r(k)}{\sum\limits_{k=1}^{n} r(k)}$，并把结果列于表 4-23 中。

### 四、求各组合的关联度

$$r_i = \frac{1}{n}\sum_{k=1}^{n}\xi_i(k) \tag{4}$$

$$r_i' = \sum_{k=1}^{n}\xi_i(k)w(k) \tag{5}$$

将求得的各关联系数值代入公式（4），即可得到各参试品种与"参考品种"的等权关联度。然后按公式（5）计算各参试品种的加权关联度，据此排定各参试品种的优劣顺序，见表4-23。

表4-23　各参试组合的产量、关联度和位次

| 组合 | 产量/（kg /hm²） | 位次 | 等权关联度 | 位次 | 加权关联度 | 位次 |
|---|---|---|---|---|---|---|
| DY1 | 4 715.85 | 15 | 0.934 | 4 | 0.913 | 5 |
| DY2 | 5 746.13 | 7 | 0.928 | 5 | 0.920 | 4 |
| DY3 | 6 223.88 | 2 | 1.000 | 1 | 0.973 | 1 |
| DY4 | 6 119.78 | 4 | 0.957 | 2 | 0.942 | 2 |
| DY5 | 5 770.05 | 6 | 0.953 | 3 | 0.929 | 3 |
| DY6 | 4 461.68 | 16 | 0.674 | 15 | 0.672 | 15 |
| DY7 | 5 107.58 | 13 | 0.700 | 10 | 0.687 | 11 |
| DY8 | 3 548.1 | 17 | 0.647 | 17 | 0.645 | 17 |
| DY9 | 6 002.48 | 5 | 0.723 | 7 | 0.714 | 7 |
| DY10 | 6 327.38 | 1 | 0.728 | 6 | 0.717 | 6 |
| DY11 | 5 714.48 | 8 | 0.691 | 12 | 0.685 | 12 |
| DY12 | 5 531.85 | 11 | 0.703 | 9 | 0.695 | 9 |
| DY13 | 5 609.48 | 10 | 0.674 | 16 | 0.672 | 16 |
| DY14 | 5 704.43 | 9 | 0.707 | 8 | 0.702 | 8 |
| DY15 | 5 007.83 | 14 | 0.688 | 14 | 0.683 | 13 |
| DY16 | 6 184.88 | 3 | 0.697 | 11 | 0.693 | 10 |
| DY17 | 5 520.08 | 12 | 0.689 | 13 | 0.683 | 14 |

### 五、关联分析

根据灰色关联分析原则，关联程度的实质亦是曲线间几何形状的差别，加权关联度的大小反映了各组合的优劣，加权关联度越大该组合表现越好。由表4-23可知，各组合的优劣次序，按等权关联度和加权关联度排列的顺序基本一致，分析结果与生产实际表现是一致的。DY4于2004年通过浙江省新品种审定委员会审定，命名为"超甜135"，目前这个品种已在生产上得以大面积推广应用，并取得了较好的经济效益。DY3已经通过了浙江省两年的区域试验，被推荐进行生产试验，DY5

正在参加省区域试验。利用关联度评价组合与仅利用产量评价有些差别，产量排列在较靠前的 DY10、DY6 产量比较好，但由于综合表现差，用关联度评价排在了后面，这也说明了能考察多种性状的灰色关联度综合分析法在甜玉米杂交组合评价中的重要意义。

### 六、小结

通过对 17 个组合进行灰色关联度分析，结果表明，该分析法可以把品质、抗性和产量有机地结合起来对组合进行综合评价，克服了品种评价及选系过程中性状考察偏颇，选系材料高产不优质、优质不高产等各种问题。灰色关联分析可以使组合的"综合性状"这一模糊概念转化为可以比较的量化值，运用此法可以综合评价各品种材料特征，提早确定优良组合，提高选择效率，加快育种进程。由于全面客观地反映每一个组合的性状特征，这种方法克服了传统方差分析和回归分析，仅考虑单一产量指标的片面性，使品种评估变得较为全面、准确、简便、易懂。

# 第十二节　主要鲜食玉米产区高 Fe、Zn 种质资源的筛选

在我国鲜食玉米主产区广东省和浙江省，2011 年对甜糯玉米杂交种进行搜集和初步筛选，2012 年用搜集到的 12 个糯玉米杂交种及其亲本、6 个甜玉米杂交种及其亲本、4 个甜糯玉米 OPVs（开放授粉品种）为材料进行 Fe、Zn 含量的测定。测定仪器为全谱直读等离子体发射光谱仪。

### 一、鲜食玉米 Fe 含量的基因型差异

36 份糯玉米（12 个杂交种，20 个亲本自交系，4 个 OPVs）材料和 17 份甜玉米材料（6 个杂交种或其亲本）的 Fe 含量见表 4-24 和表 4-25。甜糯玉米材料间 Fe 含量均存在极显著的基因型差异，糯玉米的 Fe 含量平均值为 44.94mg/kg，最高值是最低值的 4.05 倍，变异系数为 0.302 4；20 份糯玉米亲本自交系 Fe 含量平均值为 45.08mg/kg，16 份糯玉米杂交种（含 OPVs）Fe 含量平均值为 44.76mg/kg。17 份甜玉米的 Fe 含量平均值为 61.98mg/kg，最高值是最低值的 3.43 倍，变异系数为 0.253 7；12 份亲本自交系 Fe 含量平均值为 67.19mg/kg，5 份杂交种 Fe 含量平均值为 49.49mg/kg。

## 二、鲜食玉米 Zn 含量的基因型差异

36 份糯玉米材料和 17 份甜玉米材料的 Zn 含量见表 4-24 和表 4-25，甜糯玉米材料间 Zn 含量均存在极显著的基因型差异，糯玉米的 Zn 含量平均值为 36.06mg/kg，最高值是最低值的 2.69 倍，变异系数为 0.2153；20 份糯玉米亲本自交系 Zn 含量平均值为 30.58mg/kg，16 份糯玉米杂交种（含 OPVs）Zn 含量平均值为 33.90mg/kg。17 份甜玉米的 Zn 含量平均值为 49.77mg/kg，最高值是最低值的 3.16 倍，变异系数为 0.2476；12 份亲本自交系 Zn 含量平均值为 52.68mg/kg，5 份杂交种 Zn 含量平均值为 42.82mg/kg。

表 4-24　不同糯玉米材料 Fe、Zn 含量的差异

| 糯玉米 | Fe/(mg/kg) | Zn/(mg/kg) |
|---|---|---|
| "浙糯玉 2 号" | 33.48±2.93 | 29.96±0.21 |
| "浙糯玉 2 号"父本 | 39.54±1.51 | 40.75±0.12 |
| "浙糯玉 2 号"母本 | 36.42±2.97 | 40.81±0.15 |
| "浙糯玉 3 号" | 37.28±2.14 | 31.56±0.05 |
| "浙糯玉 3 号"父本 | 37.09±7.48 | 32.08±0.07 |
| "浙糯玉 3 号"母本 | 36.42±2.97 | 40.81±0.15 |
| "浙糯玉 4 号" | 49.23±5.90 | 30.19±0.23 |
| "浙糯玉 4 号"父本 | 98.24±2.78 | 41.14±0.09 |
| "浙糯玉 4 号"母本 | 70.23±4.86 | 32.15±0.06 |
| "黑糯 181" | 50.80±5.59 | 27.79±0.05 |
| "黑糯 181"父本 | 34.91±3.40 | 20.00±0.05 |
| "黑糯 181"母本 | 24.23±1.39 | 17.41±0.02 |
| "黑甜糯 168" | 40.06±3.54 | 30.09±0.04 |
| "黑甜糯 168"父本 | 34.51±5.93 | 26.55±0.09 |
| "黑甜糯 168"母本 | 36.24±2.60 | 20.01±0.06 |
| "浙黑糯 190" | 46.41±2.66 | 33.63±0.09 |
| "浙黑糯 190"父本 | 48.63±4.29 | 26.74±0.08 |
| "浙黑糯 190"母本 | 44.17±3.87 | 31.52±0.13 |
| "浙黑糯 6631" | 46.71±3.11 | 38.09±0.29 |
| "浙黑糯 6631"父本 | 45.46±6.90 | 33.24±0.12 |
| "浙黑糯 6631"母本 | 35.83±5.75 | 20.42±0.09 |
| "浙 803 糯" | 44.81±4.28 | 31.85±0.67 |
| "浙 803 糯"父本 | 55.75±5.68 | 28.29±0.04 |
| "浙 803 糯"母本 | 54.08±6.69 | 36.77±0.19 |
| "浙彩糯 135" | 29.65±5.71 | 27.09±0.10 |
| "浙彩糯 135 父本 | 42.55±4.06 | 23.36±0.16 |
| "浙彩糯 135 母本 | 35.08±4.08 | 34.65±0.08 |
| "浙甜糯 615" | 49.57±5.18 | 38.70±0.10 |
| "浙甜糯 615"父本 | 34.51±5.93 | 26.55±0.09 |
| "浙甜糯 615"母本 | 57.80±3.05 | 38.36±0.44 |
| "花甜糯 072" | 48.71±4.17 | 34.40±0.11 |
| "苏科花糯 2008" | 40.48±1.88 | 34.58±0.04 |

续表

| 糯玉米 | Fe/(mg/kg) | Zn/(mg/kg) |
|---|---|---|
| "开化农家种" | 69.73±7.92 | 33.86±0.07 |
| "梅玉米（紫）" | 52.56±2.39 | 41.79±0.08 |
| "紫玉米" | 33.91±2.32 | 31.96±0.06 |
| "德宏紫玉米" | 42.77±4.19 | 46.86±0.41 |
| 平均值 | 44.94 | 36.06 |
| $F$-test | 27.333** | 4043.385** |
| $LSD_{0.05}$ | 2.1160 | 0.0884 |
| $LSD_{0.01}$ | 2.8100 | 0.1174 |
| 变异系数 | 0.3024 | 0.2153 |

注：** 表示差异达极显著水平。

表 4-25　不同甜玉米材料 Fe、Zn 含量的差异

| 甜玉米 | Fe/(mg/kg) | Zn/(mg/kg) |
|---|---|---|
| "粤甜 9 号" | 47.98±4.77 | 45.49±0.05 |
| "粤甜 9 号" 父本 | 55.78±5.71 | 51.24±0.12 |
| "粤甜 9 号" 母本 | 61.56±3.99 | 57.68±0.34 |
| "粤甜 15 号" | 28.79±5.19 | 26.04±0.12 |
| "粤甜 15 号" 父本 | 57.77±3.32 | 52.17±0.28 |
| "粤甜 15 号" 母本 | 48.29±4.26 | 38.97±0.06 |
| "粤甜 13 号" | 64.73±1.82 | 33.01±6.36 |
| "粤甜 13 号" 父本 | 81.28±4.37 | 51.89±0.38 |
| "粤甜 13 号" 母本 | 61.63±3.26 | 61.19±0.14 |
| "正甜 613" | 62.18±2.25 | 61.51±0.26 |
| "正甜 613" 父本 | 63.13±6.73 | 46.67±0.07 |
| "正甜 613" 母本 | 64.32±3.24 | 50.47±0.03 |
| "正甜 38" | 43.79±9.10 | 48.03±0.34 |
| "正甜 38" 父本 | 66.72±2.14 | 47.51±0.03 |
| "正甜 38" 母本 | 78.70±3.46 | 82.20±0.09 |
| "美甜 3 号" 父本 | 68.29±5.44 | 48.35±0.08 |
| "美甜 3 号" 母本 | 98.78±4.83 | 43.73±0.03 |
| 平均值 | 61.98 | 49.77 |
| $F$-test | 33.749** | 189.040** |
| $LSD_{0.05}$ | 3.264 | 1.081 |
| $LSD_{0.01}$ | 4.38 | 1.45 |
| 变异系数 | 0.2537 | 0.2476 |

注：** 表示差异达极显著水平。

## 三、鲜食玉米 Fe、Zn 含量的特征分析

从鲜食玉米品种 Fe、Zn 的分布图（图 4-4 和图 4-5）可以看出，与糯玉米相比，甜玉米品种的 Fe、Zn 含量相对较高。推测原因可能是甜玉米籽粒脱水干燥后，籽粒干重相对糯玉米较低，从而使得 Fe、Zn 含量相对较高。筛选出浙 "糯玉 4 号" "浙 803 糯" "德宏紫玉米" 和 "梅玉米" Fe、Zn 含量相对较高的糯玉米，Fe 含量平均

值达到 47. 34mg/kg，Zn 含量平均值达到 37. 67mg/kg。筛选出"正甜 613""正甜
38"和"粤甜 13"Fe、Zn 含量相对较高甜玉米，Fe 含量平均值达到 56. 90mg/kg，
Zn 含量平均值达到 47. 52mg/kg。

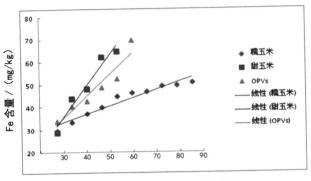

图 4-4　鲜食玉米 Fe 含量的分布

　　注：糯玉米，"浙彩糯 135""浙糯玉 2 号""浙糯玉 3 号""黑甜糯 168""浙 803 糯""浙
黑糯 190""浙黑糯 6631""浙糯玉 4 号""浙甜糯 615""黑糯 181"；甜玉米，"粤甜 15 号""正
甜 38""粤甜 9 号""正甜 613""粤甜 13 号"；OPVs，"紫玉米""苏科花糯 2008""德宏
紫玉米""花甜糯 072""梅玉米（紫）""开化农家种"。

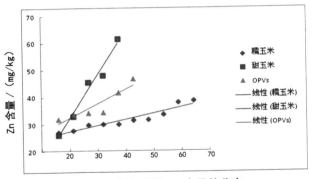

图 4-5　鲜食玉米 Zn 含量的分布

　　注：糯玉米，"浙彩糯 135""黑糯 181""浙糯玉 2 号""黑甜糯 168""浙糯玉 4 号""浙
糯玉 3 号""浙 803 糯""浙黑糯 190""浙黑糯 6631""浙甜糯 615"；甜玉米，"粤甜 15 号""粤
甜 13 号""粤甜 9 号""正甜 38""正甜 613"；OPVs，"紫玉米""开化农家种""花甜糯
072""苏科花糯 2008""德宏紫玉米""梅玉米（紫）"。

## 四、小结

　　米国华等调查了 24 份普通玉米杂交种和 78 份自交系的 Fe 含量，发现杂交
种 Fe 含量为 33. 5～55. 6mg/kg，而自交系 Fe 含量为 17. 2～61. 4mg/kg。谢

传晓等测定了 85 份普通玉米杂交种、158 份自交系和 52 个地方品种和群体的 Fe 含量，其中，杂交种平均为 20.5mg/kg，自交系平均为 18.6mg/kg，地方品种和群体为 17.7mg/kg。高小宽等测定了 80 余份普通玉米材料，籽粒中 Fe 含量的变幅为 12.00 ~ 53.20mg/kg，Zn 含量的变幅为 7.20 ~ 43.20mg/kg。本研究中鲜食玉米 Fe 和 Zn 含量均存在极显著的基因型差异，糯玉米 Fe 含量的变幅为 24.23 ~ 98.24mg/kg，甜玉米 Fe 含量的变幅为 28.79 ~ 98.78mg/kg；糯玉米中 Zn 含量的变幅为 17.41 ~ 46.86mg/kg，甜玉米中 Zn 含量的变幅为 16.04 ~ 86.20mg/kg，变异幅度比较大。以上研究说明玉米籽粒间 Fe、Zn 含量存在较大的遗传变异，通过选择育种可以筛选出高 Fe、Zn 含量玉米材料。另外，田秀平等对天津地区玉米主要品种 Fe 含量的研究发现，"津甜 1 号"的 Fe 含量大于普通玉米和糯玉米，本研究也得到类似结论。鲜食玉米 Fe、Zn 含量高于普通玉米，推测原因是普通玉米籽粒中淀粉含量较高，而在鲜食玉米中淀粉含量低，从而导致累积的 Fe、Zn 等微量元素较多。与糯玉米相比，甜玉米品种的 Fe、Zn 含量相对较高，这可能与甜玉米中水分和可溶性糖含量比糯玉米更高有关。本研究在初步筛选的基础上进一步筛选出"浙糯玉 4 号""浙 803 糯""德宏紫玉米""梅玉米""正甜 613""正甜 38"和"粤甜 13"等 Fe、Zn 含量相对较高的鲜食玉米，可在我国主要鲜食玉米产区重点推广和用于选育新材料，进行微营养生物强化。

玉米籽粒 Fe、Zn 含量主要受遗传控制，且非加性效应大于加性效应，Fe 含量具有较高的广义遗传力，Zn 含量的遗传力中等偏上，不同自交系 Fe、Zn 含量在年度间的稳定性不同，但某些自交系如"丹 340"含量较高，稳定性也较好。本研究发现，与亲本相比，鲜食玉米杂交种的 Fe、Zn 含量有所降低，以筛选出的 2 个糯玉米杂交种和 3 个甜玉米杂交种为例，除了"正甜 613"以外，其余的杂交种都显示 Fe、Zn 含量降低的趋势。另外，本研究前期随机选取的 24 个甜玉米平均 Fe 含量为 54.33mg/kg，经筛选后提高到 61.98mg/kg；25 个糯玉米的平均 Fe 含量为 38.28mg/kg，经筛选后提高到 44.94mg/kg，说明遗传改良鲜食玉米微营养成分是可行的。同时研究发现环境对 Fe、Zn 含量的测定影响很大。陈洁等研究表明，地点、季节、基因型以及地点与基因型互作、季节与基因型互作对玉米籽粒 Fe 含量的影响均达到极显著水平。因此不同测定方法、不同环境对 Fe、Zn 含量影响较大，但持续稳定地选育高 Fe、Zn 含量的材料是改良和提升微营养含量的有效办法。为后续多年多点开展鲜食玉米微营养选育，以本研究为基础，初定鲜食玉米中 Fe 含量 50mg/kg 和 Zn 含量 40mg/kg 为高 Fe、Zn 含量筛选标准。相对于人们间接食用的作为饲料的普通玉米，鲜食玉米中营养元素更易于人们食用和吸收。通过研究，筛选出"浙糯玉 4 号""浙 803 糯""德宏紫玉米"和"梅玉米"等 Fe、Zn 含量相对较高的糯玉米材料，以及"正甜 613""正甜 38"和"粤甜 13"等 Fe、Zn 含量相对较高的甜玉米材料。

# 第十三节　紫玉米红色素特性及提取研究

近年来，要求使用天然植物色素替代人工合成色素的呼声越来越高，有些国家甚至已通过立法来限制合成色素等食品添加剂的生产。然而由于光、氧气、温度、酸碱度等因素的影响，天然色素取代合成色素还存在一定的难度。尽管如此，由于有着红、橙、紫、蓝等极富吸引力的色彩，植物花青素用于天然着色剂有着很高的潜在利用价值。但花青素也存在稳定性问题，它主要受其自身结构、浓度、光密度、金属离子、酶、氧气、抗坏血酸以及辅色素等因素的影响。因此对于一种新的色素源来说，探索其稳定性是利用开发的前提。

本文首先对紫玉米红色素进行理化分析，以便了解该色素的稳定性，发掘其潜在的利用价值。

## 一、色素的提取

紫玉米经高速旋转粉碎处理后获得紫玉米粉，按物料比 1：15 以 pH 值 = 3 时乙酸溶液作提取剂，在 60℃恒温水浴器中恒温 60min 浸提，然后过滤离心提取液，获得粗色素液。

### 1. 光谱特性

试验结果显示紫玉米色素液在 510nm 处出现特征吸收峰，说明该色素具有花青素特征，属于花青素类物质。

### 2. pH 值的影响

由表 4-26 可知，该色素的吸收峰小于 5 时基本稳定；在 pH 值逐渐增大的过程中，其吸收峰也向长波长方向移动，当 pH 值 = 11 时，吸收峰却降到 420，说明定容介质对其的吸收峰还是有影响的。另外，该色素在 pH 值大于 5 后颜色逐渐由红色转为蓝色再转为绿色，这种变化是花青素共有特性所产生；但其稳定性依然是良好的，当该色素用作食品着色剂时，仍可呈现稳定的红色。

表 4-26　pH 值对紫玉米红色素的影响

| 色素液 pH 值 | 1 | 3 | 5 | 7 | 9 | 11 |
|---|---|---|---|---|---|---|
| 吸收峰 | 510 | 510 | 520 | 550 | 600 | 420 |
| 光密度 | 0.304 | 0.287 | 0.211 | 0.612 | 0.647 | 0.799 |
| 颜色 | 深红 | 深红 | 紫红色 | 深紫色 | 蓝绿 | 深绿 |

3. 耐热性

由表 4-27 可知，在 pH 不变时，温度、时间对该色素的吸收峰不产生影响。当 pH 为 3 时，随着时间的推移，光密度呈逐渐上升的趋势，但是涨幅不大，颜色保持深红色；当 pH 为 5 时，光密度先升后降，不过变幅也不大，这说明这种色素有着良好的热稳定性，但是在使用过程中还是应尽量避免长时间接触高温。

表 4-27　高温对紫玉米红色素的影响

| 温度 | 时间 | 吸收峰 | pH 值 = 3 光密度 | 颜色 | 吸收峰 | pH 值 = 5 光密度 | 颜色 |
|---|---|---|---|---|---|---|---|
| 室温 23℃ | — | 510 | 0.287 | 深红 | 520 | 0.211 | 红色 |
| 100℃ | 20 | 510 | 0.287 | 深红 | 520 | 0.214 | 浅红 |
| 100℃ | 40 | 510 | 0.290 | 深红 | 520 | 0.217 | 浅红 |
| 100℃ | 60 | 510 | 0.292 | 深红 | 520 | 0.213 | 浅红 |

4. 耐光性

该色素在 pH 值 = 3 下经 4 种光照条件和 4 个光照阶段处理，其特征吸收峰不变，仍为 510nm，光密度虽有变化，但其变幅仅为 0.013 ～ 0.029，说明其光稳定性非常好。

5. 耐金属离子性

在 pH 值 = 3 的色素液中，添加不同浓度的金属离子后对色素稳定性见表 4-28。从表 4-28 可见，添加 $Fe^{2+}$、$Fe^{3+}$、$Cu^{2+}$、$Zn^{2+}$、$Mg^{2+}$ 和 $K^+$ 后，光密度值变化均不明显，而添加 $Al^{3+}$ 后，光密度变化大，且对色素具有增色的作用。

表 4-28　金属离子对色素稳定性

| 金属离子 | 添加后 0h | | 添加后 72h | |
|---|---|---|---|---|
| | 光密度 = 0.287 | 变化率 /% | 光密度 = 0.306 | 变化率 /% |
| $Fe^{2+}$ | 0.266 ～ 0.298 | −7.32 ～ 3.83 | 0.274 ～ 0.307 | −10.46 ～ 0.33 |
| $Fe^{3+}$ | 0.281 ～ 0.315 | −2.09 ～ 9.76 | 0.282 ～ 0.315 | −7.84 ～ 2.94 |
| $Cu^{2+}$ | 0.290 ～ 0.303 | 1.05 ～ 5.57 | 0.296 ～ 0.311 | −3.27 ～ 1.63 |
| $Zn^{2+}$ | 0.272 ～ 0.298 | −5.23 ～ 3.83 | 0.286 ～ 0.313 | −6.54 ～ 2.29 |

| 金属离子 | 添加后 0h | | 添加后 72h | |
|---|---|---|---|---|
| | 光密度 = 0.287 | 变化率 /% | 光密度 = 0.306 | 变化率 /% |
| $Mg^{2+}$ | 0.268 ～ 0.309 | −6.62 ～ 7.67 | 0.281 ～ 0.322 | −8.17 ～ 5.23 |
| $Al^{3+}$ | 0.328 ～ 0.351 | 14.29 ～ 22.30 | 0.343 ～ 0.367 | 12.10 ～ 19.93 |
| $K^+$ | 0.274 ～ 0.288 | −4.53 ～ 0.35 | 0.279 ～ 0.294 | −8.82 ～ 3.92 |

### 6. 山梨酸钾的影响

在 pH 值 = 3 的条件下，添加防腐剂后，色素颜色和吸收峰均未变。光密度值随防腐剂浓度从 0g/100mL、0.02g/100mL、0.04g/100mL、0.06g/100mL、0.1g/100mL 而依次变化为 0.287g/100mL、0.290g/100mL、0.289g/100mL、0.292g/100mL、0.294g/100mL，变化基本没有影响，这说明防腐剂在食品使用浓度范围内对色素稳定性影响不大。

### 7. 抗坏血酸的影响

在 pH 值 = 3 色素液中添加抗坏血酸后，颜色变化不大。当抗坏血酸浓度从 0 逐渐增加到 1%、2%、3% 和 4% 时，光密度从 0.287 到 0.303、0.276、0.270 和 0.263。其浓度大于 2% 时光密度则随其浓度增大而呈现逐渐下降趋势，说明该色素对抗坏血酸较敏感，但 1% 浓度的抗坏血酸有利于色素的合成。

### 8. 抗氧化还原性

该色素在氧化剂或还原剂存在时，颜色变化不大，光密度有较大变化。添加还原剂（$NaHSO_3$）5h 后，光密度由 0.287 增至 0.301，增加 4.88%。而添加氧化剂（$H_2O_2$）后其光密度则由 0.287 下降为 0.255，减少 11.15%，可见该色素抗氧化性较弱，抗还原性较强。

## 二、浸提技术——最佳提取剂的选择

（1）最佳酸液的选择。称取经高速旋转粉碎机粉碎处理后的紫玉米粉 9 份，每份 0.2g，分别放入 9 个容积为 50mL 的容器中，并在这 9 个容器中依次加入 pH 值均为 3 的盐酸、乙酸、柠檬酸、硫酸、甲酸、酒石酸、草酸、磷酸、没食子酸各 10mL，在 HHS-21 型电热恒温水浴器 60℃下恒温浸提 1h，然后分别过滤各提取液、定容。测定各提取液最大吸收峰值，结果见图 4-6。

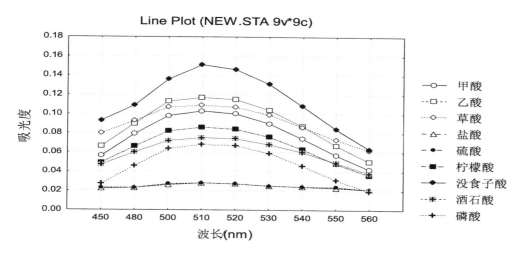

图 4-6　各酸液不同波长下的走势

　　根据朗伯—比尔定律，吸光度与溶液的浓度和液层的厚度的乘积成正比，即物质在某一波长下的光吸收值与其密度成正比，也就是光吸收值可间接地衡量提取的花青素的浓度。由图 4-6 可知，不同提取剂在各自的波长下的光吸收值不同，但是都在波长为 510nm 处最高，所以下面实验中都用波长 510nm 作为紫玉米花青素的吸收波长。从提取效果看，单纯采用酸浸提时，浸提液的吸光度大小次序是没食子酸＞乙酸＞草酸＞甲酸＞柠檬酸＞酒石酸＞磷酸＞盐酸和硫酸，即采用没食子酸（pH值＝3）提取效果最好，其次是乙酸。因甲酸和草酸有毒性，盐酸和硫酸提取效果不理想，没食子酸和酒石酸的价格比较高，用于工业生产成本太高，柠檬酸虽然在工业生产中利用较多，后期酸味很难去除，故本实验中采用乙酸作为提取剂，其价格便宜且属于易挥发酸。而且色素产品主要用于食品工业，乙酸又是一种常用酸性添加剂，因此，本研究选用乙酸作提取剂是最合适的。

　　（2）酸醇配比的选择。称取经研磨处理后的紫玉米粉 5 份，每份 0.2g，分别放入 5 个容积为 50mL 的容器中，并在 5 个容器中依次加入不同浓度的 20%、40%、60%、80%、95% 乙醇各 10mL，在 HHS-21 型电热恒温水浴器 60℃下恒温浸提 1h，然后分别过滤各提取液、定容。测定各提取液吸光度值时，取最大吸光度值进行比较，如图 4-7 所示，随着乙醇浓度的增加，提取效果则呈递减趋势。

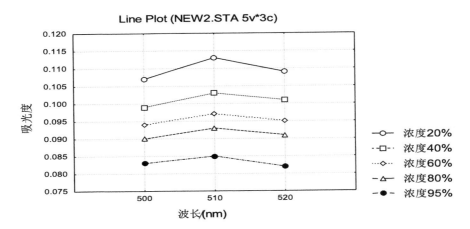

图 4-7　选择最佳提取剂之乙醇浓度选择结果

实验以 20% 和 40% 浓度的乙醇与 pH = 3 乙酸互相进行配比作提取剂，配比方式为：pH = 3 乙酸：20% 乙醇 = 1：3、pH = 3 乙酸：20% 乙醇 = 1：1、pH = 3 乙酸：20% 乙醇 = 3：1、pH = 3 乙酸：40% 乙醇 = 1：3、pH = 3 乙酸：40% 乙醇 = 1：1、pH = 3 乙酸：40% 乙醇 = 3：1。测定各吸光度值如表 4-29 所示。从表 4-29 可知，配比效果与单纯使用乙酸效果差距不明显，为节约成本故把单纯的乙酸作为提取剂。

表 4-29　酸醇结合吸光度比较

| 浸提剂 | 乙酸：20% 乙醇 | | | 乙酸：40% 乙醇 | | | |
|---|---|---|---|---|---|---|---|
| | 1：3 | 1：1 | 3：1 | 1：3 | 1：1 | 3：1 | 1：0 |
| 吸光度 A530 | 0.106 | 0.113 | 0.110 | 0.103 | 0.105 | 0.106 | 0.117 |

（3）最佳提取条件的确定。采用 $L_9$（$3^4$）正交试验测定提取液在 510nm 处的光吸收值，数据结果如表 4-30 所示。

表 4-30　$L_9$（$3^4$）正交表和实验结果

| 因素 处理 | 因素 A 水浴温度 /℃ | 因素 B 浸提剂 pH 值 | 因素 C 物料比 | 因素 D 水浴时间 /min | 提取液的吸光度 /510nm |
|---|---|---|---|---|---|
| 1 | 50 | 2 | 1：10 | 30 | 0.301 |
| 2 | 60 | 2 | 1：20 | 90 | 0.353 |
| 3 | 70 | 2 | 1：15 | 30 | 0.319 |
| 4 | 50 | 2.5 | 1：15 | 60 | 0.334 |
| 5 | 60 | 2.5 | 1：15 | 60 | 0.563 |
| 6 | 70 | 2.5 | 1：20 | 90 | 0.349 |
| 7 | 50 | 3 | 1：20 | 90 | 0.241 |

| 因素<br>处理 | 因素 A<br>水浴温度 /℃ | 因素 B<br>浸提剂 pH 值 | 因素 C<br>物料比 | 因素 D<br>水浴时间 /min | 提取液的吸光<br>度 /510nm |
|---|---|---|---|---|---|
| 8 | 60 | 3 | 1:10 | 30 | 0.281 |
| 9 | 70 | 3 | 1:10 | 60 | 0.322 |

统计结果分析表明，本实验所设计的四因素对花青素提取具有不同的影响。物料比对色素提取的影响最大达到了极显著的水平；浸提时间和温度对色素也有一定的影响，达到了显著的水平；pH 则对色素的影响不显著。各因素影响大小依次为：C>D>A>B。

由实验数据可得，以 pH 值 = 2.5 乙酸为提取剂，物料比为 1:15，反应时间为 60min，加热温度为 60℃时的提取效果最佳。

（4）最佳提取工艺的确定。在最佳提取条件下多次提取色素，结果如表 4-31 所示。

表 4-31　最优提取条件下多次提取的效果

| 测定指标 | 第 1 次 | 第 2 次 | 第 3 次 | 第 4 次 | 总提取量 |
|---|---|---|---|---|---|
| 吸光度 /510nm | 0.563 | 0.324 | 0.145 | 0.075 | 1.107 |
| 各次提得率 /% | 50.858 | 29.268 | 13.098 | 6.775 | （色素总含量） |
| 总提得率 /% | 50.858 | 80.126 | 93.224 | 100 | — |

通过数据比较，在多次提取过程中，二次浸提得率便可达 80.1%，已符合工业生产的要求。据此确认紫玉米花青素采用二次提取的工艺流程如下。

```
┌→    玉米→第一次浸提→色素液┬→旋转蒸发→离子交换树脂纯化
提取液┤              ↓        ↓    └→低温干燥→色素粉
    └──────→  废渣 → 第二次提取→废渣→食品加工原料
```

## 三、小结

玉米红色素属花青素类物质，具有良好热稳定性和耐光性，pH 值以及防腐剂（在食品使用浓度范围内）对该色素影响较小。测试的 7 种金属离子中，除 $Al^{3+}$ 对该色素的稳定性影响较大外，其他几种离子影响均较小。该色素对抗坏血酸较敏感，但 1% 浓度的抗坏血酸有利于色素的合成。此外，该色素抗氧化性较弱而抗原性较强。综上所述，该色素可作为一种理想的天然食品着色剂加以利用。

色素来源紫玉米为杂交组合 $F_1$ 代，杂种优势显著，符合生产要求。由于玉米红色素为花色苷类化合物，属水溶性色素，在中性或弱碱性溶液中不易被提取且不太稳定。酸性溶剂可在破坏植物细胞膜的同时溶解玉米红色素，所以提取过程通常采用酸性溶剂。实验用相同浓度的酸来作比较，结果发现硫酸和盐酸的效果最好。但由于硫酸和盐酸都是强酸，在相同浓度的情况下它们的 pH 要比乙酸等的低，这样 $H^+$ 浓度就会成为影响提取效果的最大因素。以相同 pH 作为标准来比较不同酸的提取效果，这样就可以排除 $H^+$ 的影响。实验以 pH 值＝3 作为标准，浸提液的颜色均为红色，测出来的吸光度峰值均是 510nm。比较各酸液在 510nm 处的吸光度，可以看出乙酸的峰值最高，效果最好。考虑到乙酸为常见酸，价格便宜，无毒，而且乙酸是易挥发的，有利于色素液的纯化。同时实验结果显示酸醇结合的效果并没有单纯使用乙酸的效果明显，故实验单纯使用乙酸作为最佳色素提取剂。在 $L_9$（$3^4$）正交实验中，以 pH 值＝2.5 乙酸溶液作浸提剂，在 60℃的温度条件下加热 60min，物料配比在 1∶15，所测得提取液吸光度最大，从而确定了最佳提取条件。实验证明，在最佳提取条件下进行多次色素浸提，第 2 次浸提得率便可达 80.1%。单次提取水浴加热时间只需 60min，大幅提高了提取速度。

# 第十四节　转基因作物发展动态

自 20 世纪 50 年代 DNA 双螺旋结构提出，以转基因为主要内容的现代生物技术开始迅速发展，在农业、医药、食品等领域具有十分重要的影响，为解决粮食短缺、资源紧张及能源危机等提供了新的途径，取得了令人瞩目的成就，对人类社会的影响日益显著，其争议性也随之出现。

## 一、全球转基因作物种植现状

美国在 1983 年培育出首例转基因作物（烟草），随后转基因作物研究不断深入。1986 年全球有 5 例转基因作物获准进行田间试验，1994 年美国孟山都公司的转基因西红柿被批准上市。1996 年美国又研制成功了转基因玉米、大豆及马铃薯等。因为转基因作物具有比传统农作物更为强大的抗病虫害、抗除草剂等能力，因而受到了各方瞩目。目前，批准进行商业化种植转基因作物的国家与地区达到了 20 多个，全世界有 1 000 余万农民在种植转基因作物和制作转基因食品中得益。

国际农业生物技术服务组织（ISAAA）报道，2011 年全球转基因作物种植面积为 1.6 亿 $hm^2$，同比增长 8%，耐除草剂是转基因作物的主要性状。2011 年耐除草剂大豆、玉米、油菜、棉花、甜菜和苜蓿的种植面积为 9 390 万 $hm^2$，占全球转基因作物种植面积的 59%。美国仍旧是种植转基因作物的第一大国，种植面积达到 6 900 万 hm$^2$，同比上升 3%，占全球种植面积的 43%，大豆、玉米、棉花、油菜是美国的四大转基因作物；巴西、阿根廷分列第 2、3 位，种植面积分别为 3 030 万 hm$^2$ 和 2 370 万 hm$^2$；其余名列前位的国家是印度、加拿大、中国、巴拉圭、巴基斯坦、南非和乌拉圭，种植面积均超过百万公顷。我国商业化种植的转基因作物仅有转 Bt 基因的棉花，2011 年种植面积达 390 万 hm$^2$。目前，2 个转基因水稻品系"华恢 1 号"和"Bt 汕优 63"与转植酸酶玉米获得农业农村部颁发的生产应用安全证书。

## 二、常用的转基因技术

植物转基因方法基本分为两大类：①载体介导转化，主要为农杆菌介导法；②DNA 直接转化，包括基因枪法、花粉管通道法、子房注射法、聚乙二醇（PEG）法、电激穿孔法、超声波介导法、碳化硅纤维介导法和显微注射法等。目前在转基因育种中比较成功的方法主要有农杆菌介导法、基因枪法和花粉管通道法。

### 1. 农杆菌介导法

农杆菌介导法是一种自然的植物基因转化系统，利用根癌农杆菌的 Ti 或 Ri 质粒的一段 T-DNA 为载体，将目的基因导入受体细胞核的染色体上。该转化系统是目前研究最多、理论机理最清楚、技术方法最成熟的基因转化途径。在玉米农杆菌转化体系中，主要以玉米的幼胚、愈伤组织、茎尖分生组织、种胚等为受体，通过真空渗透、浸蘸、注射等方法使农杆菌导入受体细胞中。其中，表达载体类型、农杆菌浓度、受体的基因型、共培养条件和时间、筛选方式等是影响转化效率的主要因素。农杆菌介导法具有费用低、拷贝数少、基因沉默现象少、能转化较大片段、遗传稳定性较高、再生植株可育性较好等优点。

### 2. 基因枪法

基因枪法又称粒子轰击法（particle bombardment），是通过基因枪击法所产生的推力使携带有外源 DNA 的金属微弹穿透植物的组织、细胞壁和膜结构，将外源基因送入细胞核，进而整合到植物基因组中实现遗传转化。随着对金属粒子的理化特性、DNA 与金属粒子的结合和靶组织特性、轰击前后的培养条件等技术优化，基因枪转化法在玉米遗传转化中不断发展和完善，已经成为玉米转化中应用最多、效果最好的方法。基因枪法具有不受基因型限制，转化的受体类型广泛，适用于幼胚、成熟胚、分生组织、胚性愈伤组织、胚性悬浮细胞、花粉和茎尖等植体材料等优点，但同时存在嵌合体、骨架载体的插入、DNA 断裂、多拷贝、外源基因在后代中稳定性差及设备昂贵等问题。

3. 花粉管通道法

花粉管通道法由我国学者周光宇于 1978 年创立。植物胚珠在授粉前珠心是一个封闭的体系，授粉后随花粉管的伸入，从珠孔到胚囊的一些珠心细胞退化形成一条通道，以利于花粉管进入胚囊，外源 DNA 通过花粉管通道进入胚囊，转化成尚不具备细胞壁的卵、合子或早期胚胎细胞从而参与新形成的种子中。该法无须建立愈伤组织培养及再生体系，无基因型限制，既可向玉米导入目的基因，也可导入含有目的基因性状的供体总 DNA，且易于实现规模化转化，具有操作简单、方便、育种时间短、与常规育种结合紧密等优点。花粉管通道法也是一种将无载体和无选择标记的线性基因盒转入植物以解决生物安全性问题的可行方法。

### 三、转基因作物性状改良

转基因技术为育种提供了新的手段，目前改良的性状主要是抗除草剂、抗虫、抗旱耐盐、品质等。已经商业化种植的主要是抗除草剂、抗虫以及两种复合性状转基因作物。1988 年 Rhodes 等首先获得抗除草剂的玉米植株，目前已经有近百个抗除草剂转基因玉米品种在生产上应用，导入的除草剂抗性基因包括抗咪唑啉酮、草甘膦、草铵膦、草丁膦、2，4-D、稀禾定等，其抗除草剂基因主要来源于细菌等微生物。国内转得较多的抗除草剂基因是 *Bar* 基因，取得很大的成功，已进入田间育种阶段。除草剂抗性基因还常常作为遗传转化中的选择标记基因。1981 年 Schnepf 首次从苏云金芽孢杆菌克隆了一个编码杀虫晶体蛋白的 *Bt* 基因，揭开了利用基因工程培育抗虫植物的序幕。1996 年，美国正式批准 *Bt* 基因玉米进入商业化生产，目前主要的 *Bt* 玉米杂交种的基因类型有 *CrylAb*（*Btll*，*MON810*，*176*）、*Cry9C*（*CBH351*）、*CrylAc*（*DBT418*）、*CrylF*（*Tc1507*）等，并且已经在许多国家投入商业化生产。品质方面目前主要的研究重点是提高玉米中赖氨酸、蛋白质、醇溶蛋白、直链淀粉、植酸酶等含量。Coleman 等、Caimi 等分别报道了 *a-zein* 和 *SacB* 基因导入玉米，得到高赖氨酸、高果糖的转基因玉米。我国培育的转植酸酶基因玉米于 2009 年获得农业农村部批准的生产应用安全证书，是世界上第一例获得生产应用许可的转植酸酶基因玉米。

转基因作物根据转基因的特性分为三代（表 4-32）。目前，第一代转基因作物的发展已较为成熟，在生产上得到实际应用。各研究机构在深入开发第一代转基因产品的同时，也在把研发目标逐步转向第二代及第三代产品。转基因作物的一个重要特点是复合性状，也是未来的发展趋势。2009 年美国种植的复合性状作物占到全部转基因作物的 41%。2010 年，美国向市场投放了 Smartstax™ 玉米，它是一种新型的生物技术玉米产品，此种转基因玉米有 3 种性状，其中 2 种为抗虫性状（分别抗地上害虫和地下害虫），另一种为耐除草剂性状。未来的复合性状将包括抗虫、耐除草剂、耐干旱和营养改良等性状，如高 Ω-3 油用大豆或增强型维他命原 A 金米。

表 4-32　转基因作物分类

| 转基因作物 | 主要特性 | 主要目的 | 表现性状与用途 |
|---|---|---|---|
| 第一代转基因作物 | 输入特性性状 | 减少化学农药使用、降低耕种成本、增加产量 | 抗除草剂、抗虫、抗病、抗恶劣环境 |
| 第二代转基因作物 | 输出特性性状 | 改善作物产品品质 | 高产、低植酸、优质蛋白、高直链淀粉或生物能源、优质纤维、油分 |
| 第三代转基因作物 | 附加值性状 | 提高作物的附加值 | 用于医药、生物燃料和生物降解等领域 |

　　转基因生物安全争论 2 个抗虫转基因水稻品系"华恢 1 号"和"汕优 63"在刚获得国家安全证书时，就有人质疑："昆虫都无法下口的转基因抗虫水稻，对人体就没有害处吗？"一般人没有专业知识背景，多数人同意并认同了"虫子不吃，人也不能吃"的观点，甚至将其作为抗虫转基因水稻不安全、不健康，对人身体健康有害的强有力论据，因此而引起恐慌和不安。领衔开发抗虫转基因水稻的张启发教授也在讲演中从技术层面向公众解释抗虫转基因水稻的安全原理：第一，Bt 内毒素是一种蛋白质，在 60℃的水中煮 1min 就失去活性。在生米煮成熟饭时，已不可能存在活性的 Bt 蛋白；第二，Bt 内毒素本身没有毒，只有在昆虫肠道碱性环境下才能加工成有毒的蛋白，而人的胃环境是强酸性的，不能做有毒的加工；第三，Bt 内毒素产生的毒蛋白要和昆虫肠道细胞表面上特定的受体结合才能产生作用，而人体的消化道细胞表面上没有这种受体，Bt 蛋白进入哺乳动物肠胃后，在胃液的作用下几秒钟之内全部降解。当然也有反对者认为张启发教授领导的对转基因水稻安全性进行测试的"小鼠灌肠实验"存在漏洞，提出"对小白鼠做了解剖和实验研究有无对照组？同体重同剂量和不同剂量下小白鼠体重的变化如何？组织、细胞、神经元、神经突起的变化如何？各分泌系统、细胞内外液体的变化如何？血液、淋巴组织、激素、电解质的变化如何"等一系列疑问，同时也提出抗虫转基因水稻对生态环境和国家粮食安全构成威胁。

　　2010 年 3 月，中国农业农村部曾在人民网通过网络直播的形式进行了就农业转基因技术与生物安全等问题的答问，对于转基因生物的安全问题就国家层面进行了解答，强调我国政府重视转基因生物的安全管理工作，并已经形成了一整套适合我国国情并与国际惯例相衔接的法律法规、技术规程和管理体系。

## 四、小结

转基因作物是农作物技术最具创新性的研究成果之一，并且已经获得成功，其种植面积不断扩大，种植国家的数目在增长，种植农民的数量显著增加，给种植国带来了巨大的经济效益。转基因作物是一把双刃剑，虽然其发展前景广阔，但也存在许多问题，因此，应在借鉴其他国家成功经验的同时结合本国国情，建立和完善转基因作物的安全管理体系和产业化政策，推进我国转基因作物的研发及其产业化发展，抓住转基因技术带来的机遇。

# 第五章　品种特征特性及配套栽培技术

## 第一节　甜玉米"超甜135"的特征特性及栽培技术

### 一、选育及利用

#### 1. 选育经过

（1）母本"S103"的选育及特征特性。为了获得高配合力的甜玉米自交系，20世纪80年代末，在甜玉米品种"甜玉二号"的田间种植中，选择性状典型的杂株进行套袋自交，并经连续多代选择，获得OP1112-3稳定系，并定名为"S103"。单穗粒重20～25g，百粒重10～12g，穗轴白色，籽粒淡黄色，出苗至吐丝春播60d左右，秋播55d左右，全生育期95～100d，需≥10℃积温2 300℃。该品种抗玉米大小斑病、茎腐病，抗倒性好，在正常栽培条件下，繁种产量600～750kg/hm²。

（2）父本"S120"的选育及特征特性。为了选育出皮薄、渣少、品质优良的新品系，采用进口品种"华珍"进行二环系选育，经多年多代连续套袋自交，获得"SI20"。父本"S120"，幼苗叶鞘绿色，成株期株高120cm，穗位高50cm，叶片数21片，株型紧凑，雄穗分枝发达，花粉量多，护颖绿色，花药淡黄色，花丝白色，果穗长筒形，穗长13cm，穗行数12行，单穗粒重18～20g，百粒重10～12g，穗轴白色，籽粒黄色。出苗至散粉春播64d左右，秋播60d左右，全生育期100～105d，需≥10℃积温2 400℃。抗玉米大小斑病、茎腐病，抗倒性好。

（3）"超甜135"的选育。"超甜135"是浙江省东阳玉米研究所于1998年秋以"S103"为母本，"SI20"为父本杂交而成的优质、高产、抗病超甜玉米新品种。1999—2000年在所内完成组合观察鉴定和品比试验，2001—2002年参加浙江省特种玉米区域试验，2003年参加浙江省特种玉米生产试验并通过省品审会旱粮专家组的田间考察，2004年4月通过浙江省农作物品种审定委员会审定，准予推广，审定编号为浙审玉2004005。

#### 2. 产量表现

（1）所内试验。1999年春季参加浙江省东阳玉米研究所甜玉米新组合观察鉴定，鲜穗产量14 160kg/hm²，比对照"超甜3号"（单产12 240kg/hm²）增产15.68%。1999年秋季继续参加所内组合观察鉴定，鲜穗产量13 440kg/hm²，比对照"超甜3号"（单产 11 400kg/hm$^2$）增产 17.89%。2000 年所内品比试验，鲜穗产量 14 820kg/hm$^2$，比对照"超甜3号"（单产 12 330kg/hm$^2$）增产 20.19%。

（2）省区域试验。2001 年参加浙江省特种玉米杂交种区域试验，7 个点平均产量 9 832.5kg/hm$^2$，比对照"超甜3号"增产 9.98%，居参试品种第 4 位。2002 年继续参加浙江省特种玉米区域试验，7 个点平均产量 11 257.5kg/hm$^2$，比对照"超甜3号"增产 21.9%，在 13 个参试品种中居第 2 位。

（3）省生产试验。2003 年参加浙江省特种玉米生产试验，7 个点平均产量 10 896kg/hm$^2$，比对照"超甜3号"增产 13.6%。

（4）生产示范。2001 年起在浙江省金华的婺城、兰溪、义乌、武义、东阳等地试种，表现品质优、产量高、熟期适宜。其中，2001 年春季婺城区苏孟乡小牛户试种 0.3867hm$^2$，实收鲜穗 5 000kg，折合单产 12 930kg/hm$^2$；兰溪市马达镇龚秀荣户种植 0.1667hm$^2$，鲜穗产量 13 140kg/hm$^2$；义乌市廿三里镇徐德高 0.1hm$^2$，鲜穗单产 16 155kg/hm$^2$；东阳市大联雅门陆深海等户试种示范 1.4hm$^2$，平均鲜穗单产 13 500kg/hm$^2$；截至 2003 年底，在金华各地试种面积达 200hm$^2$，据调查，平均产量 12 750kg/hm$^2$ 左右，比对照"超甜3号"增产 10% 以上。

（5）"超甜 135"稳产性。通过 3 年 21 个点次省区域试验和生产试验产量结果变异系数分析，3 年平均变异系数（CV）比对照"超甜3号"低，说明该品种不仅产量比对照高，而且稳产性也比对照"超甜3号"要好。

**3. 特征特性**

（1）植物学特性。"超甜 135"出苗快而整齐，幼苗健壮，长势好，叶鞘绿色，成株期生长势强，叶色浓绿，植株株型半紧凑，株高 210cm，穗位高 75cm，叶片数 19 片，雄穗发达，分枝多，花药黄色，花粉量充足，雌穗花丝淡绿色，雌雄花期协调。

（2）生物学特性。"超甜 135"属中熟类型，浙中地区生育期（出苗至采收）春播 85d，秋播 75d，比对照"超甜3号"短 1.1d，需 $\geqslant$ 10℃积温 2 200℃左右。

（3）经济性状。"超甜 135"果穗长筒形，穗长 20 ～ 21cm，穗粗 5.0cm，穗行数 12 ～ 14 行，行粒数 40，单穗去苞鲜重 230 ～ 250g，千粒重 355g，乳熟期籽粒淡黄，排列整齐，结实饱满，秃尖短，穗轴白色，出籽率 71.4%。经品质测定，总糖含量 44.5%，水溶性糖 24.3%，还原糖 6.2%，感官品质好，色泽一致，柔嫩性好，气味、风味好。种皮薄，甜度高，蒸煮食味好，商品性佳。

（4）抗逆性。2001—2002 年经浙江省东阳玉米研究所植保室人工接种抗病鉴定中心鉴定，"超甜135"高抗玉米大斑病，抗玉米小斑病，抗玉米茎腐病，感玉米螟，植株根系发达，茎秆粗壮，抗倒能力强，活秆成熟。

4. 适宜种植区域及种植要点

"超甜135"适宜在浙江、江苏、上海、安徽、江西、福建、广东等省市玉米区域种植。播种期：春玉米浙中地区一般在3月下旬，秋播在6月下旬至8月上旬，采用地膜栽培，播期可相应提早10～20d，双膜栽培的播种期可提早20～30d。要求隔离种植，避免与其他类型的玉米相邻种植。用种量11.25～15.00kg/hm²，种植密度5.25万～5.70万株/667m²。提倡育苗移栽，2叶1心小苗带土移栽。心叶期采用高效低毒农药防治玉米螟，严禁使用剧毒和残效期长的农药，以保证食用安全。

5. "超甜135"的推广及应用

"超甜135"自育成以来，试种推广范围逐步扩大到浙江金华、嘉兴、建德、新昌，江西南昌、宜春、鹰潭、福建建阳、南平，上海嘉定等地，受到了试种农户的一致好评。该品种种子拱土能力较强，早春播种易保苗，好种易管，产量高，品质优，熟期适中，经济效益好，在生产上大面积推广应用可给广大农户带来较高的经济效益，具有广阔的市场前景和推广价值。

## 二、栽培技术

1. 隔离种植

避免与其他类型的玉米相邻种植，隔离可采用空间隔离和时间隔离，前者要求相距300m以上，后者要求花期相差15d以上。

2. 种子处理

"超甜135"种子干瘪，幼苗顶土能力弱，要求播前进行适当翻晒，以增强种子活力，利于全苗。

3. 适时播种

春季露地栽培要求土温稳定在12℃以上，12℃可作为当地起播时间，浙中地区春播一般3月下旬至4月上旬；秋播在6月下旬至8月上旬。采用塑膜栽培，播期可相应提早10～20d，双膜栽培的播期可提早20～30d。用种量11.25～15.00kg/hm²，提倡育苗移栽，2叶1心小苗带土移栽。

### 4. 合理密植

移栽密度 5.25 万～5.70 万株 /hm²，不能低于 5.00 万株 /hm² 或超过 9.0 万株 /hm²，密度太低或过大均不利于提高产量，且影响商品外观质量。

### 5. 科学施肥

田间管理做好精细二字。施肥种类和数量可参照普通玉米，由于采收期比普通玉米早 10～20d，穗肥应提早 1～2 个叶龄施用，因此在适施基肥、早施苗肥的基础上，即可在可见叶 12 时重施穗肥，注意 N、P、K 肥的合理搭配。

### 6. 防治病虫

苗期地下害虫可选用 50% 辛硫磷乳油 1 000 倍液适量浇根。大喇叭口期重点防治玉米螟，可选用 Bt 乳剂 800 倍液或 1.5% 蔬丹可湿性粉剂 750g/hm² 对水 750kg 灌心。严禁使用剧毒和残效期长的农药，以保证食用安全。

### 7. 适时采收

采收期当否与产量、质量密切相关。只有适期采收的果穗才会甜度高、种皮薄、风味好。因此，适期采收是保证鲜食甜玉米品质的关键一环，一般春播吐丝后 18～20d，秋播吐丝后 20～22d，果穗花丝呈黑褐色即可采收，采收时应连苞叶一起采下，并尽量减少流通环节，迅速上市，以增加保鲜度。

### 8. 制种要点

（1）精细整地，选好隔离区。选土质肥沃、排灌方便的隔离区制种，要求 300～400m 内不得种植其他任何品种玉米。

（2）调节播期，适时播种。浙中地区春播一般在 3 月底至 4 月初播种，秋播在 7 月 23 日以前，父母本错期播种，先播父本，待父本（第 1 期占 70%）出苗后再播母本和第 2 期父本（占 30%）。父母本行比采用 2 : 0，种植密度 6.0 万株 /hm²。

（3）加强田间管理。要求折施纯 N 225kg/hm²。施足基肥、适施苗肥、重施穗肥，注意氮、磷、钾和有机肥的配合施用。适时中耕除草。

（4）严格去杂去劣，做好人工辅助授粉。在田间严格去杂去劣。苗期和拔节期对照亲本特征彻底干净地拔除杂株和劣株，在母本刚抽雄时，逐株去除雄穗，去除的雄穗应带出田外妥善处理，不留残株、残枝和残花。在母本吐丝期要进行人工辅助授粉，以提高结实率，增加制种产量，母本授粉结束后，将父本全部割除。对收获的母本果穗进行穗选，保留优质果穗，并进行单晒、单脱、单收，以确保种子质量。

# 第二节　甜玉米"浙甜 8 号"的特征特性及栽培技术

## 一、选育及利用

### 1. 父母本选育

"浙甜 8 号"［原名"白甜（糯）1 号"］是浙江省东阳玉米研究所以自选系"DX-1"为母本，以"W3D3"为父本，于 2003 年组配而成的甜玉米杂交种。母本"DX-1"由日本引进的甜玉米"SAKATA"与自选糯玉米自交系"W4"杂交，在 $F_1$ 代自交后选择白色皱缩籽粒，在农艺性状、品质和产量性状等众多指标综合评价的基础上，经连续 6 代自交单株选择，种成若干穗行，保留 15 个穗行。2003 年春测配，筛选出配合力高、抗性强的穗行命名为"DX-1"，该自交系株高 150cm，穗位高 50cm，全株叶片 17 ～ 18 片，属中迟熟类型，抗倒性强，抗病性好，穗长 11.5 ～ 12cm，穗行 12 ～ 14 行，籽粒乳白色，皮薄，自身产量较高，其雄穗不耐高温干旱。父本"W3D3"由甜玉米自交系"150"与自选糯玉米自交系"W3"的杂交种为基础材料，连续 8 代自交单株选择，保留 10 个穗，2003 年春测配，筛选出第 11 穗行配合力最高，命名为"W3D3"，该自交系株高 170cm，穗位高 60cm，植株叶片数 18 片，迟熟，一般配合力高，穗长 13 ～ 14cm，穗粗 4cm，穗行 14 ～ 16 行，籽粒乳白色，内含物较多，果皮薄，花粉量中，对干旱较为敏感。

### 2. "浙甜 8 号"选育

2003 年秋以"DX-1"为母本，以"W3D3"为父本组配成白粒超甜玉米杂交种，2004 年春季参加组合鉴定和所品比试验，2005 年参加浙江省甜玉米组区域试验，2006 年同时参加浙江省甜玉米区域试验和生产试验。该组合植株整齐，生长势强，果穗大，果形好，内含物较多，风味好，综合性状优良。

"浙甜 8 号"生育期春播（出苗至采收）93.4d，秋播 84d，与对照"超甜 3 号"相仿。"浙甜 8 号"株高 200 ～ 220cm，穗位高 65 ～ 80cm，单穗叶片数 18 ～ 20 片。幼苗长势强，叶鞘绿色，成株期叶色深绿，分蘖少，双穗率 5% ～ 8%，雄穗发达，花药黄色，花丝淡色，雌雄协调。果穗筒形，穗长 19.5cm，穗粗 4.8cm，穗行数 15.7 行，每行粒数 35.3 粒，单穗重 271.9g，千粒鲜重 312.9g。乳熟期籽粒乳白色，穗轴白色，籽粒排列整齐紧密，秃尖短。可溶性糖含量 7.92%，比对照品种"超甜 3 号"略低，感官品质、气味、风味、柔嫩性、果皮等均优于对照"超甜 3 号"。

## 二、栽培技术

为防止与其他品种串粉影响品质，应采取隔离种植。一般要求空间隔离不少于400m，时间隔离花期相差 15d 以上。春播要求气温稳定在 12℃ 以上，温床育苗和地膜覆盖均可提早播种。秋播应掌握吐丝授粉阶段平均气温不低于 20℃。浙江省适宜播种期，春播 3 月中旬至 4 月上旬；秋播在 6 月下旬至 8 月中旬。春播过早容易冻苗，秋播过迟则灌浆期过长影响品质和产量，按市场需要调节播期，岔开采收期，以达到高效栽培的目的。

春播在地温稳定在 12℃ 时，一般在 3 月底 4 月初播种。以育苗移栽为宜，秋播最迟可播到 8 月 10 日左右，5 月 15 日至 6 月 15 日一般不宜播种，播种量一般每 667m² 1kg。"浙甜 8 号"属大穗型品种，不宜太密，一般掌握在每 667m² 为 3 200 ～ 3 400 株。空间隔离，一般要求 300m 以上范围内不能种植其他类型玉米，或者花期错开 15d 以上。全季玉米每亩用氯化钾 10kg，过磷酸钙 50kg，尿素 35kg。磷、钾肥作基肥施用，尿素分基肥、苗肥、穗肥 3 次施用。基肥 30%，苗肥 4 ～ 5 叶时施用占 20%，穗肥在 10 ～ 12 叶时施用占尿素总用量 50%。

苗期主要防治地老虎和蝼蛄，用 50% 辛硫磷乳油 1 500 ～ 3 000mL/hm² 2 000 倍液浇根。玉米螟的防治用 90% 晶体敌百虫 1 500 ～ 2 000 倍液于玉米大喇叭口期灌心防治，或用 1% 增效杀虫双颗粒施入叶心防治。玉米大小斑病，用 50% 多菌灵 500 倍液防治。

春季一般在吐丝授粉后 20 ～ 22d 采收为宜，秋季一般在吐丝授粉后 24 ～ 28d 采收为宜。籽粒有光泽，此时采收最佳。

## 三、制种技术

制种田应选择隔离条件好，四周 500m 内无其他玉米种植，土壤肥力和排灌条件好。父母本行比 1∶4 为宜，在制种田边单独设置采粉区。春季制种播种期应在 3 月中旬前，育苗移栽。父、母本同期播种，隔 5d 播第二期父本；秋制时，第一期父母本应在 7 月 20 日前播种，隔 3d 播第二期父本。母本种植密度 48 000 株 /hm²。自交系长势弱，肥水管理必须及时，特别是苗期和抽雄吐丝期。母本要及时去雄，不留残株残花，不要将拔下的雄穗留在田间田边。授粉结束后，及时清除父本。母本要在完全成熟后收获，晒干后手工脱粒，并清除杂穗杂粒。

# 第三节　甜玉米"浙甜9号"的特征特性及栽培技术

## 一、选育过程

"浙甜9号"（原名"金银甜135"），是浙江省东阳玉米研究所以自选系"S114"为母本、以"S217"为父本，于2003年组配而成的甜玉米杂交种。母本"S114"系本所选自甜玉米品种"华珍"的二环系，在农艺性状、品质和产量性状等众多指标综合评价的基础上，经连续6代自交单株选择，筛选出配合力高、抗性强的穗行（命名为"S114"）；父本"S217"系本所选自日本引进的甜玉米"SAKATA"的二环系，连续9代自交单株选择，筛选出配合力最高的穗行（命名为"S217"）。2003—2004年参加浙江省东阳玉米研究所组合鉴定和品比试验，2005—2006年参加浙江省甜玉米组区域试验，2007年参加浙江省甜玉米生产试验。该组合植株整齐，生长势强，果穗大，果形好，内含物较多，风味好，综合性状优良。

## 二、产量表现

2003年春季参加所组合观察鉴定，鲜穗产量16 320kg/hm²，比对照"超甜3号"增产17.49%；2003年秋季、2004年春季继续参加组合观察鉴定，鲜穗产量分别为15 600kg/hm²、16 207kg/hm²，比对照"超甜3号"分别增产16.07%、15.8%。

2005年参加浙江省甜玉米组区域试验，7个试点平均产量13 941kg/hm²，比对照"超甜3号"增产14.63%；2006年参加省甜玉米区域试验，7个试点的平均产量12 004.5kg/hm²，比对照"超甜3号"增产8.74%；两年区域试验平均产量12 973.5kg/hm²，比对照增产11.7%。穗行数、鲜穗单穗重、行粒数、秃尖等性状在两年中都明显优于对照。2007年参加生产试验，平均产量13 206kg/hm²，比对照增产22.4%。

## 三、抗性

经省区域试验2005—2006年抗病性鉴定，抗玉米大斑病（3级），中抗玉米小斑病（5级）和茎腐病（3～5级），高感玉米螟（7～9级）。"浙甜9号"植株根系发达，茎秆粗壮，抗倒能力强，活秆成熟。

## 四、品种特征特性

"浙甜9号"属中早熟类型，浙中地区生育期（出苗至采收）春播85d，秋播75d，比"超甜3号"早熟3～5d。成株期长势强，叶色浓绿，株型半紧凑，株高180～200cm，穗位高50～65cm，雄穗发达，花粉量充足，雌雄花期协调。果穗长筒形，穗长 20～21cm，穗粗 4.8cm，秃尖长 1.5cm，穗行数 14～16 行，行粒数 35～40，单穗去苞鲜重 250～260g，千粒重 350g，乳熟期籽粒黄白相间，排列整齐、结实饱满、秃尖短、穗轴白色、出籽率 73.4%，蒸煮食味较好，商品性佳。

### 五、栽培技术要点

地温稳定在 12℃时春播，一般在 3 月底 4 月初播种。以育苗移栽为宜，秋播最迟可在 8 月 10 日前后。"浙甜 9 号"属大穗型品种，播种密度不宜太密，一般掌握在 48 000～51 000 株 /hm²。施用氯化钾 150kg/hm²，过磷酸钙 750kg/hm²，尿素 525kg/hm²。P、K 肥作基肥施用，尿素分基肥、苗肥、穗肥 3 次施用。苗期主要防治地老虎和蝼蛄，用 50% 辛硫磷乳油 1 500～3 000mL/hm² 2 000 倍液浇根。玉米螟的防治用 90% 晶体敌百虫 1 500～2 000 倍液于玉米大喇叭口期灌心防治，或用 1% 增效杀虫双颗粒施入叶心防治。春季一般在吐丝授粉后 20～22d 采收为宜，秋季一般在吐丝授粉后 24～28d 采收为宜，籽粒有光泽，此时采收最佳。

## 第四节　甜玉米"浙甜 11"的特征特性及栽培技术

### 一、选育及利用

"浙甜 11"是以"PE106-11"为母本，"sw3016-4"为父本组配而成的黄白粒超甜玉米杂交种。母本"PE106-11"是由从中国农业科学院引入的甜玉米低代系"05cPE02"和甜玉米杂交种"华珍"杂交后经多代自交获得，具有植株健壮，穗轴较硬，籽粒排列紧密，品质较好等优点。父本"sw3016-4"是从 2006 年浙江省甜玉米区域试验中杂交种"白甜糯 1 号"经穗行选择法多代自交获得的白色甜玉米自交系，具有一般配合力高，花粉量大、产量高等优点。

2010 年秋季组配组合，冬季在海南省进行组合鉴定，表现为高产，果穗外观性状佳，品质优良。

2011 年春季参加浙江省东阳玉米研究所新组合品比试验，平均鲜穗产量 15 465.15kg/hm²，比对照"超甜 4 号"增产 14.5%。2012 年和 2013 年参加浙江省甜玉米区域试验，平均鲜穗产量 15 537kg/hm² 和 11 583kg/hm²，比对照"超甜 4 号"增产 16.5% 和 0.2%。2014 年参加浙江省甜玉米生产试验，平均鲜穗产量 12 841.5kg/hm²，比对照"超甜 4 号"增产 10.2%。2015 年 5 月通过浙江省农作物品种审定委员会审定，2015 年 6 月 19 日经浙江省农业农村厅组织专家现场测产，鲜穗产量达到 207 432.3kg/hm²，创造了浙江省春季甜玉米高产纪录。

## 二、品种特征特性

中晚熟鲜食型超甜玉米杂交种。浙中地区生育期（出苗至采收）春播85d左右，秋播82d左右。出苗快而整齐，幼苗健壮，长势好，叶鞘绿色，成株期生长势强，叶色淡绿，植株半紧凑，株高210～220cm，穗位高80～85cm，雄穗花粉量足，雌雄花期协调。果穗长筒形，穗长20.1～21.5cm，穗粗4.6～5.0cm，穗行数14～16行，行粒数35.2～38.4粒，单穗去苞鲜重280～320g，乳熟期籽粒黄白相间，排列整齐、结实饱满、秃尖短、穗轴白色，品质较好。

## 三、栽培技术要点

抗逆性强，适应范围广。浙江春玉米适宜播种期为3月下旬至4月上中旬，秋玉米适宜播种期为7月中下旬至8月10日。宜采用营养钵育苗，在2～3叶期移栽定植，强调带土移植。一般种植密度45 000～49 500株/hm² 为宜，结合中耕除草进行培土，防止倒伏。可采用宽窄行种植，宽行60cm左右，窄行35cm左右。加强前期的肥水管理，增施穗肥，减小秃尖。全生育期施N 240kg/hm²，N、P、K配合使用，一般在7～8片叶前施入总肥量的40%～50%，在大喇叭期施入总肥量的50%～60%，追肥后或遇旱时要浇水，尤其要浇好灌浆水。种子应采用药剂拌种，预防地下害虫并促根系早发，玉米播种后及时喷玉米专用除草剂防治杂草。苗期应防治蓟马、地老虎、粗缩病等病虫害，大喇叭口期用康宽等高效低毒农药防治玉米螟；在高温高湿条件下，7～8片叶时注意防治纹枯病。

# 第五节　糯玉米"浙糯玉2号"的特征特性及栽培技术

## 一、选育及利用

"浙糯玉2号"（原名"黄糯135"）是浙江省东阳玉米研究所于2002年秋以"W41"为母本，"W04"为父本组配而成的高产黄色糯玉米新品种，于2007年10月通过浙江省农作物品种审定委员会审定。亲本来源：母本"W41"系浙江省东阳玉米研究所选自普通黄玉米自交系"齐401"的糯质同型系，父本"W04"系浙江省东阳玉米研究所1999年引自中国农业科学院"黄糯4"低代系，经连续多代自交而成。

"浙糯玉2号"于2002年秋季组配，2003年春季参加本所内糯玉米新组合观察鉴定，鲜穗平均产量824kg/667m²，比对照"苏玉糯1号"（平均产量716kg/667m²）增产15.50%；2003年秋季所内品比试验，平均鲜穗产量

776kg/667m$^2$，比对照"苏玉糯 1 号"（平均产量 692kg/667m$^2$）增产 12.14%。2004 年参加浙江省特种玉米区域试验，7 个点平均产量 666.1kg/667m$^2$，比对照"苏玉糯 1 号"减产 1.7%；2005 年浙江省特种玉米区域试验，7 个点平均产量 805.0kg/667m$^2$，比对照"苏玉糯 1 号"增产 11.69%，达极显著水平；2006 年浙江省特种玉米区域试验，7 个点平均产量 698.3kg/667m$^2$，比对照"苏玉糯 1 号"增产 11.34%。

"浙糯玉 2 号"出苗快而整齐，幼苗健壮，长势好，叶鞘紫色，成株期生长势强，叶色浓绿，植株株型半紧凑，株高 180～200cm，穗位高 50～60cm，叶片数 17 片，果穗叶位第 12 叶。雄穗发达，分枝多，花药黄色，花粉量充足，雌穗花丝浅紫色，雌雄花期协调。

"浙糯玉 2 号"属中早熟类型，浙中地区生育期（出苗至采收）春播 85d，秋播 75d，比"苏玉糯 1 号"早 3～4d，需活动积温 2 100℃左右。

经 2004—2006 年抗病性鉴定，中抗玉米大斑病（3～5 级），感玉米小斑病（5～7 级），高感玉米茎腐病（5～9 级）和玉米螟（9 级）。

果穗长筒形，穗轴白色，穗长 18cm，穗粗 4.8cm，秃尖长 1.5cm，穗行数 16 行，行粒数 31，单穗去苞鲜重 210～230g，千粒重 315g，直链淀粉含量 3.3%，出籽率 71.6%。乳熟期籽粒黄色，排列整齐，结实饱满，糯性与对照相仿，皮较薄，蒸煮食味好，商品性佳。

## 二、栽培技术

"浙糯玉 2 号"与普通玉米或其他类型玉米混栽当代改变糯性，降低品质，故要求与其他类型玉米隔离种植。隔离可采用空间隔离和时间隔离，前者要求相距 300m 以上，后者要求花期相差 15d 以上。

春季露地栽培要求土温稳定在 10℃，作为当地起播时间，浙中地区春播一般 3 月下旬；秋播 6 月下旬至 8 月上旬。采用地膜栽培的，播期可相应提早 10～20d，双膜栽培的播期可提早 20～30d。亩用种量 0.5～0.75kg。提倡育苗移栽，2 叶 1 心小苗带土移栽，以确保成苗率。

种植密度一般每公顷 60 000 株。密度太低、基本穗数不足达不到高产目的；密度过大，穗子变小，秃尖增大，也不利于提高产量，影响商品外观。

施肥种类和数量可参照普通玉米，注意 N、P、K 肥的合理搭配。由于"浙糯玉 2 号"采收期比普通玉米早 10～20d，故穗肥应提早 1～2 个叶龄施用，即在适施基肥、早施苗肥的基础上，在可见叶 12 叶时重施穗肥。

苗期地下害虫可选用 50% 辛硫磷乳油 1 000 倍液适量浇根；大喇叭口期重点防治玉米螟，可选用 Bt 乳剂 800 倍，或 1.5% 蔬丹可湿性粉剂 50g，对水 50kg 灌心。严禁使用剧毒和残效期长的农药，以保证食用安全。

采收期当否与产量、质量密切相关。适期采收，才会糯性高、种皮薄、风味好，因此适期采收是保证鲜食糯玉米品质的关键一环。一般春播吐丝后 18～20d，秋播吐丝后 20～22d，果穗花丝呈黑褐色即可采收。采收时应连苞叶一起采下，并尽量减少流通环节，迅速上市，以增加保鲜度。

### 三、制种技术

应选择土质肥沃、排灌方便、旱涝保收的隔离区制种，要求 300～400m 内不得种植其他任何玉米。

浙中地区春播一般在 3 月底至 4 月初播种，秋播在 7 月 23 日以前。父母本错期播种，先播母本，待母本出苗后播 1 期父本（70%），过 5d 后再播第 2 期父本（占 30%）。父母本行比采用 2:0，种植密度 4 500 株 /667m$^2$。

制种田要求亩施纯 N 15kg，施足基肥、适施苗肥、重施穗肥，注意 N、P、K 和有机肥的配合施用，适时中耕除草。

制种田严格去杂去劣：苗期和拔节期，应遵照亲本特征彻底干净地拔除杂株和劣株，在母本刚抽雄时，逐株去除雄穗，带出田外妥善处理，不留残株、残枝和残花。

在母本吐丝期要进行人工辅助授粉，以提高结实率，增加制种产量，母本授粉结束后，将父本全部割除。收获的母本果穗进行穗选，并单晒、单脱、单收，以确保种子质量。

# 第六节　糯玉米"浙糯玉 3 号"的特征特性及栽培技术

## 一、特征特性

该品种生育期春播（出苗至采收鲜果穗）87.2d，比对照"苏玉糯 1 号"短 4d，需活动积温 2 100℃左右，早熟性好。植株株型紧凑，叶片挺拔，叶鞘绿色，雄穗发达，花药黄色，花粉量充足，雌穗花丝淡红色，花期协调。平均株高 177.4cm，穗位高 57.1cm，双穗率 9.7%，空秆率 0.3%，倒伏率 5.2%，倒折率 2.9%。果穗长筒形，穗长 21.3cm，穗粗 4.8cm，秃尖长 1.7cm，穗行数 14.2 行，行粒数 33.5 粒，千粒重 358.4g，单穗重 247.5g。穗轴白色，籽粒黄白相间，排列整齐紧密，苞叶较短。直链淀粉含量 3.1%，风味略逊于对照"苏玉糯 1 号"，糯性与对照相仿，皮较薄。经浙江省东阳玉米研究所抗病虫性鉴定，中抗大、小斑病、茎腐病，高感玉米螟。

## 二、栽培技术

浙中地区春玉米一般在 3 月下旬和 4 月上旬（气温稳定在 12℃以上）开始播种，秋播在 6 月下旬至 8 月上旬。春播过早容易冻苗，而秋播过迟则灌浆期过长而影响品质和产量。

由于该品种出苗率好，生长势强，种子直播每穴 2 粒即可，种植密度 55 000 ～ 65 000 株 /hm²，适当密植可提高产量，但密度不宜过高，否则将影响玉米的商品性状。建议采用地膜覆盖，隔离种植。

施足基肥，基肥能改善土壤结构，熟化耕层，增加耕作层中养分，有利于幼苗生长发育。建议在施足 N、P、K 肥的基础上，每 667m² 加施有机肥 1 000kg 以上，可有效提高玉米产量和品质。早施苗肥，苗肥可按苗情酌量浇施。重施穗肥，穗肥对产量的影响很大，应在玉米抽雄前 10d 左右，接近喇叭口期追施，施肥不宜离根系太近，一般在距离玉米根 6 ～ 10cm 穴施或沟施，注意 N、P、K 的合理搭配。

玉米病虫害防治应坚持"预防为主，综合防治"的方针适时防治。加强病虫害的预测预报，避免病虫害的大范围发生。浙中地区地下害虫主要有地老虎、蝼蛄等，尤以地老虎最为严重，可选用 50% 辛硫磷乳油 1 000 倍液酌量浇根。大喇叭口期重点防治玉米螟，可用 Bt 乳剂 800 倍液灌心。严禁采用剧毒和残效期长的农药，采收前一星期内禁止用药，以保证食用安全。

采收期是否得当直接影响玉米产量和品质。只有适时采收才能使糯玉米果穗糯性好，风味更佳。一般果穗花丝萎蔫成黄褐色时便可连同苞叶一起采收。

# 第七节　糯玉米"黑甜糯 168"的特征特性及栽培技术

## 一、特征特性

据浙江省糯玉米品种区域试验和生产试验结果，"黑甜糯 168"生育期（出苗至采收鲜穗）83.7d，比对照品种"美玉 8 号"短 4.3d；株高 203.1cm，穗位高 76.1cm，双穗率 15.8%，空秆率 0.8%，倒伏率 1.1%，穗长 21.1cm，穗粗 4.9cm，果穗筒形，穗行数 17.3 行，行粒数 34.2 粒，籽粒黑紫色，糯：甜 = 3：1；单穗鲜重 247.8g，净穗率 72.2%，鲜籽千粒重 287.2g，出籽率 63.1%。抗小斑病，感大斑病和纹枯病，高感茎腐病和玉米螟，直链淀粉含量 1.9%，"黑甜糯 168" 籽粒中花青素含量 342.2mg/kg。在浙江省糯玉米品种区域试验中，"黑甜糯 168" 感官品质、蒸煮品质综合评分为 84.3 分，与对照品种相仿。

### 二、栽培技术

为保证新鲜果穗品质，应与其他类型的玉米（甜玉米、饲料玉米）隔离种植，防止飞花窜粉影响果穗品质。可采用时间隔离、空间隔离或障碍物隔离。时间隔离是采用岔期播种的方法，使 "黑甜糯 168" 与其他玉米的花期岔开 15d 以上；空间隔离要求在 "黑甜糯 168" 的种植田周边 300m 内无其他类型的玉米；障碍物隔离则是利用山坡、林带或围墙等进行隔离。

浙江省春玉米露地栽培适宜播种期为 3 月下旬至 4 月中上旬，秋玉米适宜播种期为 7 月中下旬至 8 月上旬。春玉米早春设施（大棚 + 小拱棚）栽培可采用塑盘育苗、乳苗（2 叶 1 心）移栽技术，于 1 月中旬至 2 月上旬播种，小拱棚 + 地膜覆盖栽培可于 2 月中旬至 3 月上旬播种，地膜直播方式可于 3 月中旬播种。建议分批播种，分批采收上市，以延长市场鲜穗供应，提高种植经济效益。

"黑甜糯 168" 植株略矮，株型半紧凑，可合理密植，一般每 667m² 种植 3 500 株左右；与鲜食大豆或甘薯等作物间套作，应适当降低玉米种植密度。

为提高 "黑甜糯 168" 果穗的外观品质和品尝品质，肥料施用时应适量增施有机肥，N、P、K 配合施用，全生育期每 667m² 施肥水平折 N 20kg、$P_2O_5$ 10kg、$K_2O$ 15kg。施肥时应掌握施足基肥、轻施苗肥、重施穗肥的原则，P、K 肥和有机肥作为基肥施用，N 肥中基肥、苗肥和穗肥分别占 35%、15% 和 50%，在大喇叭口后期（10 叶期左右）、开花即将抽出前追施穗肥，同时进行中耕培土防止倒伏。根据天气状况、土壤墒情和植株长势情况科学灌排水。

浙江春季雨水较多，秋季干旱，玉米苗期怕涝，一般建议起垄种植便于排灌水。抽雄后的灌浆期需水量大，应保持田间适宜的土壤水分。

# 第八节 糯玉米"浙糯玉16号"的特征特性及栽培技术

"浙糯玉16号"平均鲜穗产量（带苞叶，下同）为1 089.9kg/667m²，比对照"美玉8号"增产33.4%；2014年参加浙江省东阳玉米所组织的品种稳定性试验，平均产量1 025.7kg/667m²，比对照"美玉8号"增产38.8%，达极显著水平。2015年参加浙江省旱粮育种专项鲜食玉米联合鉴定，在衢州、勿忘农、东阳、杭州良种引进公司、宁波5个点平均产量897.8kg/667m²，比对照"美玉8号"增产4.6%，位居9个参试品种的第1位。2016年浙江省糯玉米品种区域试验平均鲜穗产量964.1kg/667m²，比对照"浙糯玉5号"增产11.0%，达极显著水平；2017年浙江省糯玉米品种区域试验平均鲜穗产量887.0kg/667m²，比对照"浙糯玉5号"增产11.6%，达显著水平；两年平均鲜穗产量925.5kg/667m²，比对照增产11.3%；2017年省糯玉米生产试验平均鲜穗产量907.9kg/667m²，比对照增产5.6%。

2018年秋季在浙江省东阳市城东街道李宅村玉米基地进行高产创建，采用基质穴盘育苗、小苗带土移栽、施足基肥、浇施苗肥、以旱蹲苗、大喇叭口期重追穗肥，以及病虫害防治前移等技术措施，10月31日浙江省农业农村厅组织专家现场实收测产，产量达1 276.15kg/667m²，创造了浙江省秋季糯玉米"浙江农业之最"高产纪录。

## 一、特征特性

据浙江省糯玉米区域试验和生产试验结果，生育期（出苗至采收鲜穗）88.3d，株型紧凑，叶色淡绿，株高263.6cm，穗位高128.2cm，双穗率11.9%，空秆率0.8%，倒伏率3.7%，倒折率0.1%；果穗大，锥形，籽粒白色，排列整齐，穗长19.9cm，穗粗5cm，穗行数16.2行，行粒数36.8粒；单穗鲜重253g，净穗率70.8%，鲜千粒重294.4g，出籽率64.8%。经浙江省东阳玉米研究所抗病性鉴定，高感小斑病，中抗大斑病，高抗茎腐病，中抗纹枯病。

经农业农村部稻米及其制品质量监督检验测试中心（杭州）和扬州大学检测，"浙糯玉16号"直链淀粉含量2.6%；2016—2017对果穗感官品质、蒸煮品质综合评分86.3分，比对照"浙糯玉5号"高1.3分（表5-1）；外观果穗大、籽粒排列整齐，颜色纯白，蒸煮口感表现香、糯，皮薄、柔嫩性好，风味佳。2018年6月在浙江省鲜食玉米品鉴大会上，从84个糯玉米品种中，评选出5个"食味品质金奖品种"，"浙糯玉16号"名列其中。

表 5-1　浙江省糯玉米品种区域试验"浙糯玉 16 号"品尝品质评分结果

| 年份 | 品种名称 | 感官品质 | 蒸煮品质 | | | | | | 总评分 | 直链淀粉 /% |
|---|---|---|---|---|---|---|---|---|---|---|
| | | | 气味 | 色泽 | 风味 | 糯性 | 柔嫩性 | 皮薄厚 | | |
| 2016 | "浙糯玉 16 号" | 25.7 | 6.1 | 6.5 | 8.6 | 15.9 | 8.7 | 16.0 | 87.5 | 2.6 |
| | "浙糯玉 5 号" | 26.0 | 6.0 | 6.0 | 8.7 | 15.5 | 8.8 | 15.4 | 86.4 | 2.4 |
| 2017 | "浙糯玉 16 号" | 26.5 | 5.8 | 13.9 | 15.4 | 8.2 | 15.5 | 58.7 | 85.2 | 3.6 |
| | "浙糯玉 5 号" | 26.0 | 6.0 | 14.0 | 16.0 | 8.0 | 15.0 | 59.0 | 85.0 | 2.7 |

注：评分标准为感官品质 18 ～ 30 分，气味 4 ～ 7 分，色泽 4 ～ 7 分，风味 7 ～ 10 分，糯性 10 ～ 18 分，柔嫩性 7 ～ 10 分，皮薄厚 10 ～ 18 分。

## 二、栽培要点

"浙糯玉 16 号"在浙江省适宜春播和秋播种植，春季大田露地播种要求地温稳定在 12℃，一般在 3 月中旬至 4 月上中旬，秋玉米适宜播期在 7 月上旬至 8 月上旬，若采用大棚、小拱棚或地膜覆盖时，播种期可适当提前。种子最好采用 600g/L 吡虫啉悬浮种衣剂或 30% 噻虫嗪悬浮种衣剂等种衣剂包衣，可降低玉米苗期苗枯病和地下害虫为害发生，以确保苗齐、苗全、苗壮。若采用育苗移栽，苗龄应掌握在 3 叶 1 心期，最迟不能超过 28d，且带土移栽。为长周期供应鲜果穗，满足市场需求，建议分批播种，分批采收上市，降低种植风险，提高种植经济效益。

"浙糯玉 16 号"为高秆大穗型品种，视土壤肥力状况合理密植，适宜密度为 3 000 ～ 3 300 株 /667m²，若与鲜食毛豆、甘薯等作物间作可适当降低密度。

"浙糯玉 16 号"喜肥水，根据其生长发育特点采取施足基肥、早施苗肥、重追穗肥的原则，全生育期 667m² 施肥水平：纯 N 20kg、$P_2O_5$ 10kg、$K_2O$ 15kg，磷、钾肥和有机肥作为基肥施用，氮肥中基肥、苗肥和穗肥分别占 30%、20%、50%。追肥方法应开沟条施或穴施，不宜表面撒施。苗期相对耐旱，可适当蹲苗，吐丝灌浆期是玉米一生中生长需水分的关键时期，遇干旱要及时灌水，可提高产量和品质。

在播种后喷乙草胺封闭杂草，出苗后可选用玉米专用除草剂，如含硝磺草酮和莠去津成分的除草剂。全生育期病虫害主要为小斑病、纹枯病、南方锈病、玉米螟和蚜虫，在玉米喇叭口期（8 ～ 10 叶期），将杀虫剂和杀菌剂一次性施用，达到控制玉米螟和前移防治后期病害的目的。杀虫剂可选择以氯虫苯甲酰胺、氟苯虫酰胺、甲维盐、虫酰肼等为主要成分药剂，后期蚜虫发生较重区域可添加烯啶虫胺、吡蚜酮、吡虫啉等成分药剂；杀菌剂可选择含嘧菌酯、苯醚甲环唑、吡唑醚菌酯、丙环唑为主要成分药剂。

根据"浙糯玉 16 号"授粉天数、花丝的颜色合理确定采收期，一般为春季授粉后 22 ~ 25d，秋季授粉后 25 ~ 28d，此时果穗花丝变深褐色，顶端籽粒饱满且呈乳白色，采收时避开高温，应在早晨或傍晚采收。采收后应及时上市销售或加工处理，以免影响果穗品质。

# 第六章　浙江省玉米主推技术

## 第一节　春季鲜食玉米、大豆分带间作秋季番薯轮作技术

为了提高土地利用率，增加单位土地面积复种指数，采用鲜食玉米、大豆带状复合间作种植模式（图6-1、图6-2）。主要种植时间：春季玉米于3月下旬至4月上旬直播或移栽（提前2周左右育苗），大豆同时直播下种，春季用地膜覆盖后播种（或移栽）可促苗防草，提前收获增加经济收益。玉米鲜穗、大豆鲜荚于6月底至7月初收获上市。收获后尽早清除田间玉米、大豆秸秆，有条件的地方可以粉碎还田。秋季7月下旬至8月上旬改种番薯。鲜食玉米应选择植株较矮，株型紧凑，生育期较短的品种。鲜食大豆应选择耐荫性较强，生育期较短的品种。玉米、大豆行比以2:2(3)为宜，即两行玉米间隔两三行大豆，玉米每畦种2行（起畦种植时的畦宽1.3～1.5m），小行距0.3～0.4m，大行距1.3～1.5m，株距20～25cm，密度2 000～2 500株/$667m^2$（耐密性不同的品种可适当增加或者减少密度）。大豆每畦种2～3行，行株距均为20cm左右，每穴留苗3株，密度7 500～8 000株/$667m^2$。秋季番薯选用"心香""浙薯13"等品种，起垄栽培，单行垄距70～80cm，垄高30cm，大垄1.4cm，垄高40cm，双行种植，适宜密度4 500～5 500株/$667m^2$，水平栽，3～4个节位入土。

图6-1　玉米大豆番薯

图 6-2　玉米大豆间套作

# 第二节　水果甜玉米促早高效栽培技术

针对甜玉米上市期过于集中、效益不稳等问题，采用地膜、小拱棚和大棚等设施开展水果甜玉米促早高效栽培。

## 一、选用优质早熟品种

一般要选用甜度高，皮薄渣少，果穗大小均匀一致，植株高度适中，生育期在 75～80d，品质好，且适应当地消费习惯的优良品种。比如黄白双色甜玉米品种"金银 208"和白色品种"雪甜 7401"。

## 二、育苗

早春甜玉米促早生产，多采用基质穴盘育苗方式。播种前 1～2d，选择晴天晾晒种子 2～3h，可增强酶的活力，显著提高发芽率，提早 1～2d 出苗。浙江省内大棚＋小拱棚和地膜覆盖促早栽培在 1 月中旬至 2 月上旬播种，小拱棚＋地膜覆盖栽培 2 月中下旬播种，仅地膜覆盖栽培在 3 月上旬播种。可采用分批播种，以延长供应期。应选择疏松、保肥水的蔬菜专用育苗基质，选用 50 或 72 孔的塑料穴盘，每穴播 1 粒，上面覆盖基质 0.5～1.0cm 厚，浇透水。当苗床温度低于 10℃时，在大棚内宜搭小拱棚或在大棚膜外覆盖保温材料，当苗床 5cm 深地温低于 8℃时，应用电热辅助增温；当棚内温度高于 30℃时需揭膜通风，先打开大棚前后膜和侧膜，后揭小拱棚侧膜，最后整个小拱棚撤膜；移栽前 3～4d，白天揭开前后膜和侧膜，晚上盖上，通风炼苗。

## 三、移栽

整地前 $667m^2$ 撒施商品有机肥 $1\,000 \sim 2\,000$kg，深耕 $20 \sim 25$cm、细耙，起畦，畦宽 $100 \sim 120$cm，沟宽 $20 \sim 30$cm，在畦中间开沟每 $667m^2$ 施三元复合肥（N：P：K $= 16$：$16$：$16$，下同）50kg，并盖好地膜。当苗龄 $22 \sim 25$d、3 叶 1 心时，选择晴天移栽，每畦 2 行，大棚促早栽培每 $667m^2$ 移栽 $2\,800 \sim 3\,200$ 株，其他栽培方式每 $667m^2$ 种植 $3\,200 \sim 3\,500$ 株。移栽后浇定植水，定植水不可浇多。

## 四、田间管理

移栽的苗成活后，苗龄在 $4 \sim 5$ 叶时每 $667m^2$ 用 5kg 尿素溶于水浇施苗肥。在 $6 \sim 8$ 叶时，及时去除所有分蘖。穗肥在 $8 \sim 10$ 叶（喇叭口期）每 $667m^2$ 施用 $20 \sim 25$kg 尿素，地膜覆盖的田块施肥时，在株间打洞，施肥后覆土。促早大棚栽培由于棚内通风不良且无昆虫自然传粉，吐丝阶段需在 9：00—11：00 进行人工辅助授粉，以提高果穗商品品质和产量。两个人在大棚的两头沿甜玉米垄间拉一根绳子，绳子在植株的开花部分摇动植株，使得花粉飞扬，促进授粉。春季促早栽培病虫害发生较轻，主要病虫害为玉米纹枯病、小斑病、玉米螟和蚜虫等，应预防为主，综合防治。

## 五、适时采收

在吐丝后 $20 \sim 25$d 采收，应结合外观做到分批采收（图 6-3）。此时果穗花丝变深褐色，籽粒充分膨大饱满、色泽鲜亮，压挤时呈乳浆。采收时应连苞叶一起采收，采收后宜摊放在阴凉通风处，尽快上市，以保证果穗品质和口感。

图 6-3　促早高效栽培

# 第三节　中药材（元胡、贝母）套种甜玉米高效栽培技术

该模式充分利用浙江的丘陵地，一年三作，对光能和土地的利用率高，效益好（图6-4）。中药材（元胡、贝母）于10月播种，第二年5月收获；甜玉米采用分批播种育苗，分批上市，以减轻货源过于集中上市带来的市场销售风险，于4月中下旬套种于贝母畦边，7月上中旬收获。甜玉米收获前（6月上旬）小番薯套种于玉米行间，9月收获；或甜玉米收获后改种秋大豆，10月收获。收获后再种植中药材，示范推广效益显著。

图 6-4　中药材套种甜玉米

# 第四节　鲜食玉米—晚稻"水旱轮作"绿色高效栽培技术

针对单一作物连作后土壤板结、病虫害严重、肥料利用率低等问题，一改以前的传统种植模式，实行鲜食玉米—晚稻的"水旱轮作"种植模式（图6-5），鲜食玉米和水稻秸秆均全量还田，可明显改善土壤结构，减少化肥农药施用量，提高土地利用效率，稳定粮食面积和产量，增加农业收入。主要技术要点如下。

图6-5　鲜食玉米—晚稻"水旱轮作"绿色高效栽培技术

## 一、鲜食玉米绿色高效栽培技术

### 1. 品种选择

一般要选用品质好，果穗大小均匀一致，植株高度适中，且适应当地消费习惯的鲜食玉米品种。如甜玉米"雪甜7401""金银208""浙甜11"；糯玉米"浙糯玉16""美玉7号""浙风糯3号"等生育期在75～85d的中早熟优质品种。

### 2. 育苗

鲜食玉米在2月上中旬穴盘育苗，若采用温室大棚或小拱棚等保温措施，可适当提前育苗，加强苗床管理，注意冻害和高温烫伤苗，苗龄在22～25d或3叶1心时进行移栽，移栽前3～5d进行揭膜炼苗。

### 3. 移栽和田间管理

整地前每667m$^2$撒施商品有机肥1 000～2 000kg，深耕起畦，畦宽100～120cm，沟宽20～30cm，在畦中间开沟每亩施三元复合肥（N∶P∶K=16∶16∶16，下同）50kg，并盖好地膜。移栽密度每667m$^2$种植3 200～3 500株，移栽后浇定植水，苗成活后，在4～5叶时每亩用5kg尿素溶于水浇施苗肥，穗肥在8～10叶（喇叭口期）每667m$^2$施用20～25kg尿素，地膜覆盖的田块施肥时，在株间打洞，施肥后覆土。在 6 ～ 8 叶期视病虫害发生情况可喷施 25% 嘧菌酯悬浮液 1 500 倍液和和 20% 氯虫苯甲酰胺悬浮剂 3 000 倍液防治玉米螟、小斑病及纹枯病，在蚜虫发生初期应及时喷施 25% 噻虫嗪 5 000 倍液防治蚜虫。

4. 适时采收

在吐丝后 20 ～ 25d 采收，应结合外观做到分批采收，采收期一般在 6 月上中旬。采收时应连苞叶一起采收，采收后宜摊放在阴凉通风处，尽快上市，以保证果穗品质和口感。

## 二、晚稻绿色高效栽培技术

1. 选用良种

宜选择穗型较大、分蘖力中等、抗倒性较强的中早熟水稻品种，如"甬优 1540""甬优 15""浙优 18""中浙优 8 号""华浙优 1 号"等。

2. 施足基肥和整地

鲜食玉米采收后，秸秆粉碎全量还田，每 $667m^2$ 再施三元复合肥 15kg，耕、耙、耖整平田面，要求田面整平，按畦宽 3 ～ 4m 留好操作沟，开好田中"十"字形丰产沟和四周围沟。

3. 浸种消毒

一般每 $667m^2$ 用种量 0.75 ～ 1.0kg，播种前选择晴天均匀摊薄晾晒 1 ～ 2d，采用 1.5% 二硫氰基甲烷（的确灵）1 小包对水 1.5kg 浸种，浸种 1 ～ 2d 后催芽，种子破胸露白时每千克种子用 10% 吡虫啉可湿粉剂 15g 对水 50g 均匀拌种，防治灰飞虱等刺吸式口器害虫；发叉后摊开炼芽，芽谷晾干爽，以利播种均匀。

4. 大田播种

一般应在 6 月 25 日前，大田撒播，播种前将芽谷用"35% 丁硫克百威"干拌种剂每 $667m^2$30 g 拌稻种，防鼠雀取食。分畦定量播种，均匀撒播。

5. 苗期管理

播种到现青，土壤保持湿润，表土发干时灌跑马水，3 叶前湿润管理，以旱为主，通气增氧促长根，3 叶后建立浅水层促分蘖发生。2 叶 1 心时，施好断奶肥，亩施尿素 7.5kg。化学除草，一般在大田翻耕播种前 10d、大田耕耙时、播种后 2 ～ 4d 和秧苗 3 叶 1 心后杂草出齐至 3 ～ 4 叶期，根据草害发生情况进行除草。

6. 大田管理

2 叶 1 心前上穿畦水或平沟水，4 叶期后田间灌浅层水促分蘖，6 叶前以浅水管理为主，促进分蘖早生快发。直播后55d的田块无论苗数多少都必须放水搁田（苗足时间早的要早搁）。搁田采取多次搁的方法，并由轻到重搁。在3～4叶期每667m$^2$施三元复合肥6～8kg，在5～6叶期（分蘖）亩施三元复合肥5～7kg；在圆秆拔节期（倒3叶抽出时）亩施复合肥10～15kg；在始穗、齐穗期结合防病治虫，每667m$^2$施用"喷施宝"等叶面肥1～2次进行根外施肥。重点防治好二化螟、稻纵卷叶螟、稻飞虱、纹枯病和稻曲病，根据当地病虫预报及时用药防治。

7. 适时收获

当水稻95%以上谷粒黄熟时进行机械收割，切忌断水和收获过早，以免影响结实率、千粒重和稻米品质。

# 第五节　甜玉米"一畦二行"机栽技术

针对甜玉米直接播种发芽率低、芽势弱和种子价格高等问题，采用移栽机械和与之相适应的甜玉米育苗技术（图6-6），为浙江地区甜玉米种植提供更省工省时，效率更高的技术方案，可全面示范推广。主要技术要点如下。

图 6-6　甜玉米"一畦二行"机栽技术

## 一、设备及材料选择

移栽机：采用2行蔬菜栽植机，如井关（中国）有限公司的蔬菜移栽机等；育苗盘：常规128孔蔬菜育苗盘；育苗基质：常规蔬菜育苗基质。注意：基质吸水性要好，要有一定的结团特性，起苗后不易松散。

## 二、操作方法

### 1. 土地选择及耕整地

需选择适合玉米生长的优质壤土，土面平整，土质好，松散易耕，移栽前必须开沟做畦，畦沟宽 1.2 ～ 1.5m，以 1.3m 左右为佳，沟深 15 ～ 20cm，畦面越平整移栽效果越好。也可以覆盖地膜后移栽，机械破孔小，无须人工封孔就能较好保温，更适合设施膜下水肥一体化滴管操作。

### 2. 育苗及苗床管理

将基质注入 128 孔蔬菜育苗盘，基质需提前拌水湿润，而后播种，盖上基质，出苗前保持苗床湿润，防止过干或者过湿引起的不出苗或烂种，出苗后控制好温度，防止低温冷害或高温烧苗。

### 3. 移栽

选择土壤墒情好的时候移栽，畦面不板结，畦沟不积水，适合机械下地操作。需根据种植密度事先调节好机器轮距、栽苗行距和株距。移栽玉米苗龄在 2 叶 1 心至 3 叶 1 心期为佳，最多不超过 4 叶期，否则容易影响移栽效果。操作者需按照移栽机操作手册要求合理操作机械。

# 第六节　甜玉米乳苗移栽技术

针对甜玉米出苗差，苗势弱，种子价格高等问题，采用穴盘育苗，乳苗移栽，可以节约种子用量，减少成本，进一步提高移栽成活率，保证苗全、苗匀、苗壮。主要技术要点如下。

## 一、种子准备

选用优质高产甜玉米品种，播种前 1 ～ 2d，选择晴天晾晒种子 2 ～ 3h，可增强酶的活力，显著提高发芽率，提早 1 ～ 2d 出苗。

## 二、苗床育苗

将苗床地弄平整或上面撒一层细土，选用 50 或 72 孔的塑料穴盘或单个的育苗杯，选择疏松、保肥水的蔬菜专用育苗基质，把软盘内的小孔填至2/3，并用水泼透，每穴播 1 粒，用基质盖种，并填满小孔，上面覆盖基质 0.5 ～ 1.0cm 厚，确保塑料软盘底部和四边与土壤充分接触，再用水喷湿软盘表面的基质。平盖一层膜，立即搭小拱盖膜，压严地膜四周，保温保湿。

### 三、苗床管理

播种后，育苗期间应保持苗床的土壤湿润，床内温度以 20 ～ 25℃为宜，超过 30℃时，需揭膜通风，先打开大棚前后膜和侧膜，后揭小拱棚侧膜，最后整个小拱棚撤膜；当地温低于 8℃时，应用电热辅助增温。

### 四、乳苗移栽

玉米苗在 1 叶 1 心至 2 叶 1 心移栽，最好地膜覆盖栽培。移栽前 3 ～ 4d，白天揭开前后膜和侧膜，晚上盖上，通风炼苗，栽前喷水出苗，以达到带土移栽效果（图 6-7）。

图 6-7　乳苗移栽

# 第七节　鲜食玉米"一基一追"施肥技术

浙江省鲜食玉米种植过程中，常规的施肥方式主要有 2 种类型：一种是露地大田，主要施肥量过大，撒施外加多次施用，肥料流失多，利用率低；另一种是大棚种植，早播拱棚覆地膜后移栽为主的栽培模式，主要施肥次数多，苗前、苗期、拔节期、灌浆期等多次施用，操作烦琐，费工费时。本技术采用"一基一追"施肥模式(图6-8),优化选择肥料类型和施用方法,能够提高肥料利用率,节肥省工,减少水体富营养化污染,同时满足鲜食玉米高产要求。技术要点如下。

图6-8 "一基一追"施肥

## 一、肥料选择

主要的应用肥料类型有3种,即商品有机肥、三元复合肥和尿素,商品有机肥为符合正规生产标准的有机肥,要求腐熟充分、有机物含量足、不添加其他元素化肥;三元复合肥为等比例复合肥(如 N:P:K = 17:17:17),选择造粒结构好,肥效长的肥料种类;尿素选择普通商品肥尿素即可。

## 二、施用方法及用量

1. 底肥(基肥)

施用商品有机肥 + 复合肥,前者可参考商品有机肥推荐用量,一般每 667m² 施用 100 ~ 150kg,复合肥(N:P:K = 17:17:17)每 667m² 施用 40 ~ 50kg。商品有机肥于耕整地前均匀撒施,复合肥于播种行间沟施,施肥深度 10 ~ 15cm 为最佳。

2. 追肥

施用尿素,每亩 15 ~ 20kg,在玉米拔节期施用,行间沟施或株间穴施,施肥深度 10cm 左右。

肥料施用量可以在推荐用量范围内根据种植地块肥力条件进行适当调整,整个玉米生育期除以上两次施肥以外不需要另外再施肥,直播玉米和移栽玉米均适用。

# 第七章 玉米新品种简介

## 第一节 "浙甜 11"

审定编号：国审玉 20180170，浙审玉 2015003

品种来源：（"05cPE02"／"华珍"）×"白甜糯 1 号"（图 7-1）

**图 7-1 "浙甜 11"果穗**

特征特性：该品种丰产性好，品质较优，商品性好。2016—2017 年参加南方（西南）鲜食甜玉米品种试验，两年平均产量 896.7kg/667m²，比对照"粤甜 16"减产 0.8%，增产点次 40.3%。南方（西南）鲜食甜玉米出苗至鲜穗采收期 89d，比对照"粤甜 16"晚熟 1d。株高 244.9cm，穗位高 94.35cm，穗长 20.3cm，穗行数 15.4 行，穗粗 4.9cm，穗轴白色，籽粒黄白，百粒重 34.6g。田间自然发病，中抗小斑病，抗纹枯病，高抗丝黑穗病。接种鉴定，中抗小斑病，抗纹枯病。品质分析：皮渣率 11.54%，还原糖含量 4.62%，水溶性总含糖量 20.24%。品尝鉴定 84.2 分。该品种穗位较高，一般每 667m² 种植密度 3 000 ～ 3 300 株，注意防治小斑病和纹枯病，防止倒伏。

适应范围：适宜在重庆、贵州、湖南、湖北、四川海拔 800m 及以下的丘陵、平坝、低山地区，云南中部的丘陵、平坝、低山地区种植鲜食甜玉米。瘤黑粉等相关病害较重发地区慎用。

选育人：王桂跃、赵福成、谭禾平、包斐、卢德生。

## 第二节 "浙甜 19"

审定编号：浙审玉 2020002

品种来源："亚杰 13-2"×"先 5-116"（图 7-2）

**图 7-2 "浙甜 19"果穗**

特征特性：该品种丰产性好，外观商品性和蒸煮品质较优。两年区域试验平均鲜穗产量 1 097.5kg/667m$^2$，比对照增产 21.1%；2019 年浙江省生产试验鲜穗平均产量 986.4kg/667m$^2$，比对照增产 13.9%。该品种生育期（出苗至采收鲜穗）86.8d，比对照"超甜 4 号"长 4.6d；株型半紧凑，株高 250.6cm，穗位高 100.1cm，双穗率 4.7%，空秆率 0.7%，倒伏率和倒折率均为 0；果穗较大，筒形，籽粒黄色，排列整齐，穗长 19.0cm，穗粗 5.5cm，秃尖长 1.5cm，穗行数 16.2 行，行粒数 37.7 粒；单穗鲜重 327.1g，净穗率 71.3%，鲜千粒重 369.3g，出籽率 66.0%。经农业农村部农产品质量监督检验测试中心（杭州）检测，可溶性总糖含量 29.8%；感官品质、蒸煮品质综合评分 86.4 分，比对照高 1.4 分；经浙江省东阳玉米研究所抗病性鉴定，抗小斑病，中抗纹枯病，抗南方锈病。注意苗期蹲苗，种植密度 3 200 株 /667m$^2$ 左右为宜。

适应范围：浙江省。

选育人：赵福成、谭禾平、王桂跃、包斐、韩海亮。

## 第三节　"黑甜糯 168"

审定编号：浙审玉 2017010

品种来源："黑 5-2"×"兰 158-6"（图 7-3）

图 7-3　"黑甜糯 168"

特征特性：该品种植株较矮，株型半紧凑，生育期短，整齐度较好，丰产性较好。籽粒黑色，花青素含量高。两年鲜穗平均产量 814.9kg/667m²，比对照增产 16.4%；2016 年浙江省生产试验平均鲜穗产量 831.9kg/667m²，比对照增产 3.7%。生育期（出苗至采收鲜穗）83.7d，比对照"美玉 8 号"短 4.3d；株高 203.1cm，穗位高 76.1cm，双穗率 15.8%，空秆率 0.8%，倒伏率 1.1%，倒折率 0；穗长 21.1cm，穗粗 4.9cm，秃尖长 5.0cm，果穗筒形，穗行数 17.3 行，行粒数 34.2 粒，籽粒黑紫色，糯：甜 = 3：1；单穗鲜重 247.8g，净穗率 72.2%，鲜千粒重 287.2g，出籽率 63.1%。经浙江省东阳玉米研究所抗病虫性鉴定，抗小斑病，感大斑病和纹枯病，高感茎腐病和玉米螟。经农业农村部农产品质量监督检验测试中心（杭州）检测，直链淀粉含量 1.9%；经四川省农畜产品质量监督检验站检测，籽粒中花青素含量 342.2mg/kg；感官品质、蒸煮品质综合评分 84.3 分，比对照低 0.7 分。加强苗期管理，种植密度 3 500 株/667m² 为宜，增施穗肥减少秃尖，注意防治纹枯病、大斑病和玉米螟。

适应范围：浙江省。

选育人：赵福成、王桂跃、谭禾平、韩海亮、包斐。

## 第四节 "浙糯玉16"

审定编号：浙审玉2018006

品种来源："DAW01"דQYW62"（图7-4）

**图7-4 "浙糯玉16"果穗**

特征特性：该品种产量高、品质优，商品好。两年区域试验平均鲜穗产量925.5kg/667m²，比对照增产11.3%；2017年浙江省生产试验平均鲜穗产量907.9kg/667m²，比对照增产5.6%。生育期（出苗至采收鲜穗）88.3d，比对照"浙糯玉5号"长5.6d；株型紧凑，叶色淡绿，株高263.6cm，穗位高128.2cm，双穗率11.9%，空秆率0.8%，倒伏率3.7%，倒折率0.1%；果穗大，锥形。籽粒白色，排列整齐。穗长19.9cm，穗粗5cm，秃尖长3.2cm，穗行数16.2行，行粒数36.8粒；单穗鲜重253g，净穗率70.8%，鲜千粒重294.4g，出籽率64.8%。经农业农村部稻米及其制品质量监督检验测试中心（杭州）和扬州大学检测，直链淀粉含量2.6%；感官品质、蒸煮品质综合评分86.3分，比对照高1.3分；经浙江省东阳玉米研究所抗病性鉴定，高感小斑病，中抗大斑病，高抗茎腐病，中抗纹枯病。加强苗期管理、蹲苗控高，种植密度以每亩 3 500 株为宜，增施穗肥减少秃尖，注意防治小斑病。

适应范围：浙江省。

选育人：赵福成、王桂跃、谭禾平、包斐、韩海亮。

# 第五节　"浙糯玉 7 号"

审定编号：浙审玉 2015005，闽审玉 2016006

品种来源："W321"×"兰 158-6"（图 7-5）

图 7-5　"浙糯玉 7 号"果穗

特征特性：春播出苗至鲜穗采收 81.0d，比对照"苏玉糯 5 号"短 1.9d。幼苗芽鞘紫红色，叶片绿色。株型半紧凑，平均株高 188.1cm，穗位高 72.7cm。花药浅紫色，颖壳绿色，花丝浅红色，果穗长筒形，苞叶长短中等，穗长 19.6cm，穗粗 5.1cm，秃尖长 1.5cm，穗行数 16.2 行，行粒数 36.8 粒，白粒白轴，鲜百粒重 31.5g。田间调查感纹枯病，纹枯病接菌鉴定为感。品质综合总评分 84.1 分，与对照相当。经扬州大学农学院测定，皮渣率 10.3%；支链淀粉占总淀粉比率 99.0%，达到农业农村部颁发的糯玉米标准。2013 年福建省参试鲜果穗平均产量 1 036.79kg/667m²，比对照"苏玉糯 5 号"增产 17.20%，增产极显著；2014 年续试，鲜果穗平均产量 962.98kg/667m²，比对照"苏玉糯 5 号"增产 14.20%，增产极显著；两年平均产量 999.88kg/667m²，比对照增产 15.70%。2015 年福建省生产试验鲜果穗平均产量 972.76kg/667m²，比对照"苏玉糯 5 号"增产 17.54%。一般春播 3 月中旬至 4 月上旬。每亩适宜密度 3 200 ～ 3 500 株。施足基肥，重施穗肥，增加钾肥量。注意预防纹枯病和防治地下害虫、玉米螟等。适时采收。

适应范围：该品种通过浙江省和福建省两省审定，适合在浙江省和福建省种植。

选育人：谭禾平、王桂跃、赵福成、韩海亮、包斐。

# 第六节　"脆甜 89"

审定编号：浙审玉 2020001

品种来源："BS74-6"×"SD205"（图 7-6）

**图 7-6　"脆甜 89" 果穗**

特征特性：该品种果穗苞叶完整，商品性好，籽粒黄白相间，色泽亮丽，品质好可鲜食作水果玉米使用，口感脆甜可口。2018 年区域试验平均产量 879.4kg/667m²，比对照"超甜 4 号"减产 5.7%，未达显著水平；2019 年区域试验平均产量 701.9kg/667m²，比对照"超甜 4 号"减产 20.1%，达极显著水平。该组合生育期 83.4d，比对照"超甜 4 号"短 0.4d。株高 198.8cm，穗位高 70.7cm，双穗率 8.6%，空杆率 0%，倒伏率 0%，倒折率 0%。穗长 17.8cm，穗粗 4.7cm，秃尖长 1.1cm，穗行数 14.6 行，行粒数 34.6 粒，单穗重 221.2g，净穗率 71.4%，鲜千粒重 362.6g，出籽率 79.2%。可溶性总糖含量 31.5%，感官品质、蒸煮品质综合评分 87.4 分，比对照"超甜 4 号"高 2.4 分。该品种感小斑病，感纹枯病，抗南方锈病。生产上应加强肥水管理，提高产量，并注意与其他类型玉米隔离种植，防止串粉影响品质。

适应范围：该品种植株较矮，一致性较好，生育期与对照相仿，外观商品性和蒸煮品质优，适宜在浙江省种植。

选育人：谭禾平、赵福成、王桂跃、包斐、刘化宙。

## 第七节　"浙糯玉 14"

审定编号：浙审玉 2019003，国审玉 20200527
品种来源："ZA3-1"×"W3"（图 7-7）

**图 7-7　"浙糯玉 14"**

特征特性：南方（东南）鲜食糯玉米组出苗至鲜穗采收期 79d，比对照"苏玉糯 5 号"晚熟 0.5d。幼苗叶鞘浅紫色，叶片绿色，叶缘绿色，花药浅紫色，颖壳绿色。株型半紧凑，株高 231cm，穗位高 99cm，成株叶片数 18 片。果穗长锥形，穗长 19.1cm，穗行数 10～16 行，穗粗 5.0cm，穗轴白色，籽粒花色、硬粒，百粒重 40.6g。接种鉴定，中抗纹枯病，感小斑病、瘤黑粉病、南方锈病。皮渣率 9.2%，品尝鉴定 86.85 分，支链淀粉占总淀粉含量 97.05%。2018—2019 年参加南方（东南）

鲜食糯玉米组区域试验，两年平均产量 969.8kg/667m²，比对照"苏玉糯 5 号"增产 23.49%。5cm 地温稳定在 12℃以上时播种或移栽，注意与其他类型玉米隔离种植，防止串粉影响品质。每 667m² 种植密度 3 500 株左右为宜。注意草地贪夜蛾、玉米螟等病虫害的及时防治。该品种较喜肥水，建议采用一基多追的施肥方式。建议基肥每 667m² 施复合肥 30kg，苗肥每 667m² 4kg 尿素配水浇施根部，穗肥每 667m² 尿素 25kg 穴施。

适应范围：该品种符合国家玉米品种审定标准，通过初审。适宜在东南鲜食玉米类型区的安徽省和江苏省两省淮河以南地区、上海市、浙江省、江西省、福建省、广东省、广西壮族自治区、海南省春播种植。

选育人：谭禾平、赵福成、包斐、韩海亮、王桂跃。

## 第八节　"彩甜糯 168"

审定编号：国审玉 20200536
品种来源："zw301"×"ysw81"（图 7-8）

**图 7-8　"彩甜糯 168"**

特征特性：2018—2019 年参加南方（东南）鲜食糯玉米组联合体区域试验，两年平均产量 904.5kg/667m²，比对照"苏玉糯 5 号"增产 22.1%。南方（东南）

鲜食糯玉米组出苗至鲜穗采收期78.6d，与对照"苏玉糯5号"生育期相当。幼苗叶鞘浅紫色，叶片绿色，叶缘绿色，花药黄色，颖壳绿色。株型半紧凑，株高209cm，穗位高84cm，成株叶片数17.4片。果穗筒形，穗长18.5cm，穗行数12～16行，穗粗5.1cm，穗轴白色，籽粒花色、硬粒，百粒重36.1g。接种鉴定，中抗小斑病，感瘤黑粉病、纹枯病，高感南方锈病。皮渣率9.35%，品尝鉴定87.5分，支链淀粉占总淀粉含量98.05%。

适应范围：上海、江苏、浙江、安徽、江西、福建、广东、广西、海南。

选育人：浙江省东阳玉米研究所。

# 参考文献

常利芳，白建荣，李锐，等，2018. 基于 SSR 标记构建甜玉米群体的核心种质［J］. 玉米科学，26（3）：40-49.

陈海强，刘会云，王轲，等，2020. 植物单倍体诱导技术发展与创新［J］. 遗传，42（5）：466-482.

陈艳萍，孙扣忠，孔令杰，等，2017. 糯玉米新品种"苏科糯6号"选育及栽培技术［J］. 中国农学通报，33（9）：12-16.

戴魁杰，李青，陈利容，等，2017. 山东鲜食玉米产业发展现状与对策［J］. 山东农业科学，49（1）：141-147.

冯发强，王国华，王青峰，等，2015. 甜玉米类胡萝卜素合成关键基因 *PSY1*、*LCYE* 和 *CrtRB1* 的功能分析［J］. 华南农业大学学报，36（5）：36-42.

高东雪，王玥，陈琪玉，等，2020. 甜玉米（Zea mays L. saccharata Sturt）含糖量与主要农艺性状的相关及通径分析［J］. 分子植物育种，18（4），1290-1296.

郭惠明，王志纯，赖伦英，2013. 福建甜玉米区域试验品种产量及农艺性状分析［J］. 亚热带农业研究，9（2）：78-81.

郭向阳，胡兴，祝云芳，等，2019. 热带玉米 Suwan1 群体导入不同类型温带种质的遗传分析［J］. 玉米科学，27（4）：9-13.

韩海亮，谭禾平，赵福成，等，2016. 浙江省鲜食甜、糯玉米主要病虫害及综合防治［J］. 浙江农业科学，57（12）：1970-1973.

郝德荣，冒宇翔，陈国清，等，2016. 我国鲜食甜糯玉米育种现状与展望［J］. 浙江农业科学，57（4）：478-481.

何文平，马德山，樊瑞，等，2020. 单倍体育种技术在玉米育种实践中的应用［J］. 现代农业科技（10）：19，25.

赫忠友，赫晋，赵守光，等，2020. 爽甜糯玉米的发现及应用［J］. 现代农业科技（3）：51-52.

赫忠友，赫晋，赵守光，等，2020. 糖糯玉米的发现及应用［J］. 现代农业科技（14）：34-35.

胡笑形，罗艳，2012. 2011 年全球转基因作物发展概况［J］. 精细与专用化学品，

20（4）：17-18.

乐素菊，肖德兴，刘鹏飞，等，2011. 超甜玉米果皮结构与籽粒柔嫩性的关系 [J].
作物学报，37（11）：2111-2116.

李高科，胡建广，陈新振，等，2015. 甜玉米双单倍体系的纯度鉴定 [J]. 玉米科学，
23（5）：56-60.

李芦江，陈文生，杨克诚，等，2012. 不同轮回选择改良轮次玉米群体选系的育种
潜势 [J]. 中国农业科学，45（18）：3688-3698.

李秀平，姜丽静，刘娜，2010. SSR 分子标记技术及其在构建玉米 DNA 指纹库上的
应用 [J]. 现代农业科技（16）：47-49，52.

李燕，林峰，李潺潺，等，2017. 浙江省糯玉米品种稳定性、适应性和试点综合评
价 [J]. 浙江大学学报（农业与生命科学版），43（3）：281-288.

李志亮，吴忠义，杨清，等，2010. 花粉管通道法在玉米基因工程改良中的应用 [J].
玉米科学（4）：71-73.

刘春来，2017. 中国玉米茎腐病研究进展 [J]. 中国农学通报，33（30）：130-134.

刘春泉，宋江峰，李大婧，2010. 鲜食甜糯玉米的营养及其加工 [J]. 农产品加工
（6）：8-9.

刘杰，姜玉英，2014.2012 年玉米病虫害发生概况特点和原因分析 [J]. 中国农学
通报，30（7）：270-279.

刘金文，2014. 浅议生物技术在玉米育种中的应用 [J]. 中国农业信息（上半月）
（9）：123.

陆大雷，孙世贤，陈国清，等，2016. 国家鲜食糯玉米区域试验品种产量和品质性
状分析 [J]. 玉米科学，24（3）：62-68，77.

陆大雷，孙世贤，陆卫平，2016. 国家鲜食甜玉米区域试验品种产量和品质性状分
析 [J]. 中国农学通报，32（13）：164-171.

孟俊文，黄蕊，任元，等，2020. 特用紫玉米新品种紫玉 194 的选育及栽培技术要
点 [J]. 农业科技通讯（8）：279-280.

石明亮，薛林，胡加如，等，2011. 玉米和特用玉米的营养保健作用及加工利用途
径 [J]. 中国食物与营养，17（2）：66-71.

寿绍贤，傅光明，张晓平，等，2016.2015 年绍兴市柯桥区鲜食求玉米南方锈病暴
发原因及防治对策 [J]. 现代农业科技（7）：120，124.

苏前富，贾娇，李红，等，2013. 玉米大斑病暴发流行对玉米产量和形状表征的影响 [J]. 玉米科学（6）：145-147.

谭禾平，卢德生，王桂跃，等，2011. 糯玉米自交系杂优模式的初步研究与应用浅析 [J]. 浙江农业科学（5）：1075-1077.

田耀加，赵守光，王晓明，等，2013. 鲜食玉米种质抗病性鉴定及其产量分析 [J]. 广东农业科学（4）：3-6.

土文珍，吴凡，严奇植，等，2014. 原花青素对慢性应激模型大鼠抑郁焦虑样行为的改善作用 [J]. 中国药理学与毒理学杂志，28（3）：345-350.

王桂跃，韩海亮，赵福成，等，2016. 浙江省鲜食甜、糯玉米纹枯病发生现状及防治技术 [J]. 中国植保导刊，36（9）：32-36.

王桂跃，俞琦英，谭禾平，等，2012. 甜糯玉米新品种抗病虫性的鉴定与评价 [J]. 玉米科学，20（3）：134-138.

王桂跃，赵福成，谭禾平，等，2015. 浙江省鲜食玉米产业现状及主要种植模式 [J]. 浙江农业科学，56（10）：1553-1556.

王晗，朱华平，李文钊，等，2019. 越橘提取物中花青素分析及其体外抗氧化活性 [J]. 食品工业科技，40（23）：60-65.

王建康，李慧慧，张学才，等，2011. 中国作物分子设计育种 [J]. 作物学报，37（2）：191-201.

王静，马养民，龚频，2013. 花青素提取物抗结肠癌研究进展 [J]. 食品研究与开发，34（20）：118-121.

王小星，郭冰，刘贵海，等，2019. 紫玉米研究进展综述 [J]. 安徽农学通报，25（13）：65-66.

王晓鸣，巩双印，柳家友，等，2015. 玉米叶斑病药剂防治技术探索 [J]. 作物杂志（3）：150-154.

王长进，徐运林，程昕昕，等，2020. 甜玉米种子营养品质主要性状全基因组关联分析 [J]. 浙江农业学报，32（3）：383-389.

吴俊彦，2012. 美国转基因作物发展动态综述 [J]. 黑龙江农业科学（2）：21-23.

杨晗，孙晓红，吴启华，等，2015. 野生蓝莓和花青素提取物对高脂饮食小鼠肠道菌群的影响 [J]. 微生物学通报，42（1）：133-141.

杨耀迥，张述宽，滕辉升，等，2012. 玉米单倍体诱导系 Y8 的选育 [J]. 大众科技，

14（9）：106-107.

姚文华，韩学莉，汪燕芬，等，2011. 我国甜玉米育种研究现状与发展对策［J］. 中国农业科技导报，13（2）：1-8.

尹祥佳，翁建峰，谢传晓，等，2010. 玉米转基因技术研究及其应用［J］. 作物杂志（6）：1-8.

于永涛，李高科，祁喜涛，等，2015. 甜玉米果皮厚度QTL的定位及上位性互作［J］. 作物学报，41（3）：359-366.

曾画艳，马思思，王娟秀，等，2014. 花青素抑制肥胖作用机制研究进展［J］. 食品科技，39（6）：214-218.

张士龙，贺正华，黄益勤，2016. 超甜玉米籽粒果皮柔嫩度的变化规律［J］. 湖北农业科学，554（5）：1105-1108.

张媛，王子明，刘鹏飞，等，2012. 广东省甜玉米育种及栽培研究成果与发展思路［J］. 仲恺农业工程学院，25（2）：67-71.

赵海霞，2016. 玉米缓释肥应用研究及适用栽培技术［J］. 试验研究（11）：53-54.

赵捷，王美兴，赵薁，等，2018. 甜玉米果皮细胞层数、纤维素含量与果皮柔嫩性的关系［J］. 浙江农业科学，59（9）：1658-1662.

郑德波，杨小红，李建生，等，2013. 基于SNP标记的玉米株高及穗位高QTL定位［J］. 作物学报，39（3）：549-556.